道路建筑材料

主　编　高　鹤　王丽洁
副主编　张爱菊　陈　烨　徐越群
　　　　李子成
参　编　梅玉倩　李运鹏　林鑫鑫
　　　　武国平　张伟宁

北京理工大学出版社
BEIJING INSTITUTE OF TECHNOLOGY PRESS

内 容 提 要

道路建筑材料是道路建设与养护的物质基础,其性能直接决定了道路工程的质量和服务寿命。全书除课程导入外,共分8个模块,主要内容包括:砂石材料、胶凝材料、混凝土与砂浆、沥青材料、沥青混合料、无机结合料稳定材料、建筑钢材、工程高分子聚合物材料,系统地讲解了道路建筑材料的基本性质、技术指标、应用等方面的知识,方便学生学习,同时对进一步学好专业知识、更好地从事工程实践具有重要的意义。

本书可作为高等院校建筑材料检测技术、建筑材料生产与管理、土木工程检测技术、材料工程技术等专业的教材,也可作为在施工一线从事道路工程相关工作的技术人员的培训用书,还可作为材料员、试验员、试验检测工程师等的考试学习用书。

图书在版编目(CIP)数据

道路建筑材料 / 高鹤,王丽洁主编. -- 北京:北京理工大学出版社,2023.3

ISBN 978-7-5763-1964-4

Ⅰ.①道… Ⅱ.①高…②王… Ⅲ.①道路工程－建筑材料－高等学校－教材 Ⅳ.①U414

中国版本图书馆CIP数据核字(2022)第258693号

出版发行 / 北京理工大学出版社有限责任公司

社　　址 / 北京市海淀区中关村南大街5号

邮　　编 / 100081

电　　话 / (010)68914775(总编室)
　　　　　　(010)82562903(教材售后服务热线)
　　　　　　(010)68944723(其他图书服务热线)

网　　址 / http://www.bitpress.com.cn

经　　销 / 全国各地新华书店

印　　刷 / 北京紫瑞利印刷有限公司

开　　本 / 787毫米×1092毫米　1/16

印　　张 / 18.5　　　　　　　　　　　　　　　　责任编辑 / 时京京

字　　数 / 443千字　　　　　　　　　　　　　　文案编辑 / 江　立

版　　次 / 2023年3月第1版　2023年3月第1次印刷　责任校对 / 刘亚男

定　　价 / 89.00元　　　　　　　　　　　　　　责任印制 / 王美丽

前　言

近年来，我国道路工程建设的速度不断加快，道路建筑材料作为道路建设与养护的物质基础，其性能直接决定了道路工程的质量和服务寿命。同时，道路建筑材料的发展还关系到资源的合理利用，对现阶段我国的生态环境保护有重要影响。道路建筑材料行业迫切需要一批理论知识系统、扎实，又有较强动手能力的工程技术人员。

本书依据教育部教学改革精神，针对高等教育培养技能型、应用型人才的特点，以适应土建类相关专业发展为导向，理论与实践紧密结合。内容方面强调以应用为主旨，以能力为主线，以素质培养为核心，针对目前土建类专业急需具备的道路建筑材料理论与实践能力来设置模块。道路建筑材料是土建类专业工作中的重要内容，了解其基本知识与质量控制方法对于进一步学好专业知识、更好地从事工程实践活动具有重要的意义。

本书系统地讲解了道路工程材料的基本性质、技术指标、性能检测、应用等方面的知识，方便学生的学习。针对近几年国家规范更新较快的现状，全部采用新的国家、行业标准，并由一批长期从事一线教学的教师及工程单位从事道路建筑材料相关工作的技术人员进行编写。从实用、够用的角度出发，图文结合，增加了内容的趣味性。

全书除课程导入外，共分8个模块，主要内容包括砂石材料、胶凝材料、混凝土与砂浆、沥青材料、沥青混合料、无机结合料稳定材料、建筑钢材、工程高分子聚合物材料，系统全面地介绍了道路建筑材料应该学习和掌握的基本知识。

本书由石家庄铁路职业技术学院高鹤、王丽洁担任主编，并负责全书的统稿及整理工作，石家庄铁路职业技术学院张爱菊、陈烨、徐越群、李子成担任副主编，参与编写的还有石家庄铁路职业技术学院梅玉倩（模块2、模块3部分内容）、李运鹏（模块4、模块5部分内容）、林鑫鑫（模块7、模块8部分内容）、武国平（模块1、模块7部分内容）、张伟宁（模块6部分内容）等。

本书在编写过程中得到了北京理工大学出版社编辑的指导和帮助，同时参阅了大量专家、学者的著作、文献，在此对出版社及这些文献作者表示衷心的感谢！

由于编者水平和实践经验有限，教材中难免存在待商榷之处，敬请读者批评指正。

编　者

目 录

课程导入　道路建筑材料概述

课程描述

道路建筑材料是指道路与桥梁工程及其附属构造物所用的各类建筑材料，是道路与桥梁工程的物质基础。

课程要求

熟悉道路建筑材料在路桥工程中的地位及应具备的性质；掌握道路建筑材料的分类及相关技术标准；掌握应遵循的职业道德。

学习目标

1. 知识目标

(1)掌握道路建筑材料的分类及性能检测方法；

(2)了解道路建筑材料质量的标准化和技术标准。

2. 能力目标

(1)能够运用道路建筑材料分类方法对其属性进行划分；

(2)能够运用相应的检测方法对道路建筑材料性能进行检测。

3. 素质目标

(1)具有良好的职业道德和职业素养，热爱道路建筑材料检测行业，向往成为材料检测工程师；

(2)具有强烈的岗位认知及工程质量意识，关注材料检测的各项标准。

安全事项

试验室安全防护应严格执行国家和行业有关规定，同时按照建设项目统一安排部署，认真做好试验室和有关人员的安全防护工作，要有相关的应急预案和必要的应急救援器材、设备。

(1)试验室应按照《建筑灭火器配置设计规范》(GB 50140—2005)相关要求，在可燃固体、液体、气体等物质存在的场所配置灭火器，且每个场所灭火器数量不应少于2具(图0-1)。

(2)现场取样和现场试验检测工作过程中，如存在安全隐患，试验检测人员应佩戴安全帽等防护用品。安全帽应整齐、统一摆放在外检室或办公室，便于取放(图0-2)。

(3)在进行样品高温加热操作时，试验人员应佩戴防烫伤的劳动防护用品；在使用危险化学品时，试验人员应佩戴防腐蚀的劳动防护用品；在维修、维护电器设备时，维修人员应佩戴绝缘的劳动防护用品，如试验室安全防护手套(图0-3)。

图 0-1　试验室配置灭火器

图 0-2　试验室安全防护用品

图 0-3　试验室安全防护手套

环保事项

　　试验室应有必要的环境保护设施，保证试验检测工作达到环境保护要求，避免发生不必要的环境污染。

　　(1)化学室应配备废料集中收集装置，材质一般为塑料、玻璃、金属等，且与废液不发生反应，废液应定期按规定处理，不得随意倾倒(图 0-4)。

　　(2)其他各功能室产生的废弃样品应放置在专门的存放地点，不得乱抛乱扔，要堆放整齐，集中处理。

　　(3)凡含有毒和有害物质的污水，均应进行必要的处理，符合国家排放标准后方可排放；酸、碱污水应进行中和处理；对于较纯的溶剂、废液或贵重试剂，宜在技术经济比较后回收利用。

图 0-4　试验室专用废液桶

课程导学

　　在人类社会发展历程中,建筑材料随着社会生产力的发展而发展。天然土、石、竹、木是古人类的主要建筑材料。在人类能够用黏土烧制砖瓦、用岩石烧制石灰和石膏之后,建筑材料就进入了人工生产阶段。18—19 世纪,建筑钢材、水泥、混凝土和钢筋混凝土相继问世,并迅速成为不可替代的结构材料;20 世纪,预应力混凝土出现;21 世纪,高性能混凝土作为主要结构材料得到广泛应用。随着建筑构件外部荷载的增强及耐久性要求的提高,传统材料的性能越来越难以满足建筑工程发展的要求,为此,建筑材料应向着再生化、多元化、利废化、节能化和绿色化等方向发展;从建筑工程技术水平的发展来看,建筑材料应向着轻质、高强、高耐久性、良好的工艺性、多功能及智能化等方向发展。

　　港珠澳大桥(图 0-5)是连接香港、珠海和澳门的超大型跨海通道,是港、粤、澳三地首次合作共同建设的超大型跨海交通工程,主体工程由海上桥梁、海底隧道及连接两者的人工岛 3 部分组成。桥隧全长为 55 km,其中主桥长为 29.6 km,香港口岸至珠澳口岸为 41.6 km。港珠澳大桥经过 6 年的筹备,于 2009 年 12 月 15 日正式开工建设,历时 9 年后成功贯通,总投资额达 1 269 亿元。港珠澳大桥的建设创造了多项世界纪录:世界上最长的跨海大桥、世界上最长的海底沉管隧道、世界上最大断面的公路隧道等。这些世界之最的成就离不开中国智造,也离不开新材料的应用。金属材料、化工材料、复合材料在珠港澳大桥的应用中都进行了创新,耐候钢可以用稳定的锈层来防止高温高湿海洋环境的腐蚀;高性能环氧涂层的使用,保障了港珠澳大桥 120 年耐久性设计要求;聚羧酸减水剂产品为混凝土的耐久性和施工性能的稳定提供了保障;超高分子量聚乙烯纤维做成缆绳后,比钢索强度还高,承重力能达到 35 kg。

图 0-5　港珠澳大桥

知识点 1 道路建筑材料的主要类型

0.1.1 道路与桥梁工程结构对材料的要求

(1)道路工程结构用材料。在道路工程的使用环境中,行车荷载和自然因素对道路路面结构的作用程度随着深度的增加而逐渐减弱,对建筑材料的强度、承载能力和稳定性要求也随着深度的增加而逐渐降低。因此,通常在路基顶面以上分别采用不同质量、不同规格的材料,将路面结构由下而上铺筑成由面层、基层和垫层等结构层次组成的多层体系。

视频:道路建筑材料的主要类型

①面层结构直接承受行车荷载作用,并受到自然环境中温度和湿度变化的直接影响,因此,用于面层结构的材料应有足够的强度、稳定性、耐久性和良好的表面特性。道路面层结构中的常用材料主要有沥青混合料、水泥混凝土、粒料和块料等。

②基层位于面层之下,主要承受面层传递的车辆荷载的竖向应力,并将这种应力向下扩散到垫层和路基中。为此,基层材料应有足够的强度、刚度及扩散应力的能力。环境因素对基层的作用虽然小于面层,但基层材料仍应具有足够的水稳定性和耐冲刷性,以保证面层结构的稳定性。常用的基层材料有结合料稳定类混合料、碎石或砾石混合料、天然砂砾、碾压混凝土、贫混凝土和沥青稳定集料等。

③垫层是介于基层和路基之间的结构层次。其主要作用是改善路基的湿度和温度状况,扩散由基层传递的荷载应力,以减少路基变形,通常在季节性冰冻地区或土基水温状况不良的路段中设置,以保证面层和基层的强度、稳定性及抗冻能力。常用的垫层材料有碎石或砾石混合料、结合料稳定类混合料等。

(2)桥梁工程结构用材料。桥梁的墩、桩结构应具有足够的强度、承载能力,以支撑桥梁上部结构及其传递的荷载,并具有良好的抗渗透性、抗冻性和抗腐蚀能力,以抵抗环境介质的侵蚀作用。桥梁的上部结构将直接承受车辆荷载、自然环境因素的作用,应具有足够的强度、抗冲击性、耐久性等。用于桥梁结构的主要材料有钢材、水泥混凝土、钢筋混凝土等;用于桥面铺装层的主要材料有沥青混合料及各种防水材料等。

0.1.2 道路建筑材料的主要类型

常用道路建筑材料可以归纳为以下几类。

1. 砂石材料

砂石材料包括人工开采的岩石或轧制的碎石、天然砂砾石及各种性能稳定的工业冶金矿渣(如高炉渣和钢渣等),这类材料是路桥工程结构中使用量最大的。其中尺寸较大的块状石料经加工后,可以直接用于砌筑道路、桥梁工程结构及附属构造物;性能稳定的岩石集料可制成沥青混合料或水泥混凝土,用于铺筑沥青路面或水泥路面,也可直接用于铺筑道路基层、垫层或低级道路面层;一些具有活性的矿质材料或工业废渣,如粒化高炉矿渣、粉煤灰等,经加工后可以作为水泥原料,也可以作为水泥混凝土和沥青混合料中的掺合料使用。

2. 结合料和聚合物

沥青、水泥和石灰等是道路工程中常用的结合料，它们的作用是将松散的集料颗粒胶结成具有一定强度和稳定性的整体材料。塑料(合成树脂)、橡胶和纤维等聚合物材料也可以作为结合料，除可用作混凝土路面的填缝料外，还可用于改善道路工程材料的技术性能，如配制改性沥青、制作聚合物水泥混凝土等。

3. 沥青混合料

沥青混合料是由矿质集料和沥青材料组成的复合材料，具有较高的强度、柔韧性和耐久性，用其铺筑的沥青路面连续、平整，具有弹性和柔韧性，适用车辆高速行驶，是高等级道路，特别是高速公路和城市快速路面层结构及桥梁桥面铺装层的重要材料。

4. 水泥混凝土与水泥砂浆

水泥混凝土是由水泥与矿质集料组成的复合材料。它具有较高的强度和刚度，能承受较繁重的车辆荷载作用，主要用于桥梁结构和高等级道路面层结构。水泥砂浆主要由水泥和细集料组成，用于砌筑和抹面结构物。

5. 无机结合料稳定类混合料

无机结合料稳定类混合料是以石灰(粉煤灰)、少量水泥(石灰)或土壤固化剂作为稳定材料，将松散的土和碎砾石集料稳定、固化形成的复合材料，具有一定的强度、板体性和扩散应力的能力，但耐磨性和耐久性略差，通常用于高等级道路路面基层结构或低等级道路面层结构。

6. 其他道路建筑材料

在道路或桥梁工程结构中，其他常用材料包括钢材、填缝料等。钢材主要应用于桥梁结构及钢筋混凝土结构；填缝料则主要应用于水泥混凝土路面接缝构造。

知识点 2　道路建筑材料的研究内容

0.2.1　道路建筑材料在道路与桥梁工程中的地位

(1)材料是工程结构物的物质基础。道路建筑材料是道路、桥梁等工程结构物的物质基础。材料质量的好坏、配制是否合理及选用是否得当等，均直接影响结构物的质量。道路工程结构物裸露于大自然中，承受瞬时、反复动荷载的作用，材料的性能和质量对结构物的使用性能影响极大。近年来，由于交通量的迅速增长和车辆行驶的渠化，一些高等级路面出现较严重的波浪、车辙等病害现象，这些与材料的性质均有一定的关系。

视频：道路建筑材料的研究内容

(2)材料的使用与工程造价密切相关。在道路与桥梁结构物的修筑费用中，用于材料的费用占 30%～50%，某些重要工程甚至可达 70%～80%。所以，要节约工程投资，降低工程造价，正确、合理地选配和应用材料是很重要的一个环节。

(3)材料科学的进步可以促进工程技术的发展。在道路与桥梁工程中，要实现新设计、新技术、新工艺，新材料也是其中重要一环，许多新型先进设计，由于材料一关未能突破，因而长期未能实现；某些新材料的出现又推动了新技术的发展。所以，道路建筑材料的研究是道路与桥梁技术发展的基础。

设计、施工、管理三者是密切相关的。从根本上说，材料是基础，材料决定了土建构造物的形式和施工方法。新材料的出现可以促使土建构造物形式的变化、设计方法的改进和施工技术的革新。

总之，从事土木工程的技术人员必须了解和掌握建筑材料的有关知识，并使所采用的材料最大限度地发挥其效能，合理、经济地满足土木工程的各项要求。

0.2.2　道路建筑材料的基本组成与结构

材料的矿物组成或化学成分及其组成结构决定了材料的基本特性，如石料的矿物组成、水泥的矿物组成、沥青的化学组分等对这些材料的技术性能有着显著的影响。在各类混合料中，其组成材料的质量与相对比例确定了材料的组成结构状态，这种组成结构状态直接影响混合料的物理力学性能，如沥青混合料的组成结构对其强度、稳定性和耐久性有显著影响。

充分地了解和认识材料的基本组成结构及其与材料技术性能的关系，是合理选择材料、正确使用材料、改善材料性能、研发新材料的基础。

0.2.3　道路建筑材料的基本技术性能

道路与桥梁工程都是一种承受频繁交通动荷载反复作用的结构物，又是一种无遮盖且裸露于大自然的结构物。它不仅受到车辆复杂的力系作用，还受到各种自然因素的影响。所以，用于修筑道路与桥梁结构的材料，不仅需要具有抵抗复杂应力作用的综合力学性能，还要保证在各种自然因素的长期影响下，其综合力学性能不产生明显的衰降，即具有持久稳定性。为了保证道路与桥梁建筑用材料的综合力学强度和稳定性，就需要对道路建筑材料的基本性能进行研究。

材料的基本技术性能包括物理性能、力学性能、耐久性和工艺性等，只有全面地掌握这些性能的主要影响因素、变化规律，正确评价材料性能，才能合理地选择和使用材料，这也是保证工程中所用材料的综合力学强度和稳定性，满足设计、施工和使用要求的关键所在。

1. 物理性质

道路工程材料常用的物理性能指标有物理常数（密度、孔隙率、空隙率）和吸水率等。材料的物理常数可用于混合料配合比设计、材料体积与质量之间的换算等。材料的物理常数取决于材料的基本组成及其构造，既与材料的吸水性、抗冻性及抗渗性有关，也与材料的力学性质及耐久性有显著的关系。

2. 力学性质

力学性质是材料抵抗车辆荷载复杂力系综合作用的性能，目前对道路建筑材料力学性质的测定，主要是测定各种静态的强度，如抗压、抗拉、抗弯、抗剪、抗扭等强度；或者某些特殊设计的经验指标，如磨耗性、冲击韧度等。有时假定材料的各种强度之间存在一定关系，以抗压强度作为基准，折算为其他强度。

3. 耐久性

裸露于自然环境中的路桥工程结构物将受到各种自然因素的侵蚀作用，如温度变化、冻融循环、氧化作用、酸碱腐蚀等。为此，应根据材料所处的结构部位及环境条件，综合考虑引起材料性质衰变的外界条件和材料自身的内在原因，从而全面了解材料抵抗破坏的能力，保证材料的使用性能。

4. 工艺性

工艺性是指材料适合按一定工艺要求加工的性能，即在现行的施工条件下，通过必要操作工序，使所选择材料或混合料的技术性能达到预期的目标，并满足使用要求，这是选择材料和确定设计参数时必须考虑的重要因素。

0.2.4 混合料的组成设计方法

混合料的组成设计包括选择原材料并确定原材料用量比例。首先应根据工程要求使用条件、当地材料供应情况、材料的质量规格和技术要求，选择并确定混合料中各种组成材料的品种；然后根据工程的结构特征与技术要求，确定各种材料在混合料中的比例。通过组成设计，从质量与数量两个方面保证混合料所要求的体积特征、力学性质和稳定性，从而满足结构的使用要求。

知识点3 道路建筑材料的性能检测与技术标准

0.3.1 材料的性能检测

道路工程材料的基本技术性质需要通过适当的检测手段来确定，材料性能的检测方法应能够反映实际结构中材料的受力状态，所得到的试验数据和技术参数应能够表达材料的技术特性，并具有重复性与可比性。为此，材料性能检测应按照当前技术标准中规定的标准程序进行，以保证试验结果的科学性、公正性和权威性。

视频：道路建筑材料的性能检验与技术标准

根据工程重要性与材料试验规模，材料的检测层次可分为试验室原材料与混合料的性能检测、试验室模拟结构物的性能检测、现场足尺寸结构物的性能检测。

0.3.2 技术标准

材料的技术标准是指有关部门根据材料自身固有特性，结合研究条件和工程特点，对材料的规格、质量标准、技术指标及相关的试验方法所做出的详尽而明确的规定。科研、生产设计与施工单位应以这些标准为依据，进行道路材料的性能评价、生产、设计和施工。

目前，我国建筑材料标准分为国家标准、行业标准、地方标准和企业标准四类。国家标准是由国务院标准化行政主管部门颁布的全国性指导技术文件，简称"国标"，代号"GB"；行业标准是由国务院有关行政主管部门制定和颁布的，也是全国性指导技术文件，在国家标准颁布之后，相关的行业标准即行作废；地方标准是由地方（省、自治区、直辖市）标准化主管机构或专业主管部门批准、发布，在某一地区范围内统一的标准；企业标准适用于本企业，凡没有制定国家标准或行业标准的材料或制品，均应制定企业标准。

国家标准和行业标准的表示方法如下。

1. 国家标准的表示方法

国家标准由国家标准代号（GB）、编号、制定（或修订）年份、标准名称四个部分组成,如"《通用硅酸盐水泥》(GB 175—2007)","GB"为国家标准代号,"175"为本标准编号,"2007"表示制定(或修订)年份为 2007 年(现要求年份均用 4 位数表示),"通用硅酸盐水泥"为标准名称。

国家标准分为强制性标准和推荐性标准。推荐性标准在标准代号"GB"后加"T",如《建设用卵石、碎石》(GB/T 14685—2022)标准即推荐性国家标准。

国家标准修订时标准代号和编号不变,只改变制定和修订年份。如 GB 175—2007 标准原为1977 年制定的 GB 175—1977,1988 年修订为 GB 175—1988,1992 年修订为 GB 175—1992,1999 年修订为 GB 175—1999,2007 年修订为 GB 175—2007。

2. 行业标准的表示方法

行业标准由行业标准代号、一级类目代号、二级类目代号、二级类目顺序号、制定和修订年份及标准名称等部分组成。如《公路工程沥青及沥青混合料试验规程》(JTG E20—2011)中,"JTG"为行业标准代号,"E20"为二级类目顺序号,"2011"为制定和修订年份,"公路工程沥青及沥青混合料试验规程"为标准名称。推荐性行业标准同样在行业标准后加"T"。

我国国家标准及与道路建筑材料有关的行业标准代号参见表 0-1。

表 0-1 我国国家标准及与道路建筑材料有关的行业标准代号示例

标准名称	代号	示例
国家标准	国标	《通用硅酸盐水泥》(GB 175—2007)
交通行业标准	交通	《公路工程沥青及沥青混合料试验规程》(JTG E20—2011)
建材行业标准	建材	《石灰石硅酸盐水泥》(JC/T 600—2010)
石油化工行业标准	石化	《道路石油沥青》(NB/SH/T 0522—2010)
黑色冶金行业标准	冶标	《碳素工具钢丝》(YB/T 5322—2010)

国际上较有影响的技术标准有国际标准(ISO)、美国材料与试验协会标准(ASTM)、日本工业标准(JIS)和英国标准(BS)等。

随着材料测试手段和测试设备功能的提高、基础理论研究与试验工作的不断深入、工程实践与应用技术的成熟,对各种道路工程材料的认识将不断完善,有关技术标准中的具体条款和技术参数将会被不断地修订与补充。

知识点 4 道路建筑材料检测行业岗位职责和职业道德

0.4.1 检测人员岗位职责

(1)遵守《中华人民共和国建筑法》《中华人民共和国计量法》《建设工程质量管理条例》等国家有关法律法规,依法办事,严格执行质量手册的规定,为客户提供科学、公正、准确、满意的服务。

(2)检测工作必须严格遵守工作程序,严肃执行有关技术标准、规范,不得违规操作或伪造数据。

(3)在授权范围内正确使用仪器设备,并负责使用设备的日常维护和保养,有权拒绝使用未经检定合格的设备。

视频:道路建筑材料检测行业岗位职责和职业道德

（4）负责桥梁、隧道和道路用水泥基、高分子等工程材料的试验、检测、检验与认证；在规定的时间内完成检测任务，未经客户同意，不得超出规定的期限。

（5）积极配合能力验证、设备的期间核查等各项技术活动。

（6）不参与任何有损检测工作判断独立性和诚实性的活动，抵制各种干预、干扰，自觉反映和举报检测工作中弄虚作假、违反公正性的现象；对客户的技术资料、商业机密负有保密责任，不利用客户的技术资料从事技术开发和技术服务。

（7）自觉参加培训，不断更新专业知识，提高检测技术水平，了解本专业的现状和发展趋势，适应检测工作的需要。

各检测人员应自觉执行以上规定，如有违反，将予以警告、记过、开除等相应处分；如上述行为涉及弄虚作假，伪造数据，提供虚假报告等行为，给客户或公司造成经济、声誉等严重损失的，保留向司法部门申诉，依据《中华人民共和国刑法》第 168 条、《中华人民共和国刑法修正案》第 2 条等相关法律、法规追究其经济法律责任的权利。

0.4.2 检测人员职业道德

（1）勤奋工作、爱岗敬业。热爱检测工作，有强烈的事业心和高度的社会责任感，工作有条不紊，处事认真负责，恪尽职守，踏实勤恳。

（2）科学检测、公正公平。遵循科学求实的原则开展检测工作，检测行为要公正公平，检测数据要真实可靠。

（3）程序规范、保质保量。严格按检测标准、规范、操作规程进行检测，检测资料齐全，检测结论规范，保证每个检测工作过程的质量。

（4）遵章守纪、尽职尽责。遵守国家法律法规和本单位规章制度，认真履行岗位职责；不在与检测工作相关的机构兼职。

（5）坚持原则、刚直清正。坚持真理，实事求是；不做假试验，不出假报告；敢于揭露、举报各种违法违规行为。

（6）热情服务、维护权益。树立为社会服务的意识，维护委托方的合法权益，对委托方提供的样品、文件和检测数据应按规定严格保密。

（7）顾全大局、团结协作。树立全局观念，团结协作，维护集体荣誉；谦虚谨慎，尊重同志，协调好各方面的关系。

（8）廉洁自律、杜绝舞弊。廉洁自律，自尊自爱；不参加可能影响检测公正的宴请和娱乐活动；不进行违规检测；不接受委托人的礼品、礼金和各种有价证券；杜绝吃、拿、卡、要现象。

───────────────── 知识小结 ─────────────────

道路建筑材料是指道路与桥梁工程及其附属构造物所用的各类建筑材料，是道路与桥梁工程的物质基础。道路建筑材料向着再生化、多元化、利废化、节能化和绿色化等方向发展。建筑材料的技术标准有国家级、行业级、地方级和企业级四类，是生产、流通和使用单位检验、确定产品质量是否合格的重要技术文件。

───────────────── 课后思考 ─────────────────

（1）道路建筑材料的技术标准有哪些？如何表示？

（2）道路建筑材料的基本性能包括哪几个方面？

（3）简述道路建筑材料检测人员应具备的岗位职责及职业道德。

模块 1　砂石材料

模块描述

砂石材料是道路、桥梁工程的基础材料。用作道路与桥梁建筑的砂石材料都应具备一定的技术性质，以适应不同工程建筑的技术要求。特别是作为水泥（或沥青）混凝土用集料，应严格按级配理论组成一定要求的矿质混合料。本模块主要介绍了砂石材料的基本性质及矿质混合料的组成设计方法。

模块要求

掌握砂石材料的基本组成与分类、技术性质及技术要求；能够调整矿质混合料的组成设计。

学习目标

1. 知识目标

(1)掌握评价砂石材料技术性质的主要指标；

(2)掌握级配理论和组成设计的方法。

2. 能力目标

(1)掌握砂石材料性能检测的方法；

(2)应用图解法和试算法设计矿质混合料的配合比。

3. 素质目标

(1)具有务实肯干、坚持不懈、精益求精的工匠精神；

(2)具有诚信意识，自觉遵守技术标准和规范要求，规范砂石材料试验操作，不篡改原始数据。

模块导学

砂石材料是道路与桥梁建筑中用量最大的一种建筑材料，它可以直接用于道路或桥梁的砌体结构，也可以作为水泥混凝土、沥青混合料的集料(图 1-1)。用作道路与桥梁建筑的砂石材料都应具备一定的技术性质，以适应不同工程建筑的技术要求。特别是作为水泥(或沥青)混凝土的集料，应严格按照级配理论组成一定要求的矿质混合料。因此，必须掌握其组成设计的方法。

砂石材料是道路、桥梁工程的基础材料，对其试验检测是不可忽视的一部分。集料分为细集料和粗集料。细集料必须检测其视密度、砂当量、含水量、松方堆积密度等；粗集料必须检测其磨耗值、吸水率、针片状、筛分、磨光值等。每种材料使用前应测 2 个样品，使用过程中底基层、基层为每2 000 m³测2个样品，面层为每批测2个样品。砂子须检测其视密度、筛分、含泥量、堆积密度等。对进场的同料源、同开采单位的砂，每200 m³为一批验收，每批至少取样一次。对砂、石进行试验检测能充分利用当地原材料，合理控制并科学地评定工程质量。

图1-1　砂石材料

单元1　砂石材料的基本认知

砂石材料泛指土木建筑工程中常用的石料制品、砂、砾石、碎石等，是道路与桥梁工程中使用量最大的材料，按其来源可分为岩石、集料及冶金矿渣集料等。

视频：砂石材料
的基本认知

1. 岩石

岩石是组成地壳的基本物质，是由造岩矿物在地质作用下按一定规律聚集而成的自然体。按岩石的形成条件可将岩石分为岩浆岩、沉积岩和变质岩三大类。岩浆岩是由岩浆冷凝而形成的岩石；沉积岩是由母岩(岩浆岩、变质岩和早已形成的沉积岩)在地表经风化剥蚀而产生的物质，经过搬运、沉积和硬结成岩作用而形成的岩石，又称水成岩；变质岩是原生的岩浆岩或沉积岩经过地质上的变质作用而形成的岩石。由天然岩石加工制成的各类块石、条石等石料制品是一类坚固、耐用的建筑材料。

2. 集料

集料是由不同粒径矿质颗粒组成的混合料，它包括各种天然砂、人工砂、卵石、碎石和矿渣。

集料在混合料中起骨架和填充的作用，不同粒径的集料在水泥(或沥青)混合料中所起的作用不同，对它们的技术要求也不同。因此，将集料分为细集料和粗集料两种。在沥青混合料中，细集料是指粒径小于2.36 mm的天然砂、人工砂(包括机制砂)及石屑，粗集料是指粒径大于2.36 mm的碎石、破碎砾石、筛选砾石和矿渣等；在水泥混凝土中，凡粒径小于4.75 mm者称为细集料，粗集料是指粒径大于4.75 mm的碎石、砾石和破碎砾石等。集料的物理、力学、化学性质对沥青混凝土或水泥混凝土有较大的影响。

3. 冶金矿渣集料

冶金矿渣集料是冶金工业生产过程中由矿石、燃料及助熔剂中易熔硅酸盐化合而成的副产品。冶金矿渣分为黑色金属冶金矿渣和有色金属冶金矿渣两大类。黑色金属冶金矿渣又分为高炉重矿渣和钢渣两类。这些冶金矿渣从熔炉排出后，在空气中自然冷却，形成坚硬的材料,是一种很好的路用材料。它可作为基层材料,又可作为修筑水泥混凝土或沥青混凝土路面用的集料。

矿渣的力学强度一般较高,其强度与孔隙率有关,通常极限抗压强度在 50 MPa 以上,高者可达 150 MPa,相当于石灰岩至花岗石的强度;其他性能,如压碎值、磨光值和磨耗值等,均能符合筑路石材的要求。因此,冶金矿渣只要稳定性合格,其力学性能均能满足路用要求。稳定的冶金矿渣集料可以应用于各种路面基层和面层。对新料源的矿渣,必须通过试验使用,积累使用经验后,才能逐步推广使用。

单元 2 砂石材料的技术性质

1.2.1 岩石的技术性质

岩石的技术性质主要从物理性质、力学性质和化学性质三个方面进行评价。

视频:砂石材料
的技术性质

1. 物理性质

岩石的物理性质包括物理常数(如真实密度、毛体积密度、表观密度、堆积密度和孔隙率等)、吸水性(如吸水率、饱和吸水率)和抗冻性。

(1)物理常数。岩石的物理常数是岩石矿物组成结构状态的反映,它与岩石的技术性质有着密切的关系。岩石的内部组成结构主要是由矿质实体和孔隙(包括与外界连通的开口孔隙和不与外界连通的闭口孔隙)所组成的,如图 1-2(a)所示。各部分质量与体积的关系如图 1-2(b)所示。

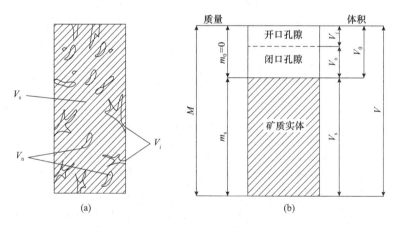

图 1-2 岩石组成结构示意

(a)岩石组成结构外观示意;(b)岩石结构的质量与体积关系示意

①真实密度(简称密度)。真实密度是岩石在规定条件(105 ℃±5 ℃下烘至恒重,温度为 20 ℃±2 ℃)、绝对密实状态下,烘干岩石矿质实体单位体积(不包括开口与闭口孔隙)的质量,用 ρ_t 表示。其计算公式如下:

$$\rho_t = \frac{m_s}{V_s}$$
(1-1)

式中 ρ_t——岩石的真实密度(g/cm^3)；

  m_s——岩石矿质实体质量(g)；

  V_s——岩石矿质实体体积(cm^3)。

按我国现行《公路工程岩石试验规程》(JTG E41—2005)规定采用"密度瓶法"对岩石真实密度进行测定。要获得矿质实体的体积，必须将岩石粉碎磨细，通过试验来测定。

②毛体积密度。毛体积密度是在规定条件下，烘干岩石(包括材料的实体矿物、开口孔隙和闭口孔隙)单位体积的质量。根据岩石含水状态，毛体积密度可分为干密度、饱和密度和天然密度，用字母 ρ_b 表示。其计算公式如下：

$$\rho_b = \frac{m_s}{V_s + V_n + V_i} \tag{1-2}$$

式中 ρ_b——岩石的毛体积密度(g/cm^3)；

  m_s——矿质实体质量(g)；

  V_s、V_n、V_i——集料矿质实体、闭口孔隙和开口孔隙体积(cm^3)。

③表观密度。表观密度是在规定条件(105 ℃±5 ℃烘干至恒重)下，单位表观体积(包括集料矿质实体和闭口孔隙的体积)的质量，用字母 ρ_a 表示。其计算公式如下：

$$\rho_a = \frac{m_s}{V_s + V_n} \tag{1-3}$$

式中 ρ_a——粗集料表观密度(g/cm^3)；

  m_s——矿质实体质量(g)；

  V_s——矿质实体体积(cm^3)；

  V_n——材料矿质实体中闭口孔隙体积(cm^3)。

④堆积密度。集料的堆积密度是单位体积(包括矿质实体、闭口孔隙和开口孔隙及颗粒间空隙体积)物质颗粒的质量。其计算公式如下：

$$\rho = \frac{m_s}{V_s + V_n + V_i + V_v} \times 100\% \tag{1-4}$$

式中 ρ——粗集料的堆积密度(g/cm^3)；

  m_s——矿质实体质量(g)；

  V_s、V_n、V_i、V_v——矿质实体、闭口孔隙、开口孔隙和空隙体积(cm^3)。

⑤孔隙率。岩石的孔隙率是指岩石孔隙体积占岩石总体积的百分率。其计算公式如下：

$$n = \frac{V_0}{V} \times 100\% \tag{1-5}$$

$$n = \left(1 - \frac{\rho_b}{\rho_t}\right) \tag{1-6}$$

式中 n——岩石的孔隙率(%)；

  V_0——岩石的孔隙(包括开口孔隙和闭口孔隙)的体积(cm^3)；

  V——岩石的总体积(cm^3)；

  ρ_b——岩石的毛体积密度(g/cm^3)；

  ρ_t——岩石的真实密度(g/cm^3)。

(2)吸水性。岩石的吸水性是岩石在规定条件下吸水的能力，采用吸水率和饱和吸水率两项指标来表征。

①吸水率。岩石吸水率是指在规定条件下，岩石试样最大的吸水质量与烘干岩石试件质量之比，以百分率表示。我国现行《公路工程岩石试验规程》(JTG E41—2005)规定采用自由吸水法测定，按式(1-7)计算：

$$w = \frac{m_1 - m}{m} \times 100\%$$ (1-7)

式中　w——岩石吸水率(%)；

　　　m——烘至恒量时的试件质量(g)；

　　　m_1——吸水至恒量时的试件质量(g)。

②饱和吸水率。岩石的饱和吸水率是指在强制条件下，岩石试样最大的吸水质量与烘干岩石试件质量之比，以百分率表示。我国现行《公路工程岩石试验规程》(JTG E41—2005)规定采用煮沸法或真空抽气法测定，按式(1-8)计算：

$$w_{sa} = \frac{m_2 - m}{m} \times 100\%$$ (1-8)

式中　w_{sa}——岩石饱和吸水率(%)；

　　　m——意义同上；

　　　m_2——试件经强制饱和后的质量(g)。

吸水率、饱和吸水率能有效地反映岩石微裂隙的发育程度，可用来判断岩石的抗冻性和抗风化等性能。

(3)抗冻性。岩石抗冻性是指岩石在吸水饱和状态下，经受规定次数的冻融循环后抵抗破坏的能力。岩石经多次冻融交替作用后，表面将出现剥落、裂纹，产生质量损失，强度降低。因此要求在寒冷地区，冬季月平均气温低于−15 ℃的重要工程，岩石吸水率大于0.5%时，都需要对岩石进行抗冻性试验。

岩石抗冻性试验通常采用直接冻融法。试件在饱水状态下，在−15 ℃时冻结4 h后，放入20 ℃±5 ℃水中融解4 h，为冻融循环一次，如此反复冻融至规定次数为止。经历规定的冻融循环次数(如10次、15次、25次等)，详细检查各试件有无剥落、裂缝、分层及掉角等现象，并记录检查情况。将冻融试验后的试件烘至恒重，称其质量，然后测定其抗压强度，并按式(1-9)、式(1-10)计算岩石的冻融质量损失率和冻融系数。

$$L = \frac{m_1 - m_2}{m_1} \times 100\%$$ (1-9)

式中　L——冻融后的质量损失率(%)；

　　　m_1——试验前烘干试件的质量(g)；

　　　m_2——试验后烘干试件的质量(g)。

$$K = \frac{R_2}{R_1}$$ (1-10)

式中　K——冻融系数；

　　　R_2——经若干次冻融试验后的试件饱水抗压强度(MPa)；

　　　R_1——未经冻融试验的试件饱水抗压强度(MPa)。

如无条件进行冻融试验，也可采用坚固性简易快速测定法，这种方法是通过饱和硫酸钠溶液进行多次浸泡与烘干循环后进行测定的。

2. 力学性质

公路与桥梁工程结构物中用岩石，应具备一定的力学性质，如抗压、抗拉、抗剪、抗折强度，还应具备如抗磨光、抗冲击和抗磨耗等力学性能。在此主要研究岩石的抗压强度和磨耗性两项性质。

（1）抗压强度。岩石的抗压强度是岩石力学性质中最重要的一项指标，是岩石强度分级和岩性描述的主要依据。

按我国现行《公路工程岩石试验规程》（JTG E41—2005）规定：将岩石制备成标准试件，建筑地基用岩石制备成直径为 50 mm±2 mm、高径比为 2∶1 的圆柱体试件；桥梁工程用岩石制备成边长为 70 mm±2 mm 的立方体试件；路面工程用岩石制备成边长为 50 mm±2 mm 的立方体试件或直径和高均为 50 mm±2 mm 的圆柱体试件。岩石的单轴抗压强度是指经吸水饱和后，单轴受压并按规定的加载条件，达到极限破坏时单位承压面积的荷载。抗压强度按式（1-11）计算：

$$R = \frac{P}{A} \qquad (1-11)$$

式中　R——岩石的抗压强度（MPa）；

　　　P——试件破坏时的荷载（N）；

　　　A——试件的截面面积（mm²）。

（2）磨耗性。磨耗性是岩石抵抗撞击、边缘剪力和摩擦的联合作用的性能，以磨耗率表示。我国现行标准《公路工程岩石试验规程》（JTG E41—2005）规定：岩石磨耗试验方法与粗集料的磨耗试验方法相同，按《公路工程集料试验规程》（JTG E42—2005）规定采用洛杉矶式磨耗试验。

试验时采用洛杉矶磨耗试验机，其圆筒内径为 710 mm±5 mm，内侧长为 510 mm±5 mm，两端封闭。试验时将规定质量且有一定级配的试样和一定质量的钢球置于试验机中，以 30～33 r/min 的转速转动至要求次数后停止，取出试样，用 1.7 mm 的方孔筛筛去试样中的细屑，用水洗净留在筛上的试样，烘至恒重并称其质量。岩石磨耗率按式（1-12）计算：

$$Q = \frac{m_1 - m_2}{m_1} \times 100\% \qquad (1-12)$$

式中　Q——洛杉矶磨耗率（%）；

　　　m_1——装入圆筒中的试样质量（g）；

　　　m_2——试验后在 1.7 mm 筛上洗净烘干的试样质量（g）。

3. 化学性质

科学家根据理化—力学的研究，认为矿质集料在混合料中与结合料起着物理化学作用。岩石的化学性质将影响着混合料的物理力学性质。根据试验研究的结果，按 SiO_2 的含量多少将岩石划分为酸性、中性及碱性。按克罗斯的分类法分类如下：

（1）酸性岩石：岩石化学组成中 SiO_2 含量大于 65% 的岩石，如花岗石、石英岩等；

（2）中性岩石：SiO_2 含量在 52%～65% 的岩石，如闪长岩、辉绿岩等；

（3）碱性岩石：SiO_2 含量小于 52% 的岩石，如石灰岩、玄武岩等。

实践证明，在沥青混合料中，随着二氧化硅（SiO_2）含量的增加，沥青与岩石的黏附性也随之减弱。因此，为保证沥青混合料的强度，在选择与沥青结合的岩石时，应优先采用碱性岩石。

1.2.2 道路和桥涵用岩石制品

1. 道路路面建筑用岩石制品

道路路面建筑用岩石制品包括直接铺砌路面面层用的整齐块石、半整齐块石，其要求和规格简要分述如下：

(1)高级铺砌用整齐块石。高级铺砌用整齐块石由高强、硬质、耐磨的岩石精凿加工而成，其加工费用高，这种块石铺筑的路面需以水泥混凝土为底层，并且用水泥砂浆灌缝找平，所以这种路面造价很高，只有在特殊要求路面，如特重交通及履带车等行驶的路面使用，尺寸一般可按设计要求确定。大方块石为 300 mm×300 mm×(120～150) mm，小方块石为 120 mm×120 mm×250 mm，抗压强度不低于 100 MPa，洛杉矶磨耗率不大于 5%。

(2)路面铺砌用半整齐块石。路面铺砌用半整齐块石是经粗凿而成立方体的方块石或长方体的条石。其顶面与底面平行，顶面面积与底面面积之比不小于 40%。

半整齐块石用硬质石料制成，为修琢方便，常采用花岗石。顶面不进行加工，此顶面平整性较差，一般只在特殊地段，如土基尚未沉实稳定的桥头引道、干道及铁轮履带车经常通过的地段使用。

(3)铺砌用不整齐块石。铺砌用不整齐块石又称拳石，是由粗打加工而得到的块石，要求顶面为一平面，底面与顶面基本平行，顶面面积与底面面积之比大于 40%。其优点是造价不高，经久耐用；缺点是不平整，行车振动大，故目前应用较少。

(4)锥形块石。锥形块石又称"大块石"，用于路面底基层，是由片石进一步加工而得到的粗大集料，要求上小下大，接近截锥形，其底面面积不宜小于 100 cm²，以便摆砌稳定。高度一般分为 160 mm±20 mm、200 mm±20 mm、250 mm±20 mm 等，通常底基层厚度应为石块高的 1.1～1.4 倍。除特殊情况外，一般不采用大块石基层。

2. 桥梁建筑用主要岩石制品

桥梁建筑所用的主要岩石制品有片石、块石、方块石、粗料石、细料石、镶面石等。

(1)片石：由打眼放炮开采的岩石，其形状不受限制，但薄片不得使用。一般片石中最小边长应不小于 15 cm，体积不小于 0.01 m³，每块质量一般在 30 kg 以上。用于砌体工程主体的片石，其极限抗压强度应不小于 30 MPa；用于附属砌体工程的片石，其极限抗压强度应不小于 20 MPa。

(2)块石：由成层岩中打眼放炮开采获得，或用楔子打入成层岩的明缝或暗缝中劈出的岩石。块石形状大致方正，无尖角，有两个较大的平行面，边角可不加工。其厚度应不小于 20 cm，宽度为厚度的 1.5～2 倍，长度为厚度的 1.5～3 倍。砌缝宽度一般不大于 20 cm，个别边角砌缝宽度可达 30～35 mm。岩石极限抗压强度应符合设计文件的规定。

(3)方块石：在块石中选择形状比较整齐者稍加修整，使其大致方正，厚度不小于 20 cm，宽度为厚度的 1.5～2 倍，长度为厚度的 1.5～4 倍，砌缝宽度不大于 20 mm，岩石抗压强度应符合设计文件的规定。

(4)粗料石：形状尺寸和极限抗压强度应符合设计文件规定，其表面凹凸不大于 10 mm，砌缝宽度小于 20 mm。

(5)细料石：形状尺寸和极限抗压强度应符合设计文件规定，其表面凹凸不大于 5 mm，砌缝宽度小于 15 mm。

(6)镶面石。镶面石受气候因素（如晴、雨、冻融）的影响，损坏较快，一般应选用较好、较坚硬的岩石。岩石的外露面可沿四周琢成 2 cm 的边，中间部分仍保持原来的天然石面。岩石上、下和两侧均加工粗琢成剂口，剂口宽度不得小于 10 cm，琢面应垂直于外露面。

单元 3　集料的技术性质

集料是指在混合料中起骨架或填充作用的粒料，包括岩石天然风化而成的砾石(卵石)和砂等，以及由岩石经人工轧制的各种尺寸的碎石、机制砂、石屑等。

视频：集料的
技术性质

1.3.1　集料的来源与分类

1. 按集料来源分类

(1)天然集料。天然集料包括天然砂、卵石和砾石等。

①天然砂。天然砂是指自然生成的、经人工开采和筛分的粒径小于 4.75 mm 的岩石颗粒，包括河砂、湖砂、山砂、淡化海砂，但不包括软质、风化的岩石颗粒。河砂颗粒表面圆滑，比较洁净，质地较好，产源广；山砂颗粒表面粗糙有棱角，含泥量和含有机杂质多；海砂虽然具有河砂的特点，但在海中常混有贝壳、碎片和盐分等有害杂质。一般工程上多使用河砂，在缺乏河砂地区，可采用山砂或海砂，但在使用时必须按规定做技术检验。

②卵石和砾石。卵石和砾石是由自然风化崩解、水流搬运和分选、堆积形成的，粒径大于 4.75 mm 的岩石颗粒。砾石的粒径为 2～60 mm，卵石的粒径为 6～20 mm。砾石和卵石颗粒通常是光滑而无棱角的，可将其做进一步破碎加工后使用，如破碎砾石等。

(2)人工集料。人工集料是将岩石、卵石、矿山废石或工业废渣经破碎和筛分机械设备加工而成的具有棱角、表面粗糙的矿质颗粒，如碎石或破碎砾石、机制砂、石屑等。

①碎石或破碎砾石。碎石或破碎砾石是指将天然岩石、卵石或矿山废石经机械破碎、筛分制成的，粒径大于 4.75 mm 的岩石颗粒。

②机制砂。机制砂是指经除土处理，由机械破碎、筛分制成的，粒径小于 4.75 mm(或 2.36 mm)的岩石、矿山尾矿或工业废渣颗粒，但不包括软质、风化的颗粒，俗称人工砂。也可以将机制砂、天然砂或石屑等按一定比例混合成为混合砂。

③石屑。石屑是指采石场加工碎石时通过最小筛孔(通常为 2.36 mm 或 4.75 mm)的筛下部分，也称筛屑。

人工集料的生产工艺主要包括对岩石或卵石或矿山废石进行破碎、筛分等工序。目前的破碎方法主要有挤压、冲击、研磨和劈裂，通常的做法是：首先将开采得到的岩石送入颚式碎石机进行粗破，然后进入反击破碎机(或圆锥破碎机)进行中破，将部分符合粒度要求的碎石从振动筛中分离出来，较大的碎石再经过反击破碎机(或圆锥破碎机)进行最终破碎，合格的产品经筛分，按不同粒径规格分类。

2. 按集料颗粒尺寸分类

集料颗粒的尺寸用粒径表示(也称为粒度)。按照集料颗粒的尺寸分类，工程中所用集料可分为粗集料和细集料。对于不同类型的混合料，划分粗、细集料的粒径尺寸是不同的。

按照《公路工程集料试验规程》(JTG E42—2005)的规定，在沥青混合料中，粗集料是指粒径大于 2.36 mm 的碎石、破碎砾石、筛选砾石和矿渣等，细集料是指粒径小于 2.36 mm 的机制砂、天然砂和石屑等；在水泥混凝土中，粗集料是指粒径大于 4.75 mm 的碎石、砾石和破碎砾石，细集料是指粒径小于 4.75 mm 的天然砂和机制砂。

1.3.2 粗集料的技术性质

1. 物理性质

粗集料的物理性质包括密度、空隙率、级配、颗粒形状和表面特征、含泥量和泥块含量及坚固性等，下面进行详细论述。

(1)密度。集料是矿质颗粒的散装混合物，其体积组成除包括矿物及矿物间孔隙(开口孔隙或闭口孔隙)外，还要考虑颗粒间的空隙。粗集料的体积与质量关系如图 1-3 所示。

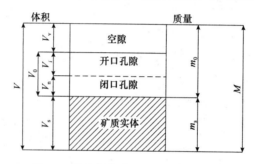

图 1-3 粗集料的体积与质量关系示意

①表观密度。粗集料的表观密度(简称视密度)是在规定条件(105 ℃±5 ℃烘干至恒重)下，单位表观体积(包括集料矿质实体和闭口孔隙的体积)的质量，用字母 ρ_a 表示。其计算公式如下：

$$\rho_a = \frac{m_s}{V_s + V_n} \tag{1-13}$$

式中 ρ_a——粗集料的表观密度(g/cm³)；

　　　m_s——矿质实体的质量(g)；

　　　V_s——矿质实体的体积(cm³)；

　　　V_n——材料矿质实体中闭口孔隙的体积(cm³)。

②毛体积密度。毛体积密度是在规定条件下，烘干岩石(包括材料的实体矿物、开口孔隙和闭口孔隙的体积)的单位体积的质量。根据岩石含水状态，毛体积密度可分为干密度、饱和密度和天然密度，用字母 ρ_b 表示，其计算公式如下：

$$\rho_b = \frac{m_s}{V_s + V_n + V_i} \tag{1-14}$$

式中 ρ_b——岩石的毛体积密度(g/cm³)；

　　　m_s——矿质实体的质量(g)；

　　　V_s、V_n、V_i——集料矿质实体、闭口孔隙和开口孔隙的体积(cm³)。

③堆积密度。粗集料的堆积密度是单位体积(包括矿质实体、闭口孔隙和开口孔隙及颗粒间空隙的体积)物质颗粒的质量，其计算公式如下：

$$\rho = \frac{m_s}{V_s + V_n + V_i + V_v} \qquad (1\text{-}15)$$

式中　ρ——粗集料的堆积密度(g/cm^3)；

　　　m_s——矿质实体的质量(g)；

　　　V_s、V_n、V_i、V_v——矿质实体、闭口孔隙、开口孔隙和空隙的体积(cm^3)。

（2）空隙率。空隙率是指粗集料颗粒之间空隙体积占粗集料总体积的百分率。粗集料空隙率可按下式计算：

$$n = \left(1 - \frac{\rho}{\rho_a}\right) \times 100\% \qquad (1\text{-}16)$$

式中　n——粗集料的空隙率($\%$)；

　　　ρ——粗集料的堆积密度(g/cm^3)；

　　　ρ_a——粗集料的表观密度(g/cm^3)。

（3）级配。级配是指粗集料中各种粒径颗粒的搭配比例或分布情况，级配对水泥混凝土及沥青混合料的强度、稳定性及施工和易性都有显著的影响，级配设计也是水泥混凝土和沥青混合料配合比设计的重要组成部分。级配是通过筛分试验确定的，水泥混凝土用粗集料可采用干筛法筛分试验，对沥青混合料及基层用粗集料必须采用水洗法筛分试验。筛分试验就是将粗集料经过一系列筛孔尺寸的标准筛(标准筛为方孔筛，筛孔尺寸依次为75 mm、63 mm、53 mm、37.5 mm、31.5 mm、26.5 mm、19 mm、16 mm、13.2 mm、9.5 mm、4.75m、2.36 mm、1.18 mm、0.6 mm、0.3 mm、0.15 mm、0.075 mm)测出各个筛上的筛余量，根据集料试样的质量与存留在各筛孔上的集料质量，就可求得一系列与集料级配有关的参数，如分计筛余百分率、累计筛余百分率、通过百分率。粗集料的筛分试验中采用的标准套筛尺寸范围及试样质量，与细集料筛分试验有所不同，但级配参数的计算方法与细集料相同，详见"细集料的技术性质"内容。

视频：物理性质——级配

（4）颗粒形状和表面特征。集料特别是粗集料的颗粒形状和表面特征对集料颗粒间的内摩擦力、集料颗粒与结合料在界面上的黏附性等有着显著的影响。

集料颗粒的形状有蛋圆形、棱角形、针状、片状四种类型，比较理想的形状是接近球体或立方体。当集料扁平、薄片、细长状的颗粒含量较高时，会使集料的空隙率增加，不仅有损集料的施工和易性，而且会不同程度地危害混凝土的强度。

《公路工程集料试验规程》(JTG E42—2005)中规定，针片状颗粒是指用游标卡尺测定的沥青粗集料颗粒的最大长度(或宽度)方向与最小厚度(或直径)方向的尺寸之比大于3的颗粒。

《建设用卵石、碎石》(GB/T 14685—2022)中规定，卵石、碎石颗粒的长度大于该颗粒所属相应粒级的平均粒径的2.4倍者为针状颗粒；厚度小于平均粒径40%者为片状颗粒。

集料的表面特征主要是指集料表面的粗糙程度及空隙特征等，它与集料的材质、岩石结构、矿物组成及其受冲刷、受腐蚀程度有关。一般来说，集料的表面特征主要影响集料与结合料之间的黏结性能，从而影响混合料的强度，尤其是抗折强度。

（5）含泥量和泥块含量。存在于集料中或包裹在集料颗粒表面的泥土会降低水泥的水化反应速度；也会限制集料与水泥或沥青之间的黏结能力，应对其含量加以限制。

①含泥量是指集料中粒径小于0.075 mm的颗粒(实际上包括矿粉、细砂和黏土)。

②泥块含量是指粗集料原尺寸大于4.75 mm(或细集料大于1.18 mm)，但经水浸洗、

手捏后小于 2.36 mm(细集料小于 0.6 mm)的颗粒含量。

(6)坚固性。对已轧制成的碎石或天然卵石也可采用规定级配的各粒级集料，按现行《公路工程集料试验规程》(JTG E42—2005)选取规定数量，分别装在金属网篮浸入饱和硫酸钠溶液中进行干湿循环试验。经 5 次循环后，观察其表面破坏情况，并用质量损失百分率来计算其坚固性(也称安定性)。

2. 力学性质

在混合料中，粗集料起骨架作用，应具备一定的强度、耐磨、抗磨耗和抗冲击性能等，这些性能用压碎值、磨光值、冲击值和磨耗值等指标表示。

视频：力学性质
——压碎值

(1)压碎值。粗集料压碎值是集料在逐渐增加的荷载下，抵抗压碎的能力。它作为相对衡量集料强度的一个指标，用以评价其在公路工程中的适用性。

按《公路工程集料试验规程》(JTG E42—2005)的规定，粗集料压碎值试验是将 9.5～13.2 mm 的集料试样(3 kg)装入压碎值测定仪的金属筒内，放在压力机上，在 10 min 内均匀地加荷至 400 kN，稳压 5 s 后卸载，称其通过 2.36 mm 筛子的筛余质量，按式(1-17)计算：

$$Q'_a = \frac{m_1}{m_0} \times 100\% \tag{1-17}$$

式中　Q'_a——石料的压碎值(%)；

　　　m_0——试验前的试样质量(g)；

　　　m_1——试验后通过 2.36 mm 筛孔的试样质量(g)。

(2)磨光值(PSV)。在现代高速行车条件下，要求路面集料既不要产生较大的磨损，也不要被磨光，也就是说对路面粗糙度提出了更高的要求。集料磨光值是反映集料抵抗轮胎磨光作用的能力指标，是利用加速磨光机磨光集料并以摆式摩擦系数测定仪测得的磨光后集料的摩擦系数值来确定的。集料磨光值越高，表示其抗滑性越好。

(3)冲击值(AIV)。冲击值是反映集料抵抗多次连续重复冲击荷载作用的性能，可采用冲击试验仪测定。

冲击试验方法是选取粒径为 9.5～13.2 mm 的集料试样，用金属量筒分三次捣实的方法确定试验用集料数量，将集料装于冲击值试验仪的盛样器中，用捣实杆捣实 25 次使其初步压实，然后用质量为 13.75 kg±0.05 kg 的冲击锤，沿导杆自 380 mm±5 mm 处，自由落下锤击集料并连续锤击 15 次，每次锤击间隔时间不少于 1 s。将试验后的集料用 2.36 mm 的筛子筛分并称量，按式(1-18)计算：

$$AIV = \frac{m_1}{m} \times 100\% \tag{1-18}$$

式中　AIV——集料的冲击值(%)；

　　　m——试样总质量(g)；

　　　m_1——冲击破碎后通过 2.36 mm 筛子的试样质量(g)。

(4)磨耗值(AAV)。集料磨耗值用于评定抗滑表层的集料抵抗车轮撞击及磨耗的能力。洛杉矶式磨耗试验已在岩石力学性质中讲过，道瑞磨耗值是按我国现行《公路工程集料试验规程》(JTG E42—2005)采用道瑞磨耗试验机来测定集料磨耗值。其方法是选取粒径为

9.5～13.2 mm 的洗净集料试样，单层紧排于两个试模内（不少于 24 粒），然后排砂并用环氧树脂砂浆填充密实。经养护 24 h，拆模取出试件，准确称出试件质量，试件、托盘和配重总质量为 2 000 g±10 g。将试件安装在道瑞磨耗试验机附的托盘上，道瑞磨耗试验机的磨盘以 28～30 r/min 的转速旋转，磨 500 转后，取出试件，刷净残砂，准确称出试件质量。其磨耗值按式(1-19)计算：

$$AAV = \frac{3(m_1 - m_2)}{\rho_s} \tag{1-19}$$

式中 AAV——集料的道瑞磨耗值；

m_1——磨耗前试件的质量(g)；

m_2——磨耗后试件的质量(g)；

ρ_s——集料表干密度(g/cm³)。

集料磨耗值越高，表示集料耐磨性越差。

1.3.3　细集料的技术性质

细集料的技术性质主要包括物理性质、颗粒级配和粗度。

1. 物理性质

细集料的物理性质主要有表观密度、堆积密度和空隙率等。其含义与粗集料完全相同，具体数值可通过试验测定。细集料的物理性质计算方法与粗集料相同，详见"粗集料的技术性质"。

2. 颗粒级配

级配是集料各级粒径颗粒的分配情况，砂的级配可通过筛分试验确定。对水泥混凝土用细集料可采用干筛法，如果需要也可采用水洗法筛分；对沥青混合料及基层用细集料必须用水洗法筛分。

视频：集配

筛分试验是将预先通过 9.5 mm 筛（水泥混凝土用天然砂）或 4.75 mm 筛（沥青路面及基层用的天然砂、石屑、机制砂等）的试样，称取 500 g（M）置于一套孔径为 4.75 mm、2.36 mm、1.18 mm、0.6 mm、0.3 mm、0.15 mm、0.075 mm 的方孔筛上，分别求出试样存留在各筛上的质量，即筛余量，然后按下述方法计算其有关级配参数：

(1)级配参数。

①分计筛余百分率。各号筛的分计筛余百分率为各号筛上的筛余量除以试样总质量（M）的百分率，准确至 0.1%，按式(1-20)计算：

$$a_i = \frac{m_i}{M} \times 100\% \tag{1-20}$$

式中 a_i——各号筛的分计筛余百分率(%)；

m_i——某号筛上的筛余质量(g)；

M——试样的总质量(g)。

②累计筛余百分率。各号筛的累计筛余百分率为该号筛及大于该号筛的各号筛的分计筛余百分率之和，准确至 0.1%，按式(1-21)计算：

$$A_i = a_1 + a_2 + \cdots + a_i \tag{1-21}$$

式中 A_i——各号筛的累计筛余百分率(%)；

a_1、a_2、$\cdots$、a_i——4.75 mm、2.36 mm $\cdots$ 至计算的某号筛的分计筛余百分率(％)。

③通过百分率。各号筛的通过百分率等于100％减去该号筛的累计筛余百分率，准确至0.1％，按式(1-22)计算：

$$P_i = 100\% - A_i \tag{1-22}$$

式中　P_i——各号筛的通过百分率(％)；

　　　A_i——各号筛的累计筛余百分率(％)。

(2)级配曲线的绘制。集料的筛分试验结果以各筛的质量通过百分率表示，还可以采用级配曲线表示。在级配曲线图中，通常用纵坐标表示通过百分率(或累计筛余百分率)，横坐标表示某号筛的筛孔尺寸，如图1-4所示。

在标准套筛中，筛孔尺寸大致是以1/2递减的，如果级配曲线的纵、横坐标均以常数坐标表示，横坐标上的筛孔尺寸位置呈左密右疏，如图1-4(a)所示。为了便于绘制和查阅，横坐标通常采用对数坐标，这样可使大部分筛孔尺寸在横坐标上以等距排列，如图1-4(b)所示。绘制级配曲线时，首先在横坐标上标明筛孔尺寸的对数坐标位置，在纵坐标上标出通过百分率(或累计筛余百分率)的常数坐标位置，然后将筛分试验计算的结果点绘制于坐标图上，最后将各点连成级配曲线。在同一张图中可以同时绘制2条以上级配曲线，但须注明每条曲线所代表的集料品种。

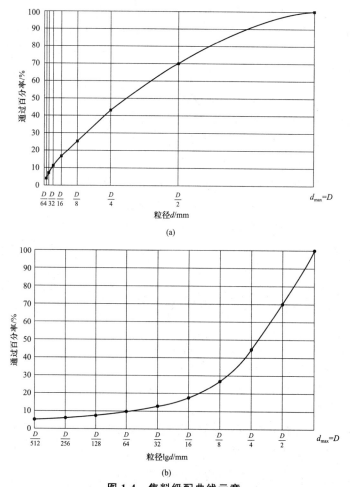

(a)

(b)

图1-4　集料级配曲线示意

(a)常数坐标；(b)对数坐标

3. 粗度

粗度是评价砂粗细程度的一种指标，通常用细度模数表示，准确到 0.01，可按式(1-23)计算：

$$M_x = \frac{A_1 + A_2 + A_3 + A_4 + A_5 + A_6 - 5A_1}{100 - A_1} \tag{1-23}$$

式中　M_x——砂的细度模数；

　　　　A_1、A_2、A_3、A_4、A_5、A_6——4.75 mm、2.36 mm、1.18 mm、0.60 mm、0.30 mm、0.15 mm 各筛上的累计筛余百分率(%)。

细度模数越大，表示细集料越粗。我国现行标准《建设用砂》(GB/T 14684—2022)规定，砂的粗度按细度模数可分为下列三级：$M_x = 3.1 \sim 3.7$ 为粗砂；$M_x = 2.3 \sim 3.0$ 为中砂；$M_x = 1.6 \sim 2.2$ 为细砂。

【例 1-1】　工地现有砂 500 g，筛分试验后的筛分结果见表 1-1。计算该砂的细度模数，并评价其粗细程度。

表 1-1　筛分试验结果

筛孔尺寸/mm	9.5	4.75	2.36	1.18	0.6	0.3	0.15	底盘
筛余量/g	0	10	20	45	100	135	155	35

解： 计算分计筛余百分率和累计筛余百分率，结果见表 1-2。

表 1-2　筛分试验计算结果

筛孔尺寸/mm	9.5	4.75	2.36	1.18	0.6	0.3	0.15	底盘
筛余量/g	0	10	20	45	100	135	155	35
分计筛余百分率/%	0	2	4	9	20	27	31	7
累计筛余百分率/%	0	2	6	15	35	62	93	100

根据式(1-23)计算细度模数：

$$M_x = \frac{A_1 + A_2 + A_3 + A_4 + A_5 + A_6 - 5A_1}{100 - A_1}$$

$$= \frac{93 + 62 + 35 + 15 + 6 - 5 \times 2}{100 - 2}$$

$$= 2.05$$

由于细度模数为 2.05，所以，此砂为细砂。

单元 4　矿质混合料的组成设计

道路与桥梁用砂石材料，大多是以矿质混合料的形式与各种结合料（如水泥或沥青等）组合使用，也就是需要将两种或两种以上不同粒径档次的集料进行掺配，构成矿质混合料（简称矿料）。矿质混合料的组成设计的目的是根据设计级配范围的要求，确定不同粒径的各档集料在矿质混合料中的合理比例。这就要求矿质混合料必须满足最小空隙率和最大摩擦力的基本要求。

视频：矿质混合料的组成设计

（1）最小空隙率。不同粒径的各级矿质集料按一定比例搭配，使其组成一种具有最大密实度（最小空隙率）的矿质混合料。

（2）最大摩擦力。各级矿质集料在进行比例搭配时，应使各级集料紧密排列，形成一个多级空间骨架结构，且具有最大的摩擦力。为达到上述要求，必须对矿质混合料进行组成设计，其内容包括级配理论和级配范围的确定；基本组成的设计方法。

1.4.1 矿质混合料的级配理论

1. 级配类型

各种不同粒径的集料，按照一定比例搭配起来，以达到最大密实度和最大摩擦力的要求，可以采用两类级配。

（1）连续级配。连续级配是采用标准套筛对某一混合料进行筛分试验，所得级配曲线平顺圆滑，具有连续性。这种由大到小、逐级粒径均有，按比例互相搭配组成的矿质混合料，称为连续级配混合料。

（2）间断级配。间断级配是在矿质混合料中剔除一个分级或几个分级而形成的一种不连续的混合料，这种混合料称为间断级配混合料。

连续级配和间断级配曲线如图 1-5 所示。

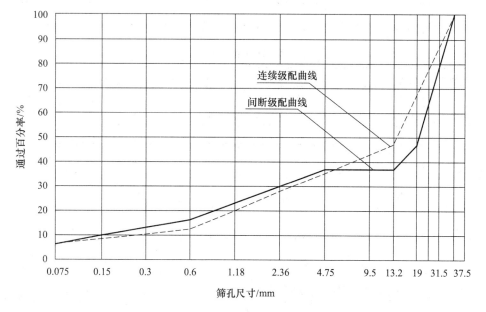

图 1-5　连续级配和间断级配曲线

2. 级配理论

（1）最大密度曲线理论。

①富勒（W. B. Fuller）根据试验提出一种理想级配：级配曲线越接近抛物线，其密度越大。因此，当级配曲线为抛物线时即最大密度曲线。其方程式可表示为

$$P^2 = kd \tag{1-24}$$

当粒径 d 等于最大粒径 D 时，矿质混合料的通过率等于 100%，将此关系代入式(1-24)，则对任意一级粒径 d 的通过率 P 可按式(1-25)计算：

$$P = 100\sqrt{\frac{d}{D}} \tag{1-25}$$

式中　P——欲计算的某级粒径 d(mm)的矿料通过百分率(%)；

　　　D——矿质混合料的最大粒径(mm)；

　　　d——欲计算的某级矿质混合料的粒径(mm)。

②泰波(A. N. Talbal)认为富勒曲线是一种理想曲线，实际矿料的级配应允许有一定的波动范围，故将富勒最大密度曲线改为 n 次幂的通式，即

$$P = 100\left(\frac{d}{D}\right)^n \tag{1-26}$$

式中　n——实验指数。

其他意义同前。

通常使用的矿质沥青混合料的级配范围 n 为 0.3～0.7。

泰波理论可用来解决连续级配的级配范围问题，故具有很大的实用意义。

(2)粒子干涉理论。魏矛斯(C. A. G. Weymouth)提出粒子干涉理论，认为颗粒之间的空隙应由次一级颗粒所填充；其所余空隙又由再次一级小颗粒所填充，但填隙的颗粒粒径不得大于其间隙的距离，否则大小颗粒粒子之间势必发生干涉现象，如图 1-6 所示。

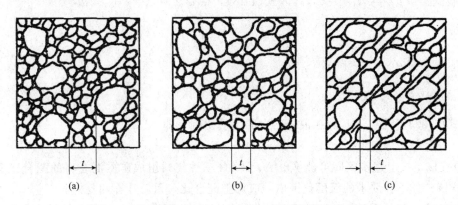

(a)　　　　　　　　　　　　(b)　　　　　　　　　　　　(c)

图 1-6　魏矛斯(C. A. G. Weymouth)粒子干涉理论模式

(a)当 $t>d$ 时；(b)$t=d$ 时；(c)$t<d$ 时

目前用于计算连续级配的理论是最大密度曲线理论；粒子干涉理论既可用于连续级配的计算，也可用于计算间断级配。

1.4.2　矿质混合料的组成设计方法

矿质混合料的组成设计方法主要有试算法和图解法两大类。两类设计方法均需要在两个已知条件的基础上进行：第一个条件是各种集料的级配参数；第二个条件是根据设计要求、技术规范或理论计算，确定矿质混合料目标的级配范围。

1. 试算法

采用试算法求解，需要已知各个集料和矿质混合料的分计筛余百分率。此种方法适用于 2～3 种集料组成的混合料，是最简单的一种方法。

(1)基本计算方程的建立。此方法的基本原理是，现有几种矿质集料，欲配制成某一种符合一定级配要求的矿质混合料，在决定各组成集料在混合料中的比例时，先假定混合料

中某种粒径的颗粒是由某一种对这一粒径占优势的集料组成的，而其他各种集料中不含有此粒径。这样即可根据各个主要粒径去试算各种集料在混合料中的大致比例，再经过校核调整，最终获得满足混合料级配要求的各集料的配合比例。

例如，现有 A、B、C 三种集料，欲配制成某一级配要求的混合料 M。确定这三种集料在混合料 M 中的配合比例(配合比)，按题意做下列两点假设：

①设 X、Y、Z 为 A、B、C 三种集料组成矿质混合料 M 的配合比例，则

$$X + Y + Z = 100 \tag{1-27}$$

②又设混合料 M 中某一级粒径(i)要求的含量为 $a_{M(i)}$，A、B、C 三种集料在原来级配中此粒径(i)颗粒的含量分别为 $a_{A(i)}$、$a_{B(i)}$、$a_{C(i)}$，则

$$a_{A(i)} \cdot X + a_{B(i)} \cdot Y + a_{C(i)} \cdot Z = a_{M(i)} \tag{1-28}$$

(2)基本假设。假设①，混合料 M 中某一级粒径(i)主要由 A 集料所提供(A 集料占优势)，而忽略其他集料在此粒径的含量，这样即可计算出 A 集料在混合料中的用量比例；假设②，混合料 M 中某一级粒径(j)由 C 集料占优势，同理可计算出 C 集料在混合料中的用量比例。

(3)计算各个集料在矿质混合料中的用量。

按假设①得 $a_{B(i)} = a_{C(i)} = 0$，代入式(1-28)，得 $a_{A(i)} \cdot X = a_{M(i)}$，故

$$X = \frac{a_{M(i)}}{a_{A(i)}} \times 100\% \tag{1-29}$$

按假设②得 $a_{C(j)} \cdot Z = a_{M(j)}$，故

$$Z = \frac{a_{M(j)}}{a_{C(j)}} \times 100\% \tag{1-30}$$

由式(1-27)可计算出 B 料在混合料中的用量比例，即

$$Y = 100 - (X + Z) \tag{1-31}$$

(4)校核。按上述步骤即可计算出 A、B、C 三种集料组成矿质混合料的配合比 X、Y、Z。经校核，如不在要求的级配范围内，应调整配合比，重新计算和复核。

【例 1-2】 现有碎石、砂和矿粉三种集料，经筛分试验，各集料的分计筛余百分率列于表 1-3 中，并列出按推荐要求设计混合料的级配范围，试求碎石、砂和矿粉三种集料在要求级配混合料中的用量比例。

表 1-3 原有集料的分计筛余和混合料要求的级配范围

筛孔尺寸 d_1 /mm	碎石分计筛余 $a_{A(i)}$/%	砂分计筛余 $a_{B(i)}$/%	矿粉分计筛余 $a_{C(i)}$/%	矿质混合料要求级配范围通过百分率/%
13.2	0.8	—	—	100
4.75	60.0	—	—	63~78
2.36	23.5	10.5	—	40~63
1.18	14.4	22.1	—	30~53
0.6	1.3	19.4	4.0	22~45
0.3	—	36.0	4.0	15~35

筛孔尺寸 d_1 /mm	碎石分计筛余 $a_{A(i)}$ /%	砂分计筛余 $a_{B(i)}$ /%	矿粉分计筛余 $a_{C(i)}$ /%	矿质混合料要求级配范围通过百分率/%
0.15	—	7.0	5.5	12~30
0.075	—	3.0	3.2	10~25
<0.075	—	2.0	83.3	—

解:(1)先将矿质混合料要求级配范围的通过百分率换算为分计筛余百分率,计算结果列于表 1-4 中,并设碎石、砂、矿粉的配合比为 X、Y、Z。

表 1-4 原有集料和要求级配范围的分计筛余

筛孔尺寸 d_1/mm	碎石分计筛余 $a_{A(i)}$/%	砂分计筛余 $a_{B(i)}$/%	矿粉分计筛余 $a_{C(i)}$/%	要求级配范围通过率的中值 $P_{(iv)}$/%	要求级配范围累计筛余中值 $A_{(i)}$/%	要求级配范围分计筛余中值 $a_{M(i)}$/%
13.2	0.8	—	—	100	—	—
4.75	60.0	—	—	70.5	29.5	29.5
2.36	23.5	10.5	—	51.5	48.5	19.0
1.18	14.4	22.1	—	41.5	58.5	10.0
0.6	1.3	19.4	4.0	33.5	66.5	8.0
0.3	—	36.0	4.0	25.0	75.0	8.5
0.15	—	7.0	5.5	21.0	79.0	4.0
0.075	—	3.0	3.2	17.5	82.5	3.5
<0.075	—	2.0	83.3		100.0	17.5

(2)由表 1-4 可知,碎石中 4.75 mm 粒径颗粒含量占优势,假设混合料中 4.75 mm 的粒径全部由碎石提供,$a_{B(4.75)} = a_{C(4.75)} = 0$,由式(1-29)可得碎石在矿质混合料中的用量比例:

$$X = \frac{a_{M(4.75)}}{a_{A(4.75)}} \times 100\% = \frac{29.5}{60.0} \times 100\% = 49\%$$

(3)同理,由表 1-4 可知,矿粉中小于 0.075 mm 粒径颗粒含量占优势,忽略碎石和砂中此粒径颗粒的含量,即 $a_{A(<0.075)} = a_{B(<0.075)} = 0$,则由式(1-30)可得矿粉在矿质混合料中的用量比例:

$$Z = \frac{a_{M(j)}}{a_{C(j)}} \times 100\% = \frac{17.5}{83.3} \times 100\% = 21\%$$

(4)由式(1-31)可得砂在矿质混合料中的用量比例:

$$Y = 100\% - (X + Z) = 100\% - (49 + 21)\% = 30\%$$

(5)校核。以试算所得配合比 $X = 49\%$,$Y = 30\%$,$Z = 21\%$,按表 1-5 进行校核。

表 1-5　矿质混合料配合组成计算校核

筛孔尺寸 d_i/mm	碎石			砂			矿粉			矿质混合料			要求级配范围通过率/%
	原来级配分计筛余百分率 $a_{A(i)}$/%	用量比例 X/%	占混合料百分率 $a_{A(i)}X$/%	原来级配分计筛余百分率 $a_{B(i)}$/%	用量比例 Y/%	占混合料百分率 $a_{B(i)}Y$/%	原来级配分计筛余百分率 $a_{C(i)}$/%	用量比例 Z/%	占混合料百分率 $a_{C(i)}Z$/%	分计筛余百分率 $a_{M(i)}$/%	累计筛余百分率 $A_{M(i)}$/%	通过百分率 $P_{M(i)}$/%	
13.2	0.8		0.4	—						0.4	0.4	99.6	100
4.75	60.0		29.4	—						29.4	29.8	70.2	63~78
2.36	23.5		11.5	10.5		3.2				14.7	44.5	55.5	40~63
1.18	14.4		7.1	22.1		6.6				13.7	58.2	41.8	30~53
0.6	1.3	49	0.6	19.4	30	5.8	4.0	21	0.8	7.2	65.4	34.6	22~45
0.3	—		—	36.0		10.8	4.0		0.8	11.6	77.0	23.0	15~35
0.15	—		—	7.0		2.1	5.5		1.2	3.3	80.3	19.7	12~30
0.075	—		—	3.0		0.9	3.2		0.7	1.6	81.9	18.1	10~25
<0.075	—		—	2.0		0.6	83.3		17.5	18.1	100	—	—
校核	Σ=100		Σ=49	Σ=100		Σ=30	Σ=100		Σ=21	Σ=100			

根据校核结果，符合级配范围要求。如不符合级配范围要求，应调整配合比再进行试算，经几次调整，逐步接近，直至达到要求。如经计算确实不能符合级配要求，应调整或增加集料品种。

2. 图解法

通常采用"修正平衡面积法"(图解法)确定矿质混合料的合成级配。由 3 种以上的集料进行组配时，采用此方法进行设计十分方便。在"修正平衡面积法"中，将设计要求的级配中值曲线绘制成一条直线，纵坐标和横坐标分别代表通过百分率和筛孔尺寸，这样，当纵坐标仍为算数坐标时，横坐标的位置将由设计级配中值所确定(图 1-7)。"修正平衡面积法"的设计步骤如下：

(1)绘制级配曲线图。计算要求级配范围通过率的中值，作为设计依据。根据级配范围中值，确定相应的横坐标的位置。先绘制一长方形图框，通常纵坐标"通过百分率"总长度取 10 cm，横坐标"筛孔尺寸"总长度取 15 cm。连接对角线 OO'(图 1-8)作为合成级配的中值。纵坐标按算数坐标，标出通过百分率(0~100%)。根据合成级配中值要求的各筛孔通过百分率，从纵坐标引平行线与对角线相交，再从交点作垂线与横坐标相交，其交点即为级配范围中值所对应的各筛孔尺寸(mm)的位置。

(2)确定各种集料用量。以图 1-7 为基础，在坐标图上绘制各种集料的级配曲线，如图 1-8 所示。根据两条级配曲线之间的关系确定各种集料的用量。由图 1-8 分析，任意两条相邻集料级配曲线之间的关系有以下 3 种情况。

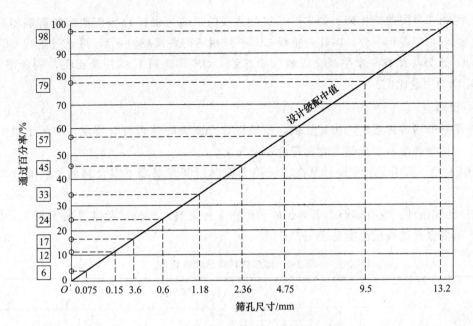

图 1-7 设计级配范围中值曲线

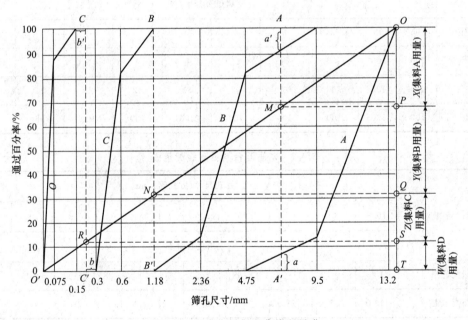

图 1-8 组成集料级配曲线和要求

①两相邻级配曲线重叠。如集料 A 级配曲线下部与集料 B 级配曲线上部重叠，此时，应进行等分，即在两级配曲线相重叠的部分引一条使 $a = a'$ 的垂线 AA'，再通过垂线 AA' 与对角线 OO' 的交点 M 作一水平线交纵坐标于 P 点。OP 即集料 A 的用量比例。

②两相邻级配曲线相接。如集料 B 的级配曲线末端与集料 C 的级配曲线首端正好在一垂直线上，此时，应进行连分，即将集料 B 级配曲线的末端与集料 C 级配曲线的首端相连，即垂线 BB'，再通过垂线 BB' 与对角线 OO' 的交点 N 作一水平线交纵坐标于 Q 点。PQ 即集料 B 的用量比例。

③两相邻级配曲线相离。如集料 C 级配曲线的末端与集料 D 级配曲线的首端相离一段距离，此时，应进行平分，即作一垂线 CC' 平分相离的距离（$b=b'$），再通过垂线 CC' 与对角线 OO' 的交点 R 作一水平线交纵坐于 S 点，QS 即集料 C 的用量比例。剩余部分 ST 即集料 D 的用量比例。

3. 校核

按图解所得各种集料的用量比例，校核计算合成级配是否符合要求，如超出级配范围要求，应调整各集料的比例，直至符合要求为止。

【例 1-3】 试用图解法设计某高速公路上面层用沥青混凝土混合料的矿质混合料的配合比。

（1）已知条件。现有碎石、石屑、砂和矿粉 4 种集料，筛分试验结果列于表 1-6 中。选用的矿质混合料的级配范围见表 1-7。

表 1-6　组成材料筛分试验结果

材料名称	筛孔尺寸（方孔筛）/mm									
	16.0	13.2	9.5	4.75	2.36	1.18	0.6	0.3	0.15	0.075
	通过百分率/%									
碎石	100	93	17	0	—	—	—	—	—	—
石屑	100	100	100	84	14	8	4	0	—	—
砂	100	100	100	100	92	82	42	21	11	5
矿粉	100	100	100	100	100	100	100	100	96	87

表 1-7　矿质混合料要求级配范围

材料名称	筛孔尺寸（方孔筛）/mm									
	16.0	13.2	9.5	4.75	2.36	1.18	0.6	0.3	0.15	0.075
	通过百分率/%									
级配范围	100	90～100	68～85	38～68	24～50	15～38	10～28	7～20	5～15	8
级配中值	100	95	77	53	37	27	19	14	10	6

（2）设计要求。采用图解法进行矿质混合料配合比设计，确定各种集料的比例，校核矿质混合料的合成级配是否符合设计级配范围的要求。

解：（1）绘制图解法用图，如图 1-9 所示。

（2）在碎石和石屑级配曲线相重叠部分作垂线 AA'（使得 $a=a'$），自 AA' 与对角线 OO' 的交点 M 引一水平线交纵坐于 P 点。OP 的长度 $X=30\%$，即碎石的用量比例。

同理，求出石屑的用量比例 $Y=31\%$，砂的用量比例 $Z=32\%$，矿粉的用量比例 $W=7\%$。

（3）按图解所得各类集料的用量比例进行校核，见表 1-8。

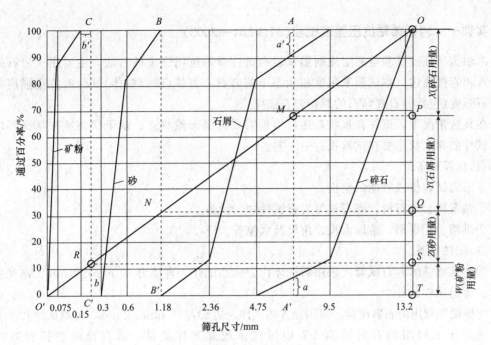

图 1-9 级配曲线图

表 1-8 矿质混合料组成配合校核表

材料组成		筛孔尺寸(方孔筛)/mm									
		16.0	13.2	9.5	4.75	2.36	1.18	0.6	0.3	0.15	0.075
		通过百分率/%									
原材料级配	碎石 100%	100	93	17	0	—	—	—	—	—	—
	石屑 100%	100	100	100	84	14	8	4	0	—	—
	砂 100%	100	100	100	100	92	82	42	21	11	5
	矿粉 100%	100	100	100	100	100	100	100	100	96	87
各矿质材料在混合料中的级配	碎石 30%	30.0	27.9	5.1	0	—	—	—	—	—	—
	石屑 31%	31.0	31.0	31.0	26.0	4.3	2.5	1.2	0	—	—
	砂 32%	32.0	32.0	32.0	32.0	29.4	26.2	13.4	6.7	3.5	1.6
	矿粉 7%	7.0	7.0	7.0	7.0	7.0	7.0	7.0	7.0	6.7	6.1
合成级配		100	97.9	75.1	65.0	40.7	35.7	21.6	13.7	10.2	7.7
级配范围(AC—13)		100	90～100	68～85	38～68	24～50	15～38	10～28	7～20	5～15	4～8
级配中值		100	95	77	53	37	27	19	14	10	6

从表 1-8 中可以看出，采用碎石：石屑：砂：矿粉＝30％：31％：32％：7％的比例时，合成级配正好在规范要求的级配范围内。

实训一 岩石单轴抗压强度试验(JTG E41—2005)

单轴抗压强度试验是测定规则形状岩石试件单轴抗压强度的方法，主要用于岩石的强度分级和岩性描述。本试验采用饱和状态下的岩石立方体(或圆柱体)试件的抗压强度来评定岩石强度(包括碎石或卵石的原始岩石强度)。

在某些情况下，试件含水状态还可根据需要选择天然状态、烘干状态或冻融循环后状态。试件的含水状态要在试验报告中注明。

(1)仪器设备。

①压力试验机或万能试验机。

②钻石机、切石机、磨石机等岩石试件加工设备。

③烘箱、干燥箱、游标卡尺、角尺及水池等。

(2)试件制备。

①建筑地基的岩石试验，采用圆柱体作为标准试件，直径为 50 mm±2 mm、高径比为 2∶1。每组试件共 6 个。

②桥梁工程用的石料试验，采用立方体试件，边长为 70 mm±2 mm。每组试件共 6 个。

③路面工程用的石料试验，采用圆柱体或立方体试件，其直径或边长和高均为 50 mm±2 mm。每组试件共 6 个。

有显著层理的岩石，分别沿平行和垂直层理方向各取试件 6 个。试件上、下端面应平行和磨平，试件端面的平面度公差应小于 0.05 mm，端面对于试件轴线垂直度偏差不应超过 0.25°。对于非标准圆柱体试件，试验后抗压强度试验值应按公式进行换算。

(3)试验步骤。

①用游标卡尺量取试件尺寸(精确至 0.1 mm)，对立方体试件在顶面和底面上各量取其边长，以各个面上相互平行的两个边长的算术平均值计算其承压面积；对于圆柱体试件在顶面和底面分别测量两个相互正交的直径，并以其各自的算术平均值分别计算底面和顶面的面积，取其顶面和底面面积的算术平均值作为计算抗压强度所用的截面面积。

②试件的含水状态可根据需要选择烘干状态、天然状态、饱和状态、冻融循环后状态。试件烘干和饱和状态、试件冻融循环后状态应符合相关标准的规定。

③按岩石强度性质，选定合适的压力机。将试件置于压力机的承压板中央，对正上、下承压板，不得偏心。

④以 0.5~1.0 MPa/s 的速率进行加荷直到破坏，记录破坏荷载及加载过程中出现的现象。抗压试件试验的最大荷载记录以 N 为单位，精度为 1%。

(4)结果整理。

①岩石的抗压强度和软化系数分别按式(1-32)、式(1-33)计算。

$$R = \frac{P}{A} \tag{1-32}$$

式中 R——岩石的抗压强度(MPa)；

P——试件破坏时的荷载(N)；

A——试件的截面面积(mm^2)。

$$K_p = \frac{R_w}{R_d} \tag{1-33}$$

式中 K_p——软化系数；

R_w——岩石饱和状态下的单轴抗压强度(MPa)；

R_d——岩石烘干状态下的单轴抗压强度(MPa)。

②单轴抗压强度试验结果应同时列出每个试件的试验值及同组岩石单轴抗压强度的平均值；有显著层理的岩石，分别报告垂直与平行层理方向的试件强度的平均值。计算值精确至0.1 MPa。

软化系数计算值精确至0.01，3个试件平行测定，取算术平均值；3个值中最大值与最小值之差不应超过平均值的20%，否则，应另取第4个试件，并在4个试件中取最接近的3个值的平均值作为试验结果，同时在报告中将4个值全部给出。

③试验记录。单轴抗压强度试验记录应包括岩石名称、试验编号、试件编号、试件描述、试件尺寸、破坏荷载和破坏状态。

实训二 粗集料试验(JTG E42—2005)

1. 粗集料压碎值试验

集料压碎值用于衡量石料在逐渐增加的荷载下抵抗压碎的能力，是衡量石料力学性质的指标，以评定其在公路工程中的适用性。

(1)仪具与材料。

①石料压碎值试验仪：由内径150 mm、两端开口的钢制圆形试筒、压柱和底板组成，其形状和尺寸如图1-10所示。试筒内壁、压柱的底面及底板的上表面等与石料接触的表面都应进行热处理，使表面硬化，达到维氏硬度65°，并保持光滑状态。

②金属棒：直径10 mm，长450~600 mm，一端加工成半球形。

③天平：称量2~3 kg，感量不大于1 g。

④标准筛：筛孔尺寸13.2 mm、9.5 mm、2.36 mm方孔筛各一个。

⑤压力机：500 kN，应能在10 min内达到400 kN。

⑥金属筒：圆柱形，内径112 mm，高179.4 mm，容积1 767 cm^3。

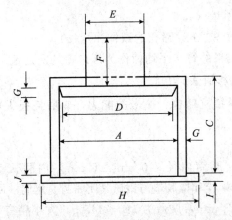

图1-10 压碎值标值测定仪(尺寸单位：mm)

A—内径，150 mm±0.3 mm；C—高度，125~128 mm；D—压头直径，149 mm±0.2 mm；E—压杆直径，100~149 mm；F—压柱总长，100~110 mm；G—壁厚，≥12 mm；H—直径，200~220 mm；I—厚度(中间部分)，6.4 mm±0.2 mm

(2)试验准备。

①采用风干石料用13.2 mm和9.5 mm标准筛过筛，取9.5~13.2 mm的试样3组各

3 000 g，供试验用。如过于潮湿需加热烘干时，烘箱温度不得超过 100 ℃，烘干时间不超过 4 h。试验前，石料应冷却至室温。

②每次试验的石料数量应满足按下述方法夯击后，石料在试筒内的深度为 100 mm。在金属筒中确定石料数量的方法如下：

将试样分 3 次(每次数量大体相同)均匀装入试模，每次均将试样表面整平，用金属棒的半球面端从石料表面上均匀捣实 25 次。最后用金属棒作为直刮刀将表面仔细整平。称取量筒中试样质量(m_0)，以相同质量的试样进行压碎值的平行试验。

(3)试验步骤。

①将试筒安放在底板上。

②将要求质量的试样分 3 次(每次数量大体相同)均匀装入试模，每次均将试样表面整平，用金属棒的半球面端从石料表面上均匀捣实 25 次。最后用金属棒作为直刮刀将表面仔细整平。

③将装有试样的试模放到压力机上，同时加压头放入试筒内石料面上，注意使压头摆平，勿楔挤试模侧壁。

④开动压力机，均匀地施加荷载，在 10 min 左右的时间内达到总荷载 400 kN，稳压 5 s，然后卸荷。

⑤将试模从压力机上取下，取出试样。

⑥用 2.36 mm 标准筛筛分经压碎的全部试样，可分几次筛分，均需筛到在 1 min 内无明显的筛出物为止。

⑦称取通过 2.36 mm 筛孔的全部试样质量(m_1)，准确至 1 g。

(4)计算。

石料压碎值按式(1-34)计算，精确至 0.1%。

$$Q'_a = \frac{m_1}{m_0} \times 100\% \tag{1-34}$$

式中　Q'_a——石料压碎值(%)；

　　m_0——试验前试样质量(g)；

　　m_1——试验后通过 2.36 mm 筛孔的试样质量(g)。

以 3 个试样平行试验结果的算术平均值作为压碎值的测定值。

2. 粗集料磨耗试验(洛杉矶法)

测定标准条件下粗集料抵抗摩擦、撞击的能力，以磨耗损失(%)表示。本方法适用于各种等级规格集料的磨耗试验。

(1)仪具与材料。

①洛杉矶磨耗试验机：圆筒内径 710 mm±5 mm，内侧长 510 mm±5 mm，两端封闭，投料口的钢盖通过紧固螺栓和橡胶垫与钢筒紧闭密封。钢筒的回转速率为 30～33 r/min。

②钢球：直径约为 46.8 mm，质量为 390～445 g，大小稍有不同，以便按要求组合成符合要求的总质量。

③台秤：感量 5 g。

④标准筛：符合要求的标准筛系列，以及筛孔为 1.7 mm 的方孔筛一个。

⑤烘箱：能使温度控制在 105 ℃±5 ℃ 范围内。

⑥容器：搪瓷盘等。

(2)试验步骤。

①将不同规格的集料用水冲洗干净，置烘箱中烘干至恒重。

②对所使用的集料，根据实际情况按表 1-9 选择最接近的粒级类别，确定相应的试验条件，按规定的粒级组成备料、筛分。其中水泥混凝土用集料宜采用 A 级粒度；沥青路面及各种基层、底基层的粗集料，表中的 16 mm 筛孔也可用 13.2 mm 筛孔代替。对非规格材料，应根据材料的实际粒度，从表 1-9 中选择最接近的粒级类别及试验条件。

表 1-9　粗集料洛杉矶试验条件

粒度类别	粒级组成/mm	试样质量/g	试样总质量/g	钢球数量/个	钢球总质量/g	转动次数/转	适用的粗集料	
							规格	公称粒径/mm
A	26.5～37.5 19.0～26.5 16.0～19.0 9.5～16.0	1 250±25 1 250±25 1 250±10 1 250±10	5 000±10	12	5 000±25	500		
B	19.0～26.5 16.0～19.0	2 500±10 2 500±10	5 000±10	11	4 850±25	500	S6 S7 S8	15～30 10～30 10～25
C	9.5～16.0 4.75～9.5	2 500±10 2 500±10	5 000±10	8	3 330±20	500	S9 S10 S11 S12	10～20 10～15 5～15 5～10
D	2.36～4.75	5 000±10	5 000±10	6	2 500±15	500	S13 S14	3～10 3～5
E	63～75 53～63 37.5～53	2 500±50 2 500±50 5 000±50	10 000±100	12	5 000±25	1 000	S1 S2	40～75 40～60
F	37.5～53 26.5～37.5	5 000±50 5 000±25	10 000±75	12	5 000±25	1 000	S3 S4	30～60 25～50
G	26.5～37.5 19～26.5	5 000±25 5 000±25	10 000±50	12	5 000±25	1 000	S5	20～40

注：①表中 16 mm 也可用 13.2 mm 代替。

②A 级适用于未筛碎石混合料及水泥混凝土用集料。

③C 级中 S12 可全部采用 4.75～9.5 mm 颗粒 5 000 g；S9 及 S10 可全部采用 9.5～16 mm 颗粒 5 000 g。

④E 级中 S2 中缺 63～75 mm 颗粒，可用 53～63 mm 颗粒代替

③分级称量（准确至 5 g），称取总质量（m_1），装入磨耗机圆筒。

④选择钢球，使钢球的数量及总质量符合表 1-9 中的规定。将钢球加入钢筒，盖好筒盖，紧固密封。

⑤将计数器调整到零位，设定要求的回转次数，对水泥混凝土集料，回转次数为 500 转；对沥青混合料集料，回转次数应符合表 1-9 的要求。开动磨耗机，以 30～33 r/min 转速转动至要求的回转次数为止。

⑥取出钢球，将经过磨耗后的试样从投料口倒入接受容器（搪瓷盘）。

⑦将试样用 1.7 mm 的方孔筛过筛，筛去试样中被撞击磨碎的细屑。

⑧用水冲干净留在筛上的碎石，置 105 ℃±5 ℃烘箱中烘干至恒重（通常不少于 4 h），准确称量（m_2）。

（3）计算。按式（1-35）计算粗集料洛杉矶磨耗损失，精确至 0.1%。

$$Q=\frac{m_1-m_2}{m_1}\times100\%\qquad(1-35)$$

式中　Q——洛杉矶磨耗损失（%）；

　　　m_1——装入圆筒中的试样质量（g）；

　　　m_2——试验后在 1.7 mm 筛上洗净烘干的试样质量（g）。

（4）报告。

①试验报告应记录所使用的粒级类别和试验条件。

②粗集料的磨耗损失取两次平行试验结果的算术平均值为测定值，两次试验的差值应不大于 2%，否则须重做试验。

3. 粗集料的筛分试验

测定粗集料（碎石、砾石、矿渣等）的颗粒组成：对水泥混凝土用粗集料可采用干筛法筛分，对沥青混合料及基层用粗集料必须采用水洗法试验。

本方法也适用同时含有粗集料、细集料、矿粉的集料混合料筛分试验，如未筛碎石、级配碎石、天然砂砾、级配砂砾、无机结合料稳定基层材料、沥青拌合楼的冷料混合料、热料仓材料、沥青混合料经溶剂抽提后的矿料等。

（1）仪器设备。

①试验筛：根据需要选用规定的标准筛。

②摇筛机。

③天平或台秤：感量不大于试样质量的 0.1%。

④其他：盘子、铲子、毛刷等。

（2）试验准备。

按规定将来料用分料器或四分法缩分至表 1-10 要求的试样所需量，风干后备用。根据需要可按要求的集料最大粒径的筛孔尺寸过筛，除去超粒径部分颗粒后，再进行筛分。

表 1-10　筛分试验表格

公称最大粒径/mm	75	63	37.5	31.5	26.5	19	16	9.5	4.75
试样质量不少于/kg	10	8	5	4	2.5	2	1	1	0.5

（3）试验步骤。

①水泥混凝土用粗集料干筛法试验步骤：

a. 取试样一份，置 105 ℃±5 ℃烘箱中烘干至恒重，称取干燥集料试样的总质量（m_0），准确至 0.1%。

b. 用搪瓷盘作筛分容器，按筛孔大小排列顺序逐个将集料过筛。人工筛分时，需使集料在筛面上同时有水平方向及上下方向不停顿的运动，使小于筛孔的集料通过筛孔，直到 1 min 内通过筛孔的质量小于筛上残余量的 0.1% 为止。当采用摇筛机筛分时，应在摇筛机筛分后再逐个由人工补筛。将筛出通过的颗粒并入下一号筛，和下一号筛中的试样一起过筛，按顺序进行，直至各号筛全部筛完为止。应确认 1 min 内通过筛孔的质量确实小于筛上残余量的 0.1%。

注：由于 0.075 mm 筛干筛几乎不能把黏附在粗集料表面的小于 0.075 mm 部分的石粉筛过去，而且对水泥混凝土用粗集料而言，0.075 mm 通过率的意义不大，所以也可以不筛，且把通过 0.15 mm 筛的筛下部分全部作为 0.075 mm 的分计筛余，将粗集料的 0.075 mm 通过率假设为 0。

c. 如果某个筛上的集料过多而影响筛分作业，可以分两次筛分。当筛余颗粒的粒径大于 19 mm 时，筛分过程中允许用手指轻轻拨动颗粒，但不得逐颗筛过筛孔。

d. 称取每个筛上的筛余量，准确至总质量的 0.1%，各筛分计筛余量及筛底存量的总和与筛分前试样的干燥总质量 m_0 相比，其相差不得超过 0.5%。

②沥青混合料及基层用粗集料水洗法试验步骤：

a. 取一份试样，将试样置于 105 ℃±5 ℃烘箱中烘干至恒重，称取干燥集料试样的总质量（m_3），准确至 0.1%。

b. 将试样置一洁净容器中，加入足够数量的洁净水，将集料全部淹没，但不得使用任何洗涤剂、分散剂和表面活性剂。

c. 用搅棒充分搅动集料，使集料表面洗涤干净，使细粉悬浮在水中，但不得破碎集料或有集料从水中溅出。

d. 根据集料粒径大小选择组成一组套筛，其底部为 0.075 mm 标准筛，上部为 2.36 mm 或 4.75 mm 筛。仔细将容器中混有细粉的悬浮液倒出，经过套筛流入另一容器中，尽量不将粗集料倒出，以免损坏标准筛筛面。

e. 重复上述 b～d 步骤，直至倒出的水洁净为止，必要时可采用水流缓慢冲洗。

f. 将套筛的每个筛子上的集料及容器中的集料全部回收在一个搪瓷盘中，容器上不得有黏附的集料颗粒。

注：黏附在 0.075 mm 筛上的细粉很难回收进入搪瓷盘，此时需将筛子倒扣在搪瓷盘上用少量的水并助以手刷将细粉刷落入搪瓷盘，并注意不要散失。

g. 在确保细粉不散失的前提下，小心滗去搪瓷盘中的积水，将搪瓷盘连同集料一起置于 105 ℃±5 ℃烘箱中烘干至恒重，称取干燥集料试样的总质量（m_4），准确至 0.1%。以 m_3 与 m_4 之差作为 0.075 mm 的筛下部分。

h. 将回收的干燥集料按干筛方法筛分出 0.075 mm 筛以上各筛的筛余量，此时 0.075 mm 筛下部分应为 0，如果尚能筛出，则应将其并入水洗得到的 0.075 mm 的筛下部分，且表示水洗得不干净。

(4)结果整理。

①干筛法筛分结果的计算。

a. 计算各筛分计筛余量及筛底存量的总和与筛分前试样的干燥总质量 m_0 之差，作为筛分时的损耗，若大于 0.3%，则应重新进行试验。

$$m_5 = m_0 - (\sum m_i + m_{底}) \tag{1-36}$$

式中　m_5——由于筛分造成的损耗(g)；

　　　m_0——用于干筛的干燥集料总质量(g)；

　　　m_i——各号筛上的分计筛余量(g)；

　　　i——0.075 mm、0.15 mm…至集料最大粒径的排序；

　　　$m_{底}$——筛底(0.075 mm 以下部分)集料总质量(g)。

b. 干筛分计筛余百分率。干筛后各号筛上的分计筛余百分率按式(1-37)计算，精确至 0.1%。

$$\rho_i = \frac{m_i}{m_0 - m_5} \times 100\%$$ (1-37)

式中 ρ_i——各号筛上的分计筛余百分率(%);

其他符号意义同前。

c. 干筛累计筛余百分率。各号筛的累计筛余百分率为该号筛以上各号筛的分计筛余百分率之和,精确至0.1%。

d. 干筛各号筛的质量通过百分率。各号筛的质量通过百分率 P_i 等于100%减去该号筛累计筛余百分率,精确至0.1%。

e. 由筛底存量除以扣除损耗后的干燥集料总质量计算0.075 mm筛的通过率。

f. 试验结果以两次试验的平均值表示,精确至0.1%。当两次试验结果 $P_{0.075}$ 的差值超过1%时,试验应重新进行。

②水筛法筛分结果的计算。

a. 按式(1-38)、式(1-39)计算粗集料中0.075 mm筛下部分质量 $m_{0.075}$ 和含量 $P_{0.075}$,精确至0.1%。当两次试验结果 $P_{0.075}$ 的差值超过1%时,试验应重新进行。

$$m_{0.075} = m_3 - m_4$$ (1-38)

$$P_{0.075} = \frac{m_{0.075}}{m_3} = \frac{m_3 - m_4}{m_3} \times 100\%$$ (1-39)

式中 $P_{0.075}$——粗集料中小于0.075 mm的含量(通过率)(%);

$m_{0.075}$——粗集料中水洗得到的小于0.075 mm部分的质量(g);

m_3——用于水洗的干燥粗集料总质量(g);

m_4——水洗后的干燥粗集料总质量(g)。

b. 计算各筛分计筛余量及筛底存量的总和与筛分前试样的干燥总质量 m_4 之差,作为筛分时的损耗,若损耗率大于0.3%,则应重新进行试验。

$$m_5 = m_3 - \left(\sum m_i + m_{0.075}\right)$$ (1-40)

式中 m_5——由筛分造成的损耗(g);

m_3——用于水筛筛分的干燥集料总质量(g);

m_i——各号筛上的分计筛余(g);

i——0.075 mm、0.15 mm…至集料最大粒径的排序;

$m_{0.075}$——水洗后得到的0.075 mm以下部分的质量,即 $m_3 - m_4$(g)。

③计算其他各筛的分计筛余百分率、累计筛余百分率、质量通过百分率,计算方法与干筛法相同,当干筛筛分有损耗时,应按干筛法从总质量中扣除损耗部分。

试验结果以两次试验的平均值表示。

4. 粗集料密度及吸水率试验(网篮法)

本方法适用于测定各种粗集料的表观相对密度、表干相对密度、毛体积相对密度、表观密度、表干密度毛体积密度,以及粗集料的吸水率。

(1)仪具与材料。

①天平或浸水天平:可悬挂吊篮测定集料的水中质量,称量应满足试样数量称量要求,感量不大于最大称量的0.05%。

②吊篮:耐锈蚀材料制成,直径和高度为150 mm左右,四周及底部用1~2 mm的筛网编制或具有密集的孔眼。

③溢流水槽：在称量水中质量时能保持水面高度一定。

④烘箱：能控温在 105 ℃±5 ℃。

⑤毛巾：纯棉制，也可用纯棉的汗衫布代替。

⑥温度计。

⑦标准筛。

⑧盛水容器(如搪瓷盘)。

⑨其他：刷子等。

(2)试验准备。

①将试样用标准筛过筛除去其中的细集料，对较粗的粗集料可用 4.75 mm 筛过筛，对 2.36～4.75 mm 集料，或者混在 4.75 mm 以下石屑中的粗集料，则用 2.36 mm 标准筛过筛，用四分法或分料器法缩分至要求的质量，分两份备用。对沥青路面用粗集料，应对不同规格的集料分别测定，不得混杂，所取的每份集料试样应基本上保持原有的级配。在测定 2.36～4.75 mm 的粗集料时，试验过程中应特别小心，不得丢失集料。

②经缩分后供测定密度和吸水率的粗集料质量应符合表 1-11 的规定。

表 1-11 测定密度所需要的试样最小质量

公称最大粒径/mm	4.75	9.5	16	19	26.5	31.5	37.5	63	75
每份试样的最小质量/kg	0.8	1	1	1	1.5	1.5	2	3	3

③将每份集料试样浸泡在水中，并适当搅动，仔细洗去黏附在集料表面的尘土和石粉，经多次漂洗干净至水完全清澈为止。清洗过程中不得散失集料颗粒。

(3)试验步骤。

①取一份试样装入干净的搪瓷盘中，注入洁净的水，水面至少应高出试样 20 mm，轻轻搅动石料，使黏附在石料上的气泡完全逸出。在室温下保持浸水 24 h。

②将吊篮挂在天平的吊钩上，浸入溢流水槽，向溢流水槽中注水，水面高度至水槽的溢流孔，将天平调零。吊篮的筛网应保证集料不会通过筛孔流失，对 2.36～4.75 mm 的粗集料应更换小孔筛网，或在网篮中放入一个浅盘。

③调节水温在 15 ℃～25 ℃范围。将试样移入吊篮。溢流水槽中的水面高度由水槽的溢流孔控制，维持不变，称取集料的水中质量(m_w)。

④提起吊篮，稍稍滴水后，将较细的粗集料(2.36～4.75 mm)连同浅盘一起取出，稍稍倾斜搪瓷盘，慢慢倒出余水，将粗集料倒在拧干的湿毛巾上，用毛巾吸走从集料中漏出的自由水。注意不得有颗粒丢失，或有小颗粒黏附在吊篮上。再用拧干的湿毛巾轻轻擦干集料颗粒的表面水，至表面看不到发亮的水迹为止，即为饱和面干状态。当粗集料尺寸较大时，宜逐颗擦干。注意对较粗的粗集料，拧湿毛巾时防止拧得太干，对较细且含水较多的粗集料，毛巾可拧得稍干些。擦拭颗粒的表面水时，既要将表面水擦掉，又不能将颗粒内部的水吸出。整个过程中不得有集料丢失，且已擦干的集料不得继续在空气中放置，以防止集料干燥。

注：对 2.36～4.75 mm 的集料，用毛巾擦拭时容易黏附细颗粒集料造成损失，此时宜改用洁净的纯棉汗衫布擦拭至表干状态。

⑤立即在保持表干状态下，称取集料的表干质量(m_f)。

⑥将集料置于浅盘中，放入 105 ℃±5 ℃的烘箱中烘干至恒重。取出浅盘，放在带盖的容器中冷却至室温，称取集料的烘干质量(m_a)。

⑦对同一规格的集料应平行试验两次，取平均值作为试验结果。

(4)计算。

①表观相对密度 γ_a、表干相对密度 γ_s、毛体积相对密度 γ_b 按式(1-41)～式(1-43)计算，计算结果保留小数点后 3 位。

$$\gamma_a = \frac{m_a}{m_a - m_w} \tag{1-41}$$

$$\gamma_s = \frac{m_f}{m_f - m_w} \tag{1-42}$$

$$\gamma_b = \frac{m_a}{m_f - m_w} \tag{1-43}$$

式中　γ_a——集料的表观相对密度，无量纲；

　　　γ_s——集料的表干相对密度，无量纲；

　　　γ_b——集料的毛体积相对密度，无量纲；

　　　m_f——集料的表干质量(g)；

　　　m_w——集料的水中质量(g)。

②集料的吸水率以烘干试样为基准，按式(1-44)计算，精确至 0.01%。

$$W_x = \frac{m_f - m_a}{m_a} \times 100\% \tag{1-44}$$

式中　W_x——粗集料的吸水率(%)。

③粗集料的表观密度(视密度)ρ_a、表干密度 ρ_s、毛体积密度 ρ_b 按式(1-45)～式(1-47)计算，准确至小数点后 3 位。不同水温条件下测量的粗集料表观密度需进行水温修正，不同试验温度下水的密度 ρ_T 及水的温度修正系数 α_T 应按表 1-12 选用。

$$\rho_a = \gamma_a \times \rho_T \text{ 或 } \rho_a(\gamma_a - \alpha_T) \times \rho_\Omega \tag{1-45}$$

$$\rho_s = \gamma_s \times \rho_T \text{ 或 } \rho_s(\gamma_s - \alpha_T) \times \rho_\Omega \tag{1-46}$$

$$\rho_b = \gamma_b \times \rho_T \text{ 或 } \rho_b(\gamma_b - \alpha_T) \times \rho_\Omega \tag{1-47}$$

表 1-12　不同水温时水的密度 ρ_T 及水温修正系数 α_T

水温/℃	15	16	17	18	19	20
水的密度 ρ_T/(g·cm³)	0.999 13	0.998 97	0.998 80	0.998 62	0.998 43	0.998 22
水温修正系数 α_T	0.002	0.003	0.003	0.004	0.004	0.005
水温/℃	21	22	23	24	25	—
水的密度 ρ_T/(g·cm³)	0.998 02	0.997 79	0.997 56	0.997 33	0.997 33	—
水温修正系数 α_T	0.005	0.006	0.006	0.007	0.007	—

重复试验的精密度：对表观相对密度、表干相对密度、毛体积相对密度，两次结果相差不得超过 0.02；对吸水率不得超过 0.2%。

5. 粗集料堆积密度及空隙率试验

测定粗集料的堆积密度，包括自然堆积状态、振实状态、捣实状态下的堆积密度，以及堆积状态下的空隙率。

(1)仪具与材料。

①天平或台秤：感量不大于称量的 0.1%。

②容量筒：适用于粗集料堆积密度测定的容量筒应符合表 1-13 的要求。

表 1-13　容量筒的规格要求

粗集料公称最大粒径/mm	容量筒溶剂/L	容量筒规格/mm			筒壁厚度/mm
		内径	净高	底厚	
≤4.75	3	155±2	160±2	5.0	2.5
9.5～26.5	10	205±2	305±2	5.0	2.5
31.5～37.5	15	255±5	295±5	5.0	3.0
≥53	20	355±5	305±5	5.0	3.0

③平头铁锹。

④烘箱：能控温 105 ℃±5 ℃。

⑤振动台：频率为 3 000 次/min±200 次/min，负荷下的振幅为 0.35 mm，空载时的振幅为 0.5 mm。

⑥捣棒：直径 16 mm，长 600 mm，一端为圆头的钢棒。

(2)试验准备。按规定方法取样、缩分，质量应满足试验要求，在 105 ℃±5 ℃的烘箱中烘干，也可以摊在清洁的地面上风干，拌匀后分成两份备用。

(3)试验步骤。

①自然堆积密度。取试样 1 份，置于平整干净的水泥地(或铁板)上，用平头铁锹铲起试样，使石子自由落入容量筒。此时，从铁锹的齐口至容量筒上口的距离应保持 50 mm 左右，装满容量筒并除去凸出筒口表面的颗粒，并以合适的颗粒填入凹陷空隙，使表面稍凸起部分和凹陷部分的体积大致相等，称取试样和容量筒总质量(m_2)。

②振实密度。按堆积密度试验步骤，将装满试样的容量筒放在振动台上，振动 3 min，或者将试样分 3 层装入容量筒：装完一层后，在筒底垫放一根直径为 25 mm 的圆钢筋，将筒按住，左右交替颠击地面各 25 下；然后装入第二层，用同样的方法颠实(但筒底所垫钢筋的方向应与第一层放置方向垂直)；然后装入第三层，如法颠实。待三层试样装填完毕后，加料填至试样超出容量筒口，用钢筋沿筒口边缘滚转，刮下高出筒口的颗粒，用合适的颗粒填平凹处，使表面稍凸起部分和凹陷部分的体积大致相等，称取试样和容量筒总质量(m_2)。

③捣实密度。根据沥青混合料的类型和公称最大粒径确定起骨架作用的关键性筛孔(通常为4.75 mm 或 2.36 mm 等)。将矿料混合料中此筛孔以上颗粒筛出，作为试样装入符合要求规格的容器中达 1/3 的高度，由边至中用捣棒均匀捣实 25 次。再向容器中装入1/3高度的试样，用捣棒均匀捣实 25 次，捣实深度约至下层的表面。然后重复上一步骤，加最后一层，捣实 25 次，使集料与容器口齐平。用合适的集料填充表面的大空隙，用直尺大

体刮平，目测估计表面凸起的部分与凹陷的部分的容积大致相等，称取容量筒与试样的总质量（m_2）。

④容量筒容积的标定。用水装满容量筒，测量水温，擦干筒外壁的水分，称取容量筒与水的总质量（m_w），并按水的密度对容量筒的容积做校正。

（4）计算。

①容量筒的容积按式（1-48）计算。

$$V = \frac{m_w - m_1}{\rho_T} \times 100\%$$ (1-48)

式中 V——容量筒的容积（L）；

m_1——容量筒的质量（kg）；

m_w——容量筒与水的总质量（kg）；

ρ_T——试验温度 T 时水的密度（g/cm³）。

②堆积密度（包括自然堆积状态、振实状态、捣实状态下的堆积密度）按式（1-49）计算，计算结果精确至小数点后 2 位。

$$\rho = \frac{m_2 - m_1}{V} \times 100\%$$ (1-49)

式中 ρ——与各种状态相对应的堆积密度（t/m³）；

m_1——容量筒的质量（kg）；

m_2——容量筒与试样的总质量（kg）；

V——容量筒的容积（L）。

③水泥混凝土用粗集料振实状态下的空隙率按式（1-50）计算。

$$V_c = \left(1 - \frac{\rho}{\rho_a}\right) \times 100\%$$ (1-50)

式中 V_c——水泥混凝土用粗集料的空隙率（%）；

ρ_a——粗集料的表观密度（t/m³）；

ρ——按振实法测定的粗集料的堆积密度（t/m³）。

④沥青混合料用粗集料骨架捣实状态的间隙率按式（1-51）计算。

$$VCA_{DRC} = \left(1 - \frac{\rho}{\rho_b}\right) \times 100\%$$ (1-51)

式中 VCA_{DRC}——捣实状态下粗集料骨架间隙率（%）；

ρ_b——按网篮法测定的粗集料的毛体积密度（t/m³）；

ρ——按捣实法测定的粗集料的自然堆积密度（t/m³）。

以两次平行试验结果的平均值作为测定值。

实训三 细集料试验（JTG E42—2005）

1. 细集料筛分试验

测定细集料（天然砂、人工砂、石屑）的颗粒级配及粗细程度。对水泥混凝土用细集料，可采用干筛法，如果需要，也可采用水洗法筛分。对沥青混合料及基层用细集料，必须用水洗法筛分。当细集料中含有粗集料时，可参照此方法用水洗法筛分，但需要特别注意保护标准筛筛面不遭破坏。

(1)仪具与材料。

①标准筛。

②天平：称量 1 000 g，感量不大于 0.5 g。

③摇筛机。

④烘箱：能控温在 105 ℃±5 ℃。

⑤其他：浅盘和硬、软毛刷等。

(2)试验准备。首先根据样品中最大粒径的大小，选用适宜的标准筛，通常采用 9.5 mm 筛(水泥混凝土用天然砂)或 4.75 mm 筛(沥青路面及基层用的天然砂、石屑、机制砂等)筛除其中的超粒径材料。然后在潮湿状态下将样品充分拌匀，用分料器法或四分法缩分至每份不少于 550 g 的试样两份，在 105 ℃±5 ℃ 的烘箱中烘干至恒重，冷却至室温后备用。恒重是指相邻两次称量间隔时间大于 3 h(通常不少于 6 h)的情况下，前后两次称量之差小于该项试验所要求的称量精密度。

(3)试验步骤。

①干筛法试验步骤：

a. 准确称取烘干试样约 500 g(m_1)，准确至 0.5 g。置于套筛的最上面一只，即4.75 mm 筛上，将套筛放入摇筛机，摇筛约 10 min，然后取出套筛，再按筛孔大小顺序，从最大的筛号开始，在清洁的浅盘上逐个进行手筛，直到每分钟的筛出量不超过筛上剩余量的 0.1% 时为止，将筛出通过的颗粒并入下一号筛，和下一号筛中的试样一起过筛，以此顺序进行至各号筛全部筛完为止。

注：如试样为特细砂，则试样质量可减少到 100 g；如试样含泥量超过 5%，则不宜采用干筛法；无摇筛机时，可直接用手筛。

b. 称量各筛筛余试样的质量，精确至 0.5 g。所有各筛的分计筛余量和底盘中剩余量的总量与筛分前的试样总量，相差不得超过后者的 1%。

②水洗法试验步骤：

a. 准确称取烘干试样约 500 g(m_1)，准确至 0.5 g。

b. 将试样置一洁净容器中，加入足够数量的洁净水，将集料全部淹没。

c. 用搅棒充分搅动集料，使集料表面洗涤干净，使细粉悬浮在水中，但不得有集料从水中溅出。

d. 用 1.18 mm 筛及 0.075 mm 筛组成套筛，仔细将容器中混有细粉的悬浮液徐徐倒出，经过套筛流入另一容器，但不得将集料倒出。不可直接倒至 0.075 mm 的筛上，以免集料掉出损坏筛面。

e. 重复上述 b～d 步骤，直至倒出的水洁净且将小于 0.075 mm 的颗粒全部倒出。

f. 将容器中的集料倒入搪瓷盘中，用少量水冲洗，使容器上黏附的集料颗粒全部倒入搪瓷盘中。将筛子反扣过来，用少量的水将筛上的集料冲入搪瓷盘。操作过程中不得有集料散失。

g. 将搪瓷盘连同集料一起置于 105 ℃±5 ℃ 的烘箱中烘干至恒重，称取干燥集料试样的总质量(m_2)，准确至 0.1%。m_1 与 m_2 之差即为通过 0.075 mm 筛部分。

h. 将全部要求筛孔组成套筛(但不需 0.075 mm 筛)，将已经洗去小于 0.075 mm 筛部分的干燥集料置于套筛上(通常为 4.75 mm 筛)，将套筛装入摇筛机，摇筛约 10 min，然后取出套筛，再按筛孔大小顺序，从最大的筛号开始，在清洁的浅盘上逐个进行手筛，直至每分钟的筛出量不超过筛上剩余量的 0.1％时为止，将筛出通过的颗粒并入下一号筛，和下一号筛中的试样一起过筛，以此顺序进行直至各号筛全部筛完为止。如为含有粗集料的集料混合料，套筛筛孔根据需要选择。

i. 称量各筛筛余试样的质量，精确至 0.5 g。所有各筛的分计筛余量和底盘中剩余量的总质量与筛分前后试样总量 m_2 的差值不得超过后者的 1％。

（4）计算。

①计算分计筛余百分率。各号筛的分计筛余百分率为各号筛上的筛余量除以试样总量（m_1）的百分率，准确至 0.1％。对沥青路面细集料而言，0.15 mm 筛下部分即为 0.075 mm 筛的分计筛余，由上述步骤 g 测得的 m_1 与 m_2 之差即为小于 0.075 mm 的筛底部分。

②计算累计筛余百分率。各号筛的累计筛余百分率为该号筛及大于该号筛的各号筛的分计筛余百分率之和，准确至 0.1％。

③计算质量通过百分率。各号筛的质量通过百分率等于 100％ 减去该号筛的累计筛余百分率，准确至 0.1％。

④根据各筛的累计筛余百分率或通过百分率，绘制级配曲线。

⑤天然砂的细度模数按式(1-52)计算，准确至 0.01。

$$M_x = \frac{(A_{0.15} + A_{0.3} + A_{0.6} + A_{0.18} + A_{2.36}) - 5A_{4.75}}{100 - A_{4.75}} \tag{1-52}$$

式中 M_x——砂的细度模数；

$A_{0.15}$、$A_{0.3}$、…、$A_{4.75}$——0.15 mm、0.3 mm、…、4.75 mm 各筛上的累计筛余百分率(％)。

⑥应进行两次平行试验，以试验结果的算术平均值作为测定值。如两次试验所得的细度模数之差大于 0.2，应重新进行试验。

2. 细集料表观密度试验(容量瓶法)

用容量瓶法测定细集料(天然砂、石屑、机制砂)在 23 ℃时对水的表观相对密度和表观密度。本方法适用于含有少量大于 2.36 mm 部分的细集料。

(1)仪具与材料。

①天平：称量 1 kg，感量不大于 1 g。

②容量瓶：500 mL。

③烘箱：能控温在 105 ℃±5 ℃。

④烧杯：500 mL。

⑤洁净水。

⑥其他：干燥器、浅盘、铝制料勺、温度计等。

(2)试验准备。将缩分至 650 g 左右的试样在温度为 105 ℃±5 ℃的烘箱中烘干至恒重，并在干燥器内冷却至室温，分成两份备用。

(3)试验步骤。

①称取烘干的试样约 300 g(m_0)，装入盛有半瓶洁净水的容量瓶。

②摇转容量瓶，使试样在已保温至 23 ℃±1.7 ℃的水中充分搅动以排除气泡，塞紧瓶塞，在恒温条件下静置 24 h 左右，然后用滴管添水，使水面与瓶颈刻度线平齐，再塞紧瓶塞，擦干瓶外水分，称其总质量(m_2)。

③倒出瓶中的水和试样，将瓶的内外表面洗净，再向瓶内注入同样温度的洁净水(温差

不超过 2 ℃)至瓶颈刻度线，塞紧瓶塞，擦干瓶外水分，称其总质量(m_1)。在砂的表观密度试验过程中应测量并控制水的温度，试验期间的温度不得超过 1 ℃。

（4）计算。

①细集料的表观相对密度按式(1-53)计算，计算结果准确至小数点后 3 位。

$$\gamma_a = \frac{m_0}{m_0 + m_1 - m_2} \tag{1-53}$$

式中　γ_a——细集料的表观相对密度，量纲为 1；

　　　m_0——试样的烘干质量(g)；

　　　m_1——水及容量瓶的总质量(g)；

　　　m_2——试样、水及容量瓶的总质量(g)。

②表观密度 ρ_a 按式(1-54)计算，计算结果精确至小数点后 3 位。

$$\rho_a = \gamma_a \times \rho_T \text{ 或 } \rho_a = (\gamma_a - \alpha_T) \times \rho_w \tag{1-54}$$

式中　ρ_a——细集料的表观密度(g/cm³)；

　　　ρ_w——水在 4 ℃时的密度(g/cm³)；

　　　α_T——试验时的水温对水的密度影响的修正系数；

　　　ρ_T——试验温度 T 时水的密度(g/cm³)。

（5）报告。以两次平行试验结果的算术平均值作为测定值，如两次结果之差大于 0.01 g/cm³，则应重新取样进行试验。

3. 细集料堆积密度及紧装密度试验

测定砂自然状态下的堆积密度、紧装密度及空隙率。

（1）仪具与材料。

①台秤：称量 5 kg，感量 5 g。

②容量筒：金属制，圆筒形，内径 108 mm，净高 109 mm，筒壁厚 5 mm，容积为 1 L。

③标准漏斗(图 1-11)。

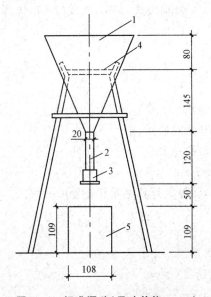

图 1-11　标准漏斗(尺寸单位：mm)

1—漏斗；2—ϕ20 mm 管子；3—活动门；4—筛；5—金属量筒

④烘箱：能使温度控制在 105 ℃±5 ℃。

⑤其他：小勺、直尺、浅盘等。

（2）试验准备。

①试样制备：用浅盘装试样约 5 kg，在温度为 105 ℃±5 ℃的烘箱中烘干至恒量，取出并冷却至室温，分成大致相等的两份备用。

②容量筒容积的校正方法：以温度为 20 ℃±5 ℃的洁净水装满容量筒，用玻璃板沿筒口滑移，使其紧贴水面，玻璃板与水面之间不得有空隙并擦干筒外壁水分，然后称量，用式(1-55)计算筒的容积 V：

$$V = m_2' - m_1' \tag{1-55}$$

式中　V——容量筒的容积(m)；

　　　m_1'——容量筒和玻璃板总质量(g)；

　　　m_2'——容量筒、玻璃板和水总质量(g)。

　　　注：试样烘干后如有结块，应在试验前先予捏碎。

（3）试验步骤。

①堆积密度：将试样装入漏斗，打开底部的活动门，将砂流入容量筒，也可直接用小勺向容量筒中装试样，但漏斗出料口或料勺距容量筒筒口均应为 50 mm 左右，试样装满并超出容量筒筒口后，用直尺将多余的试样沿筒口中心线向两个相反方向刮平，称取质量(m_1)。

②紧装密度：取试样 1 份，分两层装入容量筒。装完一层后，在筒底垫放一根直径为 10 mm 的钢筋，将筒按住，左右交替颠击地面各 25 下，然后再装入第二层。第二层装满后，用同样的方法颠实(但筒底所垫钢筋的方向应与第一层放置方向垂直)，两层装完并颠实后，填加试样超出容量筒筒口，然后用直尺将多余的试样沿筒口中心线向两个相反方向刮平，称其质量(m_2)。

（4）计算。

①堆积密度 ρ 及紧装密度 ρ' 分别按式(1-56)、式(1-57)计算，计算至小数点后 3 位。

$$\rho = \frac{m_1 - m_0}{V} \tag{1-56}$$

$$\rho' = \frac{m_2 - m_0}{V} \tag{1-57}$$

式中　m_0——容量筒的质量(g)；

　　　m_1——容量筒和堆积砂的总质量(g)；

　　　m_2——容量筒和紧装砂的总质量(g)；

　　　V——容量筒的容积(mL)。

②砂的空隙率按式(1-58)计算，计算结果精确至 0.1%。

$$n = \left(1 - \frac{\rho}{\rho_a}\right) \times 100\% \tag{1-58}$$

式中　n——砂的空隙率(%)；

　　　ρ——砂的堆积或紧装密度(g/cm³)；

　　　ρ_a——砂的表观密度(g/cm³)。

以两次试验结果的算术平均值作为测定值。

1. 知识测评

确定本模块关键词，按重要程度进行关键词排序并举例解读。学生根据自己对本模块重要信息的捕捉、排序、表达、创新和划分权重能力进行自评，满分100分（表1-14）。

表1-14　砂石材料知识测评表

序号	关键词	举例解读	评分
1			
2			
3			
4			
5			
总分			

2. 能力测评

对表1-15所列作业内容，操作规范即得分，操作错误或未操作即零分。

表1-15　矿质混合料组成设计测评表

序号	技能点	配分	得分
1	采用试算法或图解法	20	
2	计算各级配分计百分率或绘制级配曲线图	30	
3	确定各级配用量	30	
4	校核	20	
总分		100	

3. 素质测评

对表1-16所列素养点，做到即得分，未做到即零分。

表1-16　砂石材料素质测评表

序号	素养点	配分	得分
1	以目标为导向，具有合作意识	20	
2	安全意识，仪器、设备及工具安全检查	20	
3	节约环保意识，试样不飞溅、不洒落	20	
4	仪器、工具、试验台清洁及整理	20	
5	诚信意识，真实记录原始数据	20	
总分		100	

4. 学习成果

考核内容及评分标准见表1-17。

表 1-17　考核内容及评分标准

序号	评分项	得分条件	评分标准	配分	扣分
1	安全意识/态度	□1. 能进行自身安全防护 □2. 能进行仪器设备安全检查 □3. 能进行工具安全检查 □4. 能进行仪器工具清洁存放操作 □5. 能进行合理的时间控制	未完成1项扣3分，扣分不得超过15分	15	
2	专业技术能力	□1. 能正确选取矿质混合料计算方法 □2. 能正确确定计算参数 □3. 能正确计算各混合料所占比例 □4. 能正确绘制级配曲线图 □5. 能正确确定各种级配用量	未完成1项扣10分，扣分不得超过50分	50	
3	工具设备使用能力	□1. 能正确选用称量工具 □2. 能正确使用称量工具 □3. 能正确使用专用工具 □4. 能熟练使用办公软件	未完成1项扣2.5分，扣分不得超过10分	10	
4	资料信息查询能力	□1. 能在规定时间内查询所需资料 □2. 能正确查询砂石材料依据标准 □3. 能正确记录所需资料编号 □4. 能正确记录试验过程中存在的问题	未完成1项扣2.5分，扣分不得超过10分	10	
5	数据判读分析能力	□1. 能正确读取数据 □2. 能正确记录试验过程中的数据 □3. 能正确进行数据计算 □4. 能正确进行数据分析 □5. 能根据数据完成取样单	未完成1项扣2分，扣分不得超过10分	10	
6	报告撰写能力	□1. 字迹清晰 □2. 语句通顺 □3. 无错别字 □4. 无涂改 □5. 无抄袭	未完成1项扣1分，扣分不得超过5分	5	
		合计		100	

模块小结

岩石与集料是道路与桥梁工程结构及其附属构造物中用量最大的一类材料。岩石制品可直接用于砌筑结构物或用于道路铺面；集料可直接用于道路路面基层或垫层，但更多的是制成水泥混凝土或沥青混合料。

岩石的力学性质主要有单轴抗压强度和洛杉矶磨耗率，这两项是评定岩石质量的依据。岩石的主要物理常数为密度和吸水率。

集料是不同粒径矿物颗粒的混合物，集料最主要的物理常数是密度和级配。密度可分为真实密度、表观密度、毛体积密度和堆积密度等。包含不同孔隙和空隙的集料密度是计算沥青混合料和水泥混凝土的组成结构非常重要的参数。级配用来表示集料的颗粒组成，集料的密实度和内摩阻力与其级配组成之间有着直接的关系。

矿质混合料是由两种或两种以上集料按一定比例组成的，其配合比设计方法有试算法和图解法，在进行配合比设计时必须对矿质混合料的合成级配曲线进行校核，使其满足设计级配的范围。

1. 填空题

(1)将地壳上层岩石用_____或_____方法加工，或不经加工而获得的各种_____或岩石，统称为天然岩石。

(2)由大块岩石经机械或人工加工而成的不同_____或_____的岩石，称为块状岩石。

(3)集料包括岩石经_____而形成的_____、_____等，以及岩石经_____而成的各种尺寸的_____、_____等。

(4)岩石吸水率和饱和吸水率能有效地反映岩石的发育程度，可用来判断岩石的_____和_____等性能。

(5)抗冻性指标是指岩石块状试件经在低于_____的条件下，按规定要求冻融循环_____次后的质量损失百分率不大于_____，同时强度降低值不大于_____，则认为抗冻性合格。

(6)磨耗率是指岩石抵抗_____、_____和_____等综合作用的性能。

(7)砂的物理性质主要包括_____、_____、_____和_____。

(8)砂中所含水的质量，以占_____的百分数表示。

(9)砂的颗粒级配是指砂的颗粒_____的情况。

2. 简答题

(1)岩石的主要物理常数有哪几项？简述它们的含义。

(2)影响岩石抗压强度的主要因素(内因和外因)有哪些？

(3)比较直接冻融法和硫酸钠坚固性法，试述它们的优缺点。

(4)集料的主要物理常数有哪几项？它们与岩石的物理常数有何区别？

(5)岩石的饱和吸水率与吸水率有何不同？

(6)何谓"级配"？表示级配的参数有哪些？

(7)试述级配与粗度的区别与联系。

(8)磨光值是表征集料什么性能的指标？在路面工程中有什么实际意义？

(9)对沥青路面抗滑表层，尤其需要鉴定哪些力学指标？

(10)何谓连续级配和间断级配？

(11)对矿质混合料进行组成设计的目的是什么？

(12)矿质混合料的级配理论具有什么实际意义？

3. 实训案例

某桥梁工地现有一批砂，欲配制水泥混凝土，经取样筛分后，其筛分结果见表1-18，试计算其分计筛余百分率、累计筛余百分率和通过百分率。绘制级配曲线及规范要求的级配曲线范围，以判定该砂的工程适应性，并用细度模数评价其粗度。

表1-18 筛分结果

筛孔尺寸 d_i/mm	4.75	2.36	1.18	0.6	0.3	0.15	筛底
筛余量 m_i/g	25	35	90	140	115	70	25
规范要求通过百分率范围/%	100~90	100~75	90~50	59~30	30~8	10~0	—

模块 2　胶凝材料

模块描述

胶凝材料是自身经过一系列物理、化学作用，或与其他物质(如水等)混合后经过一系列物理、化学作用，能由浆体变成坚硬固体，并能将散粒材料(如砂、石等)或块、片状材料(如砖、石块等)胶结成整体的材料。

胶凝材料分为有机胶凝材料和无机胶凝材料两大类。有机胶凝材料主要包括沥青、树脂和橡胶；无机胶凝材料又分为气硬性胶凝材料(如石灰)和水硬性胶凝材料(如水泥)。本模块主要介绍了水泥、石灰的组成及技术性质。

模块要求

了解通用硅酸盐水泥的组成与生产工艺；掌握通用硅酸盐水泥的分类及相关技术标准；掌握石灰的特性及应用。

学习目标

1. 知识目标

(1)掌握通用硅酸盐水泥的分类及性能检测方法；

(2)了解通用硅酸盐水泥质量的标准化和技术标准。

2. 能力目标

(1)能够掌握通用硅酸盐水泥的主要技术性能及应用范围；

(2)能够根据相关标准对水泥的细度、标准稠度用水量、凝结时间及胶砂强度等指标进行检测；

(3)能够掌握石灰的特性及应用。

3. 素质目标

(1)具有以目标为导向的集体意识和团队合作精神，小组成员能够团结协作共同完成任务；

(2)具有安全意识、绿色环保意识。

模块导学

水泥是一种能加水拌和而成的塑性浆体，能胶结砂、石等适当材料，并能在空气和水中硬化的粉状水硬性胶凝材料。水泥广泛应用于各领域，如建筑、交通、水利、电力和国防工程等。因此，中华人民共和国成立以来，我国水泥工业得到了大力发展。在21世纪乃至更长的时期，水泥和水泥混凝土及其制品仍将是主要的建筑材料，水泥的产量仍将持续增长。在水泥品种方面，将加速发展快硬、高强、低热、膨胀、油井等特种用途的水泥和水泥外加剂，增加高强度等级水泥的比重，以适应能源、交通和国防等部门的需要。

　　某工程桩基水下水泥混凝土如图 2-1 所示，强度等级为 C30，拌制混凝土需要使用水泥，现需要运用相关知识选择水泥品种，并对样品水泥的细度、标准稠度用水量、凝结时间、胶砂强度指标进行检测，判别是否合格。

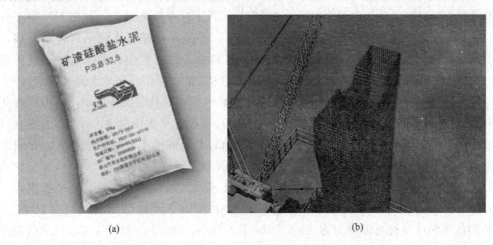

图 2-1　水泥的应用
(a)水泥；(b)水泥混凝土

单元 1　水泥的分类与生产工艺

2.1.1　水泥的分类

水泥有多种分类方式，如图 2-2 所示。

视频：水泥的分类

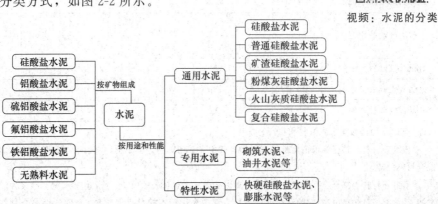

图 2-2　水泥的分类

　　水泥按其矿物组成，可分为硅酸盐水泥、铝酸盐水泥、硫铝酸盐水泥、氟铝酸盐水泥和铁铝酸盐水泥等。

　　水泥按其用途和性能，可分为通用水泥、专用水泥和特性水泥。通用水泥以硅酸盐水泥熟料和适量石膏及规定的混合材料制成，即目前建筑工程中常用的六大品种水泥：硅酸盐水泥、普通硅酸盐水泥、矿渣硅酸盐水泥、粉煤灰硅酸盐水泥、火山灰质硅酸盐水泥、复合硅酸盐水泥；专用水泥是指有专门用途的水泥，如砌筑水泥、油井水泥、道路水泥等；特性水泥是指具有某种比较突出的性能的水泥，如快硬硅酸盐水泥、膨胀水泥、抗硫酸盐水泥等。

(1)硅酸盐水泥。由硅酸盐水泥熟料、0～5％石灰石或粒化高炉矿渣、适量石膏磨细制成的水硬性胶凝材料，称为硅酸盐水泥。硅酸盐水泥分为两种类型，一种是不掺加混合材料的，称为Ⅰ型硅酸盐水泥，其代号为P·Ⅰ；另一种是在硅酸盐水泥熟料粉磨时掺入不超过水泥质量5％的石灰石或粒化高炉矿渣混合材料的，称为Ⅱ型硅酸盐水泥，其代号为P·Ⅱ。硅酸盐水泥分为42.5、42.5R、52.5、52.5R、62.5、62.5R六个强度等级。

(2)普通硅酸盐水泥。普通硅酸盐水泥简称普通水泥，其代号为P·O，是由硅酸盐水泥熟料、＞5％且≤20％的活性混合材料(其中允许用不超过水泥质量8％的非活性混合材料或不超过水泥质量5％的窑灰代替)、适量石膏，经磨细制成的水硬性胶凝材料。普通硅酸盐水泥的强度等级分为42.5、42.5R、52.5、52.5R四个强度等级。

(3)矿渣硅酸盐水泥、粉煤灰硅酸盐水泥、火山灰质硅酸盐水泥和复合硅酸盐水泥。矿渣硅酸盐水泥(P·S)、粉煤灰硅酸盐水泥(P·F)、火山灰质硅酸盐水泥(P·P)按3d、28d龄期抗压强度及抗折强度分为32.5、32.5R、42.5、42.5R、52.5、52.5R六个强度等级，复合硅酸盐水泥分为42.5、42.5R、52.5、52.5R四个强度等级。

通用硅酸盐水泥的组分应符合表2-1的规定。

表2-1　通用硅酸盐水泥的组分　　　　　　　　　　　　　　　　　　%

名称	代号	组分(质量分数)				
		熟料＋石膏ᵃ	粒化高炉矿渣	火山灰质混合材料	粉煤灰	石灰石
硅酸盐水泥	P·Ⅰ	100	—	—	—	—
	P·Ⅱ	≥95，＜100	≤5	—	—	—
		—	—	—	—	≤5
普通硅酸盐水泥	P·O	≥80，＜95	＞5，≤20ᵇ			—
矿渣硅酸盐水泥	P·S·A	≥50，＜80	＞20，≤50ᶜ	—	—	—
	P·S·B	≥30，＜50	＞50，≤70ᶜ	—	—	—
粉煤灰硅酸盐水泥	P·F	≥60，＜80	—	—	＞20，≤40ᵉ	—
火山灰质硅酸盐水泥	P·P	≥60，＜80	—	＞20，≤40ᵈ	—	—
复合硅酸盐水泥	P·C	≥50，＜80	＞20，≤50ᶠ			

ᵃ 该组分为硅酸盐水泥熟料和石膏的总和。

ᵇ该组分材料为符合标准的活性混合材料，其中允许用不超过水泥质量5％的窑灰或不超过水泥质量8％的非活性混合材料代替。

ᶜ本组分材料为符合《用于水泥中的粒化高炉矿渣》(GB/T 203—2008)或《用于水泥、砂浆和混凝土中的粒化高炉矿渣粉》(GB/T 18046—2017)的活性混合材料，其中允许用不超过水泥质量8％的活性混合材料，或非活性混合材料，或窑灰中的任一种材料代替。

ᵈ本组分材料为符合《用于水泥中的火山灰质混合材料》(GB/T 2847—2005)的活性混合材料。

ᵉ本组分材料为符合《用于水泥和混凝土中的粉煤灰》(GB/T 1596—2017)的活性混合材料。

ᶠ本组分材料为由两种或两种以上活性混合材料或非活性混合材料组成，其中允许用不超过水泥质量8％的窑灰代替。掺矿渣时混合材料掺量不得与矿渣硅酸盐水泥重复

2.1.2 硅酸盐水泥的生产

1. 硅酸盐水泥的原材料

生产硅酸盐水泥的原料主要有石灰质原料和黏土质原料两类。石灰质原料主要提供 CaO，可选用石灰岩、泥灰岩、白垩及贝壳等；黏土质原料主要提供 SiO_2、Al_2O_3 以及少量的 Fe_2O_3，可选用黏土、黄土、页岩和泥岩等。如果所选用的两种原料按一定的配比组合还不能满足形成熟料矿物所要求的化学组成时，则需要加入第三种甚至第四种校正原料加以调整。

视频：硅酸盐水泥的生产

例如，生料中 Fe_2O_3 含量不足时，可加入硫铁矿渣或含铁高的黏土加以校正；若生料中 SiO_2 含量不足时，可选用硅藻土、硅藻石、蛋白石、火山灰、硅质渣等加以校正；又如生料中 Al_2O_3 含量不足时，可加入铁矾土废料或含铝高的黏土加以调整。此外，为了改善煅烧条件，常加入少量的矿化剂，如萤石、石膏、重晶石尾矿、铝锌尾矿或铜矿渣等。

2. 硅酸盐水泥的生产工艺

将各种原材料破碎后，按照一定的比例混合，并粉磨到一定细度，得到的化学成分均匀的粉状物质称为生料。生料在水泥窑内经过约 1 450 ℃的高温煅烧至部分熔融，冷却后得到的物质称为熟料。熟料为黑色圆粒状物，需要掺加少量石膏并再次进行粉磨，达到一定的细度后才能制得符合标准要求的水泥。最后一步粉磨时，根据是否添加混合材料，可以制得 Ⅰ 型或 Ⅱ 型硅酸盐水泥。

水泥的生产经历了原料粉磨、生料煅烧、熟料粉磨三个主要阶段，因此，可以将水泥的生产过程简单概述为"两磨一烧"。其生产工艺流程如图 2-3 所示。

$$
\begin{array}{c}
\text{石灰石} \\
\text{黏土} \\
\text{校正原料}
\end{array}
\xrightarrow[\text{磨细}]{\text{按比例混合}}
\text{生料}
\xrightarrow[\text{煅烧}]{1\,450\,℃}
\text{熟料}
\begin{cases}
\text{熟料、适量石膏共同磨细}\rightarrow\text{P·Ⅰ} \\
\text{熟料、适量石膏和混合材料共同磨细}\rightarrow\text{P·Ⅱ}
\end{cases}
$$

图 2-3 硅酸盐水泥生产工艺流程

单元 2　硅酸盐水泥的矿物组成与水化硬化

2.2.1 硅酸盐水泥熟料的矿物组成及特性

视频：硅酸盐水泥熟料的矿物组成　　视频：硅酸盐水泥熟料矿物组成的特性

1. 硅酸盐水泥熟料的矿物组成

生料在水泥窑内煅烧过程中会发生一系列复杂的物理、化学变化，得到的熟料的化学成分主要包括 CaO、SiO_2、Al_2O_3 和 Fe_2O_3 四种氧化物。各种氧化物不单独存在，经高温煅烧后形成两种或两种以上氧化物组成的熟料矿物。硅酸盐水泥熟料矿物主要有四种，见表 2-2。

表 2-2　水泥熟料的矿物组成　　　　　　　　　　　　　　　　　　　　%

矿物名称	化学式	简写式	含量
硅酸三钙	$3CaO \cdot SiO_2$	C_3S	37～60
硅酸二钙	$2CaO \cdot SiO_2$	C_2S	15～37
铝酸三钙	$3CaO \cdot Al_2O_3$	C_3A	7～15
铁铝酸四钙	$4CaO \cdot Al_2O_3 \cdot Fe_2O_3$	C_4AF	10～18

熟料中硅酸三钙和硅酸二钙称为硅酸盐矿物，两者的总质量分数约占总量的 75%，因此称为硅酸盐水泥。铝酸三钙和铁铝酸四钙两者的总质量仅仅占总量的 18%～25%，称为熔剂性矿物。此外，由于煅烧不充分等原因，硅酸盐水泥中还含有少量游离氧化钙(f-CaO)、游离氧化镁(f-MgO)、含碱矿物和玻璃体等，这些成分含量过高会影响水泥的质量，一般总含量不得超过 10%。

2. 硅酸盐水泥熟料矿物的特性

不同熟料与水发生反应时具有不同的特性，见表 2-3。

表 2-3　水泥熟料矿物的特性

矿物名称	水化硬化速度	28 d 水化放热量	强度
C_3S	快	多	高
C_2S	慢	少	早低后高
C_3A	最快	最多	早高后低
C_4AF	快	中	低

(1)C_3S 是水泥中对强度贡献最大的矿物，水化速度快、水化放热量大，水化生成较多的 $Ca(OH)_2$，使抗侵蚀性较差。

(2)C_2S 的水化硬化速度缓慢，水化放热量小，强度发展得慢，早期强度低，但后期强度较高。

(3)C_3A 的水化硬化速度最快，是水泥产生早期强度的主要矿物，但其强度绝对值不高，而且后期强度会有倒缩现象。C_3A 的水化放热量大且集中，在凝结硬化过程中会有较大的收缩。

(4)C_4AF 的强度整体不高，但具有较高的抗折强度，因而抗裂性和抗变形能力强。

通过调整生产生料的成分可以改变熟料的矿物组成，因此可以制得不同性能的硅酸盐水泥。如提高 C_3S 和 C_3A 的含量可以制得快硬水泥；降低 C_3A 和 C_3S 的含量，提高 C_2S 的含量，可以制得中、低热水泥；提高 C_4AF 的含量，可制得道路水泥。

2.2.2　硅酸盐水泥的水化与硬化

1. 硅酸盐水泥的水化

水化是指水泥加入适量水拌和后，水泥中的熟料矿物与水发生化学反应，生成多种水化产物的过程。硅酸盐水泥熟料由多种矿物组成，各种矿物发生化学反应的同时相互之间又有影响，使水泥的水化非常复杂。

硅酸三钙和硅酸二钙的水化产物都是水化硅酸钙和氢氧化钙，其反应式如下：

视频：硅酸盐水泥的水化与硬化

$$2(3CaO \cdot SiO_2) + 6H_2O \rightarrow 3CaO \cdot 2SiO_2 \cdot 3H_2O + 3Ca(OH)_2$$

硅酸三钙　　　　　水化硅酸钙　　　　氢氧化钙

$$2(2CaO \cdot SiO_2) + 4H_2O \rightarrow 3CaO \cdot 2SiO_2 \cdot 3H_2O + Ca(OH)_2$$

硅酸二钙　　　　　水化硅酸钙　　　　氢氧化钙

水化硅酸钙不溶于水,以胶体微粒析出,并逐渐凝聚成凝胶体(C-S-H 凝胶),构成强度很高的空间网状结构,氢氧化钙则以晶体的形式析出。

铝酸三钙水化生成水化铝酸钙,其反应式如下:

$$3CaO \cdot Al_2O_3 + 6H_2O \rightarrow 3CaO \cdot Al_2O_3 \cdot 6H_2O$$

铝酸三钙　　　　　　　水化铝酸钙

水化铝酸钙为立方晶体,在氢氧化钙饱和溶液中进一步反应生成六方晶体。由于水泥中存在石膏,水化铝酸钙会与石膏反应生成高硫型水化硫铝酸钙,其反应式如下:

$$3CaO \cdot Al_2O_3 \cdot 6H_2O + 3(CaSO_4 \cdot 2H_2O) + 20H_2O \rightarrow 3CaO \cdot Al_2O_3 \cdot 3CaSO_4 \cdot 32H_2O$$

水化硫铝酸钙

高硫型水化硫铝酸钙为针状晶体,简称钙矾石,用 AFt 表示。当石膏消耗完成后,部分钙矾石会转变为单硫型水化硫铝酸钙晶体($3CaO \cdot Al_2O_3 \cdot CaSO_4 \cdot 12H_2O$),用 AFm 表示。

铁铝酸四钙的水化产物有水化铝酸钙和水化铁酸钙。水化铁酸钙呈胶体微粒析出,最后形成凝胶,其反应式如下:

$$4CaO \cdot Al_2O_3 \cdot Fe_2O_3 + 7H_2O \rightarrow 3CaO \cdot Al_2O_3 \cdot 6H_2O + CaO \cdot Fe_2O_3 \cdot H_2O$$

铁铝酸四钙　　　　　　　水化铝酸钙　　　　　水化铁酸钙

2. 硅酸盐水泥的凝结硬化

水泥加水拌和后,水泥颗粒表面开始与水发生化学反应,如图 2-4 所示,逐渐形成水化物膜层,此时的水泥浆既有可塑性又有流动性;随着水化反应的持续进行,水化物增多、膜层增厚,并互相接触连接,形成疏松的空间网络;此时,水泥浆体开始失去流动性和部分可塑性,但不具有强度,此即初凝;当水化作用不断深入并加速进行时,生成较多的凝胶和晶体水化物,并互相贯穿而使网络结构不断加强,终至浆体完

视频:水泥凝结硬化进程的影响因素

全失去可塑性,并具有一定的强度,此即终凝;此后,水化反应进一步进行,水化物也随时间的延续而增加,且不断填充于毛细孔中,水泥浆体网络结构更趋致密,强度大为提高,并逐渐变成坚硬岩石状固体——水泥石,这一过程称为硬化。

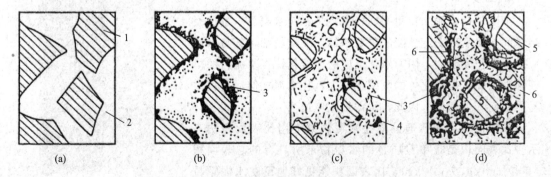

图 2-4　水泥凝结硬化过程示意

1—水泥颗粒;2—水;3—凝胶体;4—晶体;5—水泥颗粒未水化部分;6—毛细孔

实际上，水泥的凝结与硬化是一个连续而复杂的物理化学变化过程，而且初凝与终凝也是对水泥水化阶段的人为规定，而上述变化过程与水泥的技术性能密切相关，其变化的结果又直接影响硬化水泥石的结构和水泥石的使用性能。因此，了解水泥的凝结和硬化过程，对于了解水泥的性能是很重要的。

单元 3   通用水泥的技术性质

水泥的技术指标是衡量水泥品质、保证水泥质量的重要依据，也是水泥应用的理论基础。国家标准《通用硅酸盐水泥》（GB 175—2007）规定，水泥的技术指标主要有氧化镁、三氧化硫、碱及不溶物含量，氯离子含量，烧失量，细度，标准稠度用水量，凝结时间，体积安定性，水泥的强度与等级，水化热等。

视频：通用水泥
的技术性质

1. 氧化镁、三氧化硫、碱及不溶物含量

水泥中氧化镁（MgO）的含量不得超过 5％，如果水泥经蒸压安定性试验合格，则允许放宽到 6％。三氧化硫（SO_3）的含量不得超过 3.5％。水泥中碱含量按 $Na_2O+0.658K_2O$ 计算值来表示。

碱含量过高对于使用活性集料的混凝土来说十分不利。因为活性集料会与水泥所含的碱性氧化物发生化学反应，生成具有膨胀性的碱硅酸凝胶物质，对混凝土的耐久性产生很大影响。这一反应也是通常所说的碱-集料反应。若使用活性集料，用户要求提供低碱水泥时，水泥中碱含量不得大于 0.60％或由供需双方商定。

不溶物的含量在Ⅰ型硅酸盐水泥中不得超过 0.75％；在Ⅱ型硅酸盐水泥中不得超过 1.5％。

2. 氯离子含量

水泥中氯离子的含量不应大于 0.06％，其检验方法按《水泥原料中氯离子的化学分布方法》（JC/T 420—2006）进行。

3. 烧失量

烧失量是指水泥在一定灼烧温度和时间内，烧失的量占原质量的百分数。Ⅰ型水泥的烧失量不得大于 3.0％；Ⅱ型水泥的烧失量不得大于 3.5％。

4. 细度

细度是指水泥颗粒粗细的程度，是影响水泥需水量、凝结时间、强度和安定性能的重要指标。颗粒越细，其与水反应的表面积就越大，因而水化反应的速度越快，水泥石的早期强度越高，但硬化体的收缩也越大，且水泥在储运过程中易受潮而降低活性。因此，水泥细度应适当。

硅酸盐水泥和普通硅酸盐水泥的细度用比表面积法表示。比表面积是指单位质量的水泥粉末所具有的总表面积（单位 cm^2/g 或 m^2/kg），比表面积能更好地反映水泥颗粒的分布情况，如图 2-5 所示为测试水泥比表面积所用的仪器。《通用硅酸盐水泥》（GB 175—2007）规定，硅酸盐水泥

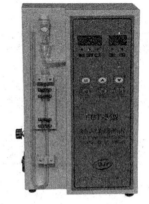

图 2-5   勃氏比表面积测定仪

和普通硅酸盐水泥比表面积应不小于 300 m²/kg。需要注意的是，高速铁路中所使用的高性能混凝土开始对水泥细度进行限制，要求不能大于 350 m²/kg。

对于其他几种通用水泥，常用筛余百分率来表示细度。用 80 μm 或 45 μm 的方孔筛对水泥试样进行筛分试验，用筛余(%)表示。筛余(%)越大，说明水泥越粗。筛分试验所用的仪器设备如图 2-6 所示。

(a)   (b)

图 2-6　筛分试验所用的仪器设备

(a)方孔筛；(b)负压筛析仪

《通用硅酸盐水泥》(GB 175—2007)规定，通用硅酸盐水泥 80 μm 的方孔筛的筛余不得大于 10％；45 μm 的方孔筛的筛余不得大于 30％。

5. 标准稠度用水量

水泥净浆标准稠度用水量，是指拌制水泥净浆时为达到标准稠度所需的加水量，它以水与水泥质量之比的百分数表示。

相关国家规范中对标准稠度用水量的值并没有具体规定，但它是检验水泥其他性质(如凝结时间和体积的安定性等)的前提。只有达到相同稠度的水泥净浆，测试的这些指标才有可比性。水泥的标准稠度用水量测定依据《水泥标准稠度用水量、凝结时间、安定性检验方法》(GB/T 1346—2011)，采用维卡仪法(图 2-7)。

6. 凝结时间

凝结时间是指水泥从加水开始到失去流动性，即从可塑状态发展到开始形成固体状态所需的时间，可分为初凝和终凝。初凝时间为水泥从开始加水拌和起至水泥浆开始失去可塑性所需的时间；终凝时间是从水泥开始加水拌和起至水泥浆完全失去可塑性，并开始产生强度所需的时间。

《通用硅酸盐水泥》(GB 175—2007)规定，硅酸盐水泥的初凝时间不早于45 min，终凝时间不超过 390 min(6.5 h)，其他几种通用水泥初凝时间不早于45 min，终凝时间不得超过 10 h。凝结时间在实际施工时有重要的意义，初凝时间不宜过早是为了有足够的时间进行搅拌、运输、浇筑和振捣等施工操作；终凝时间不宜过长是为了使混凝土尽快硬化，产生强度，以便能连续施工。

凝结时间的测定依据《水泥标准稠度用水量、凝结时间、安定性检验方法》(GB/T 1346—2011)，采用标准维卡仪(换有测定凝结时间的试针，如图 2-8 所示)。

图 2-7　标准法维卡仪　　图 2-8　标准法维卡仪(换有测定凝结时间的试针)

7. 体积安定性

水泥体积安定性简称水泥安定性，是指水泥浆体硬化后体积变化的稳定性。安定性不良的水泥，在浆体硬化过程中或硬化后产生不均匀的体积膨胀，并引起开裂。

水泥安定性不良的主要原因是熟料中含有过量的游离氧化钙、游离氧化镁或掺入的石膏过多。因上述物质均在水泥硬化后开始或继续进行水化反应，其反应产物体积膨胀而使水泥石开裂。

因此，国家标准《通用硅酸盐水泥》(GB 175—2007)规定，水泥熟料中游离氧化镁含量不得超过 5.0%，三氧化硫含量不得超过 3.5%，用沸煮法检验必须合格。水泥安定性不合格的水泥不能用于工程。

8. 水泥的强度与等级

水泥强度是表征水泥力学性能的重要指标，它与水泥的矿物组成、水泥细度、水胶比大小、水化龄期和环境温度等密切相关。为了统一试验结果的可比性，必须按《水泥胶砂强度检验方法(ISO 法)》(GB/T 17671—2021)的规定制作试块，养护并测定其抗压和抗折强度值，该值是评定水泥等级的依据。

视频：水泥强度
的测定

表 2-4 为硅酸盐水泥各龄期的强度值，硅酸盐水泥各龄期的强度值均不得低于表中相对应的强度等级所要求的数值。为提高水泥早期强度，将水泥分为普通型和早强型(R 型)。早强型水泥 3 d 抗压强度可达 28 d 抗压强度的 50%。

9. 水化热

水化热是指水泥和水之间发生化学反应放出的热量，通常以焦耳/千克(J/kg)表示。

水泥水化放出的热量及放热速度，主要取决于水泥的矿物组成和细度。熟料矿物中铝酸三钙和硅酸三钙的含量越高，颗粒越细，则水化热越大。这对一般建筑的冬期施工是有利的，但对于大体积混凝土工程是有害的。为了避免由于温度应力引起水泥石的开裂，在大体积混凝土工程施工中，不宜采用硅酸盐水泥，而应采用水化热低的水泥，如中热水泥、低热矿渣水泥等，水化热的数值可根据国家标准《水泥水化热测定方法》(GB/T 12959—2008)规定的方法测定。

表 2-4　硅酸盐水泥各龄期的强度值(GB 175—2007)

品种	强度等级	抗压强度/MPa		抗折强度/MPa	
		3 d	28 d	3 d	28 d
硅酸盐水泥	42.5	17.0	42.5	3.5	6.5
	42.5R	22.0	42.5	4.0	6.5
	52.5	23.0	52.5	4.0	7.0
	52.5R	27.0	52.5	5.0	7.0
	62.5	28.0	62.5	5.0	8.0
	62.5R	32.0	62.5	5.5	8.0
注：R—早强型					

单元 4　道路水泥的技术性质

由道路硅酸盐水泥熟料、0～10％活性混合材料和适量石膏磨细制成的水硬性胶凝材料，称为道路硅酸盐水泥(简称道路水泥)。

道路硅酸盐水泥熟料是以适当成分的生料烧至部分熔融，所得以硅酸钙为主要成分和较多量的铁铝酸钙的硅酸盐水泥熟料。

视频：道路水泥
的技术性质

道路硅酸盐水泥的技术要求如下：

(1)氧化镁：道路水泥中氧化镁含量不得超过 5.0％。

(2)三氧化硫：道路水泥中三氧化硫含量不得超过 3.5％。

(3)烧失量：道路水泥中的烧失量不得大于 3.0％。

(4)游离氧化钙：道路水泥熟料中的游离氧化钙，旋窑生产不得大于 1.0％，立窑生产不得大于 1.8％。

(5)碱含量：如用户提出要求，由供需双方商定。

(6)铝酸三钙：道路水泥熟料中铝酸三钙的含量不得大于 5.0％。

(7)铁铝酸四钙：道路水泥熟料中铁铝酸四钙的含量不得小于 16.0％。

(8)细度：80 μm 方孔筛筛余不大于 10.0％。

(9)凝结时间：初凝时间不早于 1.5 h，终凝时间不迟于 10 h。

(10)安定性：用沸煮法检验必须合格。

(11)干缩率：28 d 干缩率不得大于 0.10％。

(12)耐磨性：以磨损量表示，不得大于 3.0 kg/m²。

(13)强度：不得低于表 2-5 的规定。

道路水泥早期强度高，特别是抗折强度高、干缩率小、耐磨性好、抗冲击性好。其主要用于道路路面、飞机场跑道、广场、车站及对耐磨性、抗干缩性要求较高的混凝土工程。

表 2-5   道路水泥的等级与各龄期强度

强度等级	抗压强度/MPa		抗折强度/MPa	
	3 d	28 d	3 d	28 d
32.5	16.0	32.5	3.5	6.5
42.5	21.0	42.5	4.0	7.0
52.5	26.0	52.5	5.0	7.5

单元 5   特种水泥的技术性质

特种水泥是指具有某些特殊性能,适合特定用途或能发挥特殊作用并赋予建筑物特别性能的水泥品种。我国习惯上将硅酸盐水泥、普通硅酸盐水泥、矿渣硅酸盐水泥、火山灰质硅酸盐水泥、粉煤灰硅酸盐水泥和复合硅酸盐水泥归为通用水泥,除此之外,其他水泥品种都归于特种水泥的范畴。

视频:特种水泥
的技术性质

2.5.1   快硬硅酸盐水泥

凡由硅酸盐水泥熟料和适量石膏磨细制成,以 3 d 抗压强度表示强度等级的水硬性胶凝材料,称为快硬硅酸盐水泥,简称快硬水泥。

由于快硬水泥中适当提高了 C_3S 和 C_3A 的含量,所以其具有早强、快硬的效果。快硬水泥的细度要求:80 μm 的方孔筛筛余(%)不超过 10%;初凝时间不早于 45 min,终凝时间不迟于 10 h;体积安定性必须合格。依据水泥 1 d 和 3 d 的强度值,将快硬水泥划分为 32.5、37.5 和 42.5 三个强度等级。各强度等级、各龄期的强度值不能低于表 2-6 中的规定。

表 2-6   快硬水泥各强度等级、各龄期强度值

强度等级	抗压强度/MPa			抗折强度/MPa		
	1 d	3 d	28 d[①]	1 d	3 d	28 d[①]
32.5	15.0	32.5	52.5	3.5	5.0	7.2
37.5	17.0	37.5	57.5	4.0	6.0	7.6
42.5	19.0	42.5	62.5	4.5	6.4	8.0
注:① 供需双方参考指标						

快硬水泥凝结硬化快,早期、后期强度均高,抗渗性、抗冻性强,水化热大,耐蚀性差,适用于早强、高强度混凝土及紧急抢修工程和冬期施工的混凝土工程,不适用于大体积混凝土及耐蚀要求的混凝土工程。快硬水泥的储存期较其他水泥短,不宜久存,自出厂日起,若超过 1 个月,则应重新检验强度,合格后方可使用。

2.5.2 中、低热硅酸盐水泥

由适当成分的硅酸盐水泥熟料加入适量石膏，磨细制成的具有中等水化热的水硬性胶凝材料称为中热硅酸盐水泥，简称中热水泥，代号为 P·MH。中热水泥的强度等级为 42.5。

由适当成分的硅酸盐水泥熟料加入适量石膏，磨细制成的具有低水化热的水硬性胶凝材料称为低热硅酸盐水泥，简称低热水泥，代号为 P·LH。低热水泥的强度等级分为 32.5 和 42.5 两个等级。

中、低热硅酸盐水泥各龄期强度值不能低于表 2-7 中的规定。

表 2-7　中、低热硅酸盐水泥各龄期强度指标(GB/T 200—2017)

水泥品种	强度等级	抗压强度/MPa			抗折强度/MPa		
		3 d	7 d	28 d	3 d	7 d	28 d
中热水泥	42.5	12.0	22.0	42.5	3.0	4.5	6.5
低热水泥	32.5	—	10.0	32.5	—	3.0	5.5
	42.5	—	13.0	42.5	—	3.5	6.5

另外，《中热硅酸盐水泥、低热硅酸盐水泥》(GB/T 200—2017)规定，中、低热硅酸盐水泥中的三氧化硫含量不得超过 3.5%；初凝时间不早于 60 min，终凝时间不迟于720 min；水泥的比表面积不应低于 250 m^2/kg。各龄期水化热不得超过表 2-8 中的数值。

表 2-8　中、低热水泥各龄期水化热值(GB/T 200—2017)

水泥品种	强度等级	水化热/(kJ·kg^{-1})		
		3 d	7 d	28 d
中热水泥	42.5	251	293	—
低热水泥	32.5	197	230	290
	42.5	230	260	310
注：水热化的测定按《水泥水化热测定方法》(GB/T 12959—2008)进行				

中、低热水泥主要用于大体积建筑物或厚大的基础工程，如港口、码头、大坝等水工构筑物，大型设备基础及高层建筑物基础筏板等混凝土工程。这类工程所用水泥的水化热受到严格限制，过多的水化热会导致混凝土内外温差过大，从而出现温度应力裂缝。

2.5.3 白色与彩色硅酸盐水泥

由白色硅酸盐水泥熟料加入适量石膏，磨细制成的水硬性胶凝材料，称为白水泥。硅酸盐水泥的颜色通常呈灰色，主要是因为含有较多的 Fe_2O_3 及其他杂质，当 Fe_2O_3 含量下降到 0.35%～0.4%时接近白色，因此，生产白水泥的关键是降低 Fe_2O_3 的含量。在白水泥磨粉时，加入适当的颜料，即制成彩色水泥。

《白色硅酸盐水泥》(GB/T 2015—2017)规定，白水泥的细度要求 40 μm 方孔筛筛余(%)不超过 30.0%；初凝时间不早于 45 min，终凝时间不大于 10 h；用沸煮法检验体积安定性必须合格，SO_3 含量不得超过 3.5%；按 3 d 和 28 d 的强度值将白水泥分为 32.5、42.5 和 52.5 三个强度等级。各强度等级、各龄期的强度值不得低于表 2-9 中的规定。

表 2-9　白水泥各强度等级、各龄期强度值(GB/T 2015—2017)

强度等级	抗压强度/MPa		抗折强度/MPa	
	3 d	28 d	3 d	28 d
32.5	12.0	32.5	3.0	6.0
42.5	17.0	42.5	3.5	6.5
52.5	22.0	52.5	4.0	7.0

白水泥的白度是白水泥的一项重要技术指标。目前，白度是通过光电系统组成的白度计对可见光的反射程度确定的。将白水泥样品装入压样器中压成表面平整的白板，置于白度计中测得白度，以其表面对红、绿、蓝三原色光的反射率与氧化镁标准白板的反射率比较，用相对反射百分率表示。白水泥的白度不得低于 87。白水泥中加入颜色，必须具有良好的大气稳定性及耐久性，不溶于水，分散性好，抗碱性强，不参与水泥水化反应，对水泥的组成和特性无破坏作用等。

白水泥主要用于粉刷建筑物内外墙、顶棚和柱子，还可用于贴面装饰材料的勾缝处理；配制各种彩色砂浆用于抹灰，如常用于水刷石、斩假石等，模仿天然石材的色彩、质感，具有较好的装饰效果；配制彩色混凝土，制作彩色水磨石等。

2.5.4　抗硫酸盐硅酸盐水泥

抗硫酸盐硅酸盐水泥是指对于硫酸盐侵蚀具有较强抵抗能力的水泥。与普通的硅酸盐水泥相比，这种水泥主要是限制了水泥熟料矿物组成中铝酸三钙和硅酸三钙的含量，使侵入水泥石结构的硫酸盐难以产生破坏性的"水泥杆菌"。根据抗硫酸盐性能，分为中抗硫酸盐硅酸盐水泥和高抗硫酸盐硅酸盐水泥两类。以特定矿物组成的硅酸盐水泥熟料，加入适量石膏，磨细制成的具有抵抗中等浓度硫酸根离子侵蚀的水硬性胶凝材料，称为中抗硫酸盐硅酸盐水泥，简称中抗硫酸盐水泥，代号 P·MSR；以特定矿物组成的硅酸盐水泥熟料加入适量石膏，磨细制成的具有抵抗较高浓度硫酸根离子侵蚀的水硬性胶凝材料，称为高抗硫酸盐硅酸盐水泥，简称高抗硫酸盐水泥，代号 P·HSR。

另外，《抗硫酸盐硅酸盐水泥》(GB/T 748—2005)规定，抗硫酸盐硅酸盐水泥中的比表面积不应低于 280 m^2/kg；初凝时间不早于 45 min，终凝时间不迟于 10 h；用沸煮法检验的体积安定性必须合格，SO_3 含量不得超过 2.5%；硅酸三钙和铝酸三钙的含量应符合表 2-10 的规定。

表 2-10　抗硫酸盐水泥中硅酸三钙和铝酸三钙的含量(GB/T 748—2005)　　　　　%

分类	硅酸三钙含量(质量分数)	铝酸三钙含量(质量分数)
中抗硫酸盐水泥	≤55.0	≤5.0
高抗硫酸盐水泥	≤50.0	≤3.0

按 3 d 和 28 d 的强度值将抗硫酸盐硅酸盐水泥分为 32.5 和 42.5 两个强度等级。各强度等级、各龄期的强度值不得低于表 2-11 中的规定。

抗硫酸盐硅酸盐水泥除具有较强的抗侵蚀能力外，还具有较低的水化热和较高的抗冻性，特别适用于受硫酸盐侵蚀的海港、水利、地下、隧道、道路和桥梁基础等工程。

表 2-11 抗硫酸盐水泥各强度等级、各龄期强度值(GB/T 748—2005)

强度等级	抗压强度/MPa		抗折强度/MPa	
	3 d	28 d	3 d	28 d
32.5	10.0	32.5	2.5	6.0
42.5	15.0	42.5	3.0	6.5

单元 6 石灰的技术性质

2.6.1 石灰的生产

石灰的主要成分是 CaO，是人类最早使用的胶凝材料之一。我国明代的《天工开物》记载了人类烧制石灰。气硬性生石灰由石灰石，包括钙质石灰石和镁质石灰石焙烧而成，呈块状、粒状或粉状，化学成分主要为氧化钙，可与水发生放热反应生成消石灰。其反应式为

视频：石灰的生产

$$CaCO_3 \xrightarrow{90\ ℃\sim1\ 000\ ℃} CaO + CO_2\uparrow$$

石灰石的分解温度约为 900 ℃，但为了加速分解过程，煅烧温度常提高至 1 000 ℃～1 100 ℃。在煅烧过程中，若温度过低或煅烧时间不足，则 $CaCO_3$ 不能完全分解，将生成"欠火石灰"。如果煅烧时间过长或温度过高，将生成颜色较深、块体致密的"过火石灰"。欠火石灰中 CaO 含量较低，熟化时石灰的出浆率也低，降低了石灰的利用率，过火石灰质地密实，熟化速度较慢，若熟化不彻底，容易影响工程质量。品质好的石灰应该煅烧均匀、易熟化、灰膏产量高。

2.6.2 石灰的熟化

块状生石灰作为气硬性胶凝材料，在使用前应加水熟化(又称消解)成熟石灰(又称消石灰)。其反应式为

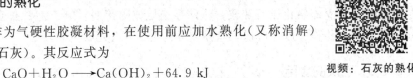

视频：石灰的熟化

$$CaO + H_2O \longrightarrow Ca(OH)_2 + 64.9\ kJ$$

生石灰熟化时体积膨胀 1～2.5 倍，并放出大量的热。石灰水化反应时放热很剧烈。一般煅烧良好、氧化钙含量高、杂质少的生石灰，不仅消化速度快，而且放热量大。未彻底熟化的石灰(过火灰未熟化)不得用于拌制砂浆，以防抹灰后出现凸包裂纹。在建筑工地应及时将块状石灰放在化灰池内，加水后经过两周以上的时间让其彻底熟化，这个过程称为陈伏。过火灰在这一期间将慢慢熟化，陈伏期间，石灰膏表面应保有一层水分，使其隔绝空气，以免与空气中二氧化碳发生碳化反应。

2.6.3 石灰的硬化

石灰水化后逐渐凝结硬化，主要包括以下两个过程：

(1)干燥结晶硬化过程。石灰浆体在干燥过程中，游离水分蒸发，形成网状孔隙，这些滞留于孔隙中的自由水，由于表面张力的作用

视频：石灰的硬化

而产生毛细管压力，使石灰粒子更紧密，且由于水分蒸发，使氢氧化钙从饱和溶液中逐渐结晶析出。

(2)碳化硬化。$Ca(OH)_2$ 与空气中的 CO_2 和水发生反应，形成不溶于水的碳酸钙晶体，析出的水分则逐渐被蒸发。由于碳化作用主要发生在与空气接触的表层，且生成的 $CaCO_3$ 膜层较致密，阻碍了空气中二氧化碳的渗入，也阻碍了内部水分向外蒸发，因此，碳化过程缓慢。

2.6.4 石灰的特性

(1)可塑性好。生石灰熟化为石灰浆时，能自动形成颗粒极细的呈胶体分散状态的氢氧化钙，表面吸附一层厚的水膜。因此，用石灰调成的石灰砂浆，其突出的优点是具有良好的可塑性，在水泥砂浆中，掺入石灰膏更有利于提高砂浆的可塑性，相对而言，消石灰粉的颗粒较粗，其流动性、可塑性不如石灰浆。

视频：石灰的特性

(2)硬化较慢、强度低。从石灰浆体的硬化过程可以看出，其碳化甚为缓慢，而且表面碳化后，形成紧密外壳，不利于碳化作用的深入，也不利于内部水分的蒸发，因此，石灰是硬化缓慢的材料。同时，石灰的硬化只能在空气中进行。硬化后的强度也不高，28 d 抗压强度通常只有 0.2～0.5 MPa，若直接使用消石灰粉，强度则更低。

(3)硬化时体积收缩大。石灰在硬化过程中，由于大量的游离水蒸发，从而引起显著的体积收缩，所以，除调制成石灰乳作薄层涂刷外，不宜单独使用，工程上常在其中掺入砂、各种纤维材料等减少收缩。

(4)耐水性差。硬化后的石灰受潮后，其中的氢氧化钙和氧化钙会溶解，强度更低，在水中还会溃散，所以，石灰不宜在潮湿的环境中使用，也不宜单独用于建筑物基础。

(5)石灰吸湿性强。块状生石灰在放置过程中，会缓慢吸收空气中的水分，而自动熟化成消石灰粉，再与空气中的二氧化碳作用生成碳酸钙，失去胶结能力。

储存生石灰，不但要防止受潮，而且不宜储存过久，一般为一个月。最好运输到工地(或熟化工厂)后立即熟化成石灰浆，将储存期变成陈伏期。由于生石灰受潮，熟化时放出大量的热，而且体积膨胀，所以，储存和运输生石灰时还要注意安全。

2.6.5 石灰的应用

(1)石灰乳。将消石灰粉或熟化好的石灰膏加入大量的水搅拌稀释，称为石灰乳。石灰乳是一种低价易得的涂料，主要用于内墙和顶棚刷白，增加室内美观和亮度。石灰乳中加入各种耐碱颜料，可形成彩色石灰乳；加入少量磨细粒化高炉矿渣或粉煤灰，可提高其耐水性；加入聚乙烯醇、干酪素、氯化钙或明矾，可减少涂层粉化现象。

(2)配制砂浆。由于石灰膏和消石灰粉中氢氧化钙颗粒非常小，调水后具有很好的可塑性，因而可用石灰膏或消石灰粉配制成石灰砂浆或水泥石灰混合砂浆。石灰乳和石灰砂浆应用于吸水性较大的基面(如加气混凝土砌块)上时，应事先将基面润湿，以免石灰浆脱水过速而成为干粉，丧失胶结能力。

(3)石灰土和三合土。石灰与黏土拌和后称为灰土或石灰土，再加入砂或炉渣、石屑等即称为三合土。石灰改善了黏土的和易性，在强力夯打之下大大提高了紧密度，而且黏土颗粒表面的少量活性氧化硅和氧化铝与氢氧化钙发生化学反应，生成了不溶性水化硅酸钙和水化铝酸钙，因而，提高了黏土的强度和耐水性，石灰土中石灰用量增大，则强度和耐水性提高，但超过某一用量后，就不再提高了。一般石灰用量为石灰土总量的6%～12%或更低。

（4）制作硅酸盐制品。石灰是制作硅酸盐制品的主要原料之一，硅酸盐制品是以磨细的石灰与硅质材料为胶凝材料，必要时加入少量石膏，经养护（蒸汽养护或蒸压养护），生成以水化硅酸钙为主要产物的建筑材料，硅酸盐制品中常用的硅质材料有粉煤灰磨细的煤矸石、页岩、浮石和砂等。常用的硅酸盐制品有蒸压灰砂砖、蒸压加气混凝土砌块或板材等。

实训一　水泥细度检测方法（JTG 3420—2020）

筛析法测定水泥细度是用 80 μm 的筛对水泥试样进行筛析，用筛网上所得筛余物的质量占原始质量的百分数来表示水泥样品的细度。试验分为负压筛法和水筛法，在没有负压筛和水筛的情况下，允许用手工干筛法测定。

视频：水泥细度测定

（1）主要仪器设备。

①试验筛：由圆形筛框和筛网组成，筛孔为 80 μm 方孔，分负压筛和水筛两种。

②负压筛析仪：负压筛析仪由筛座、负压筛、负压源及收尘器组成，筛析仪负压可调范围为 4 000～6 000 Pa。

③水筛架和喷头。

④天平：最大称量为 100 g，分度值不大于 0.05 g。

（2）试验方法。

①负压筛法。

a. 将负压筛放在筛座上，盖上筛盖，接通电源，检查控制系统，调节负压至 4 000～6 000 Pa。

b. 称取试样 25 g，置于洁净的负压筛中，盖上筛盖，放在筛座上，开动筛析仪连续筛析 2 min，在此期间，如有试样黏附在筛盖上，可轻轻敲击，使试样落下。筛毕，用天平称量筛余物。

c. 当工作负压小于 4 000 Pa 时，应清理吸尘器内水泥，使负压恢复正常。

②水筛法。

a. 筛析试验前，应检查水中无泥、砂，调整好水压及水筛架位置，使其能正常运转。喷头底面和筛网之间距离为 35～75 mm。

b. 称取试样 50 g，置于洁净的水筛中，立即用淡水冲洗至大部分细粉通过后，放在水筛架上，用水压为 0.02～0.05 MPa 的喷头连续冲洗 3 min。筛毕，用少量水把筛余物冲至蒸发皿中，等水泥颗粒全部沉淀后，小心地倒出清水，烘干并用天平称量筛余物。

③手工干筛法。

a. 称取水泥试样 50 g，倒入干筛。

b. 用一只手执筛往复摇动，另一只手轻轻拍打，拍打速度每分钟约 120 次，每 40 次向同一方向转动 60°，使试样均匀分布在筛网上，直至每分钟通过的试样量不超过 0.05 g 为止。称取筛余物质量。

（3）试验结果。水泥试样筛余百分数按下式计算：

$$F = \frac{R_s}{W} \times 100\%$$ 　　　　　　(2-1)

式中 F——水泥试样筛余百分数(%);

R_s——水泥筛余物的质量(g);

W——水泥试样的质量(g)。

结果计算至0.1%。当负压筛法与水筛法或手工干筛法测定的结果存在争议时，以负压筛法为准。

实训二 水泥标准稠度用水量、凝结时间检测方法(GB/T 1346—2011)

(1)主要仪器设备。

①水泥净浆搅拌机。搅拌叶片转速为90 r/min，搅拌锅内径为130 mm，深为95 mm。锅底、锅壁与搅拌翅的间隙为0.2~0.5 mm。

②水泥净浆标准稠度及凝结时间测定仪(图2-9)。滑动部分的总质量为(300±2) g；金属空心试锥，锥底直径为40 mm，高为50 mm；装净浆用的锥模，上口内径为60 mm，锥高为75 mm(图2-10)。

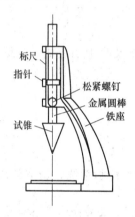

图2-9 标准稠度及凝结时间测定仪

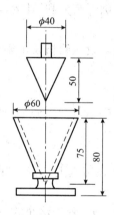

图2-10 试锥及锥模(单位：mm)

③量水器。最小刻度为0.1 mL，精度1%。

④天平。能准确称量至1 g。

⑤湿气养护箱。应能使温度控制在(20±3) ℃，湿度大于90%。

(2)试样及用水。

①水泥试样应充分拌匀，通过0.9 mm的方孔筛并记录筛余物情况，但要防止过筛时混进其他水泥。

②试验用水必须是洁净的淡水，如有争议时，也可用蒸馏水。

(3)试验室温湿度。

①试验室的温度为17 ℃~25 ℃，相对湿度大于50%。

②水泥试样、拌合水、仪器和用具的温度应与试验室一致。

(4)标准稠度用水量测定。

①水泥净浆的拌制。搅拌锅、搅拌叶片用湿棉布擦过，将称好的500 g水泥试样倒入搅拌锅。拌和时，先将锅放到搅拌机锅座上，升至搅拌位置，开动机器，同时徐徐加入拌合水，慢速搅拌120 s，停拌15 s，接着快速搅拌120 s后停机。

用调整水量法测定时，拌合水量按经验加水；采用不变水量法测定时，拌合水量为142.5 mL。

②标准稠度测定。

a. 拌和结束后，立即将拌好的净浆装入锥模，用小刀插捣，振动数次，刮去多余净浆；抹平后迅速放到试锥下面固定的位置上，将试锥降至净浆表面拧紧螺钉，然后突然放松，让试锥自由沉入净浆，到试锥停止下沉时记录试锥下沉深度。整个操作应在搅拌后 1.5 min 内完成。

视频：水泥标准
稠度用水量

b. 用调整水量法测定时，以试锥下沉深度(30±1) mm 时的净浆为标准稠度净浆。其拌合水量为该水泥的标准稠度用水量(P)，按水泥质量的百分比计。如下沉深度超出范围，须另称试样，调整水量，重新试验，直至达到(30±1) mm 时为止。

c. 用不变水量法测定时，根据测得的试锥下沉深度 S(mm)按下式(或仪器上对应的标尺)计算得到标准稠度用水量 P(%)。

$$P = 33.4 - 0.185S \qquad (2-2)$$

当试锥下沉深度小于 13 mm 时，应改用调整水量法测定。

视频：水泥凝结
时间测定

(5)水泥凝结时间的测定。

①测定凝结时间时，仪器下端应改装为试针，装净浆用的试模采用圆模，如图 2-11 所示。

②凝结时间的测定可以用人工测定，也可用自动凝结时间测定仪测定，两者有矛盾时，以人工测定为准。

③测定前的准备工作。将圆模放在玻璃板上，在内侧稍稍涂上一层机油，调整凝结时间测定仪的试针接触玻璃板时，指针应对准标尺零点。

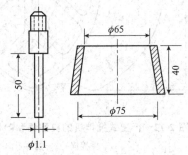

图 2-11 试针及圆模(单位：mm)

④试件的准备。以标准稠度用水量加水，并按水泥标准稠度试验中净浆拌和的方法，拌成标准稠度水泥净浆。立即一次装入圆模，振动数次后刮平，然后放入湿气养护箱。记录开始加水的时间，并将其作为凝结时间的起始时间。

⑤凝结时间的测定。试件在湿气养护箱中养护至加水后 30 min 时进行第一次测定。

测定时，从湿气养护箱中取出圆模放到试针下，使试针与净浆面接触，拧紧螺钉1～2 s 后突然放松，试针垂直自由沉入净浆，观察试针停止下沉时的指针读数。当试针沉至距底板(4±1)mm 时，即水泥达到初凝状态；当试针沉入净浆 0.5 mm 时，为水泥达到终凝状态。由加水至初凝、终凝状态的时间分别为该水泥的初凝时间和终凝时间，用小时(h)和分钟(min)表示。测定时应注意，在最初测定的操作时，应轻轻扶持金属棒，使其徐徐下降以防试针撞弯，但结果以自由下落为准；在整个测试过程中，试针贯入位置至少应距圆模内壁 10 mm。临近初凝时，每隔 5 min 测定一次，临近终凝时，每隔 15 min 测定一次，到达初凝或终凝状态时应立即重复测一次，当两次结论相同时才能定为到达初凝或终凝状态。每次测定不得让试针落入原针孔，每次测试完毕须将试针擦净并将圆模放回湿气养护箱中，整个测定过程中要防止圆模受振。

实训三 水泥胶砂强度试验(JTG 3420—2020)

(1)主要仪器设备。

①试验筛。金属丝网试验筛应符合《试验筛 技术要求和检验 第 1 部分：金属丝纺织网试验筛》(GB/T 6003.1—2022)的要求。

视频：水泥胶砂
强度检测

②搅拌机。搅拌机属行星式,应符合《行星式水泥胶砂搅拌机》(JC/T 681—2022)的要求,搅拌锅及搅拌叶片如图2-12所示。

③试模。由三个水平的模槽组成,可同时成型三条截面为40 mm×40 mm、长为160 mm的棱柱体试体,其材质和制造要求应符合《水泥胶砂试模》(JC/T 726—2005)的要求,如图2-13所示。

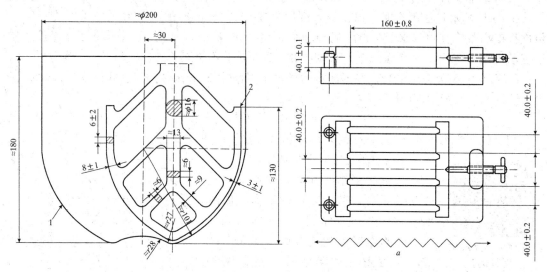

图 2-12　行星式搅拌机的典型锅和叶片(单位:mm)

1—搅拌锅;2—搅拌叶片

图 2-13　典型的试模(单位:mm)

a—以锯割方式刮平

成型操作时,应在试模上加一个壁高为20 mm的金属模套,当从上往下看时,模套壁与模型内壁应该重叠,超出内壁不应大于1 mm。为了控制料层厚度和刮平胶砂,应备有播料器和金属刮平直尺,如图2-14所示。

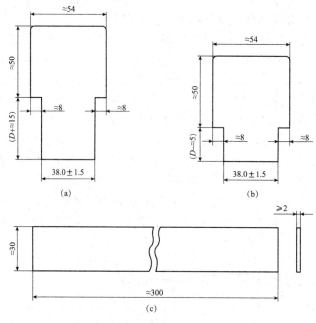

(a)

(b)

(c)

图 2-14　典型的布料器和直边尺(单位:mm)

(a)大布料器;(b)小布料器;(c)直边尺

D—模套的高度

④振实台。振实台应符合《水泥胶砂试体成型振实台》(JC/T 682—2022)的要求,如图 2-15 所示。振实台应安装在高度约 400 mm 的混凝土基座上。

⑤抗折强度试验机。抗折强度试验机应符合《水泥胶砂电动抗折试验机》(JC/T 724—2005)的要求。试件在夹具中受力状态如图 2-16 所示。

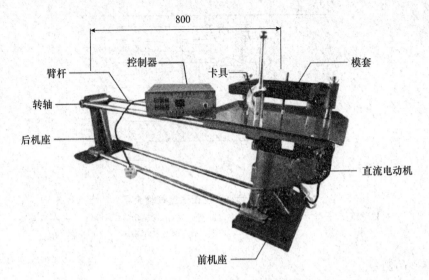

图 2-15 水泥胶砂振实台(单位:mm)

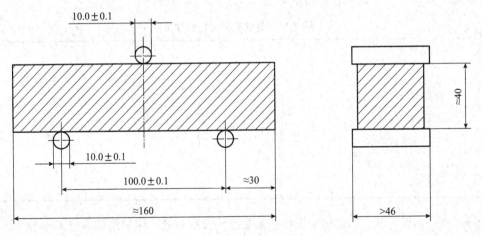

图 2-16 抗折强度测定加荷示意图

抗折强度也可用抗压强度试验机来测定,此时应使用符合上述规定的夹具。

⑥抗压强度试验机。抗压强度试验机在较大的五分之四量程范围内使用时,记录的荷载应有±1%的精度,并具有按(2 400±200)N/s 速率加荷的能力。

试验机压板应由维氏硬度不低于 HV 600 的硬质钢制成,最好为碳化钨,厚度不小于 10 mm,宽度为(40±0.1)mm,长度不小于 40 mm。当试验机没有球座或球座不灵活或直径大于 120 mm 时,应采用抗压夹具。试验机的最大荷载以 200～300 kN 为佳。

⑦抗压强度试验机用夹具。夹具应符合《40 mm×40 mm 水泥抗压夹具》(JC/T 683—2005)的要求,受压面积为 40 mm×40 mm,如图 2-17 所示。

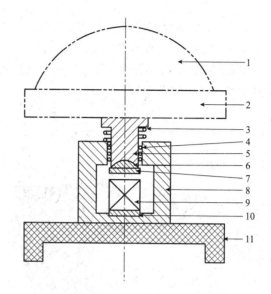

图 2-17　水泥胶砂抗压强度试验夹具

1—压力机球座；2—压力机上压板；3—复位弹簧；4—滚珠轴承；5—滑块；6—夹具球座；

7—夹具上压板；8—夹具框架；9—试体；10—夹具下压板；11—压力机下压板

（2）胶砂的制备。

①配合比。胶砂的质量配合比应为一份水泥、三份标准砂和半份水（水胶比为 0.5）。每锅胶砂成三条试体，每锅材料需要量见表 2-12。

表 2-12　每锅胶砂的材料数量

g

水泥品种	水泥	标准砂	水
硅酸盐水泥			
普通硅酸盐水泥			
矿渣硅酸盐水泥	450±2	1 350±5	225±1
粉煤灰硅酸盐水泥			
火山灰质硅酸盐水泥			
复合硅酸盐水泥			

②配料。水泥、砂、水或试验用具的温度与试验室相同，称量用的天平精度应为±1 g。当用自动滴管加入 225 mL 水时，滴管精度应达到±1 mL。

③搅拌。每锅胶砂用搅拌机进行机械搅拌。先使搅拌机处于待工作状态，然后按以下程序进行操作。

a. 把水加入锅里，再加入水泥，把锅放在固定架上，上升至固定位置。

b. 立即开动机器，低速搅拌 30 s 后，在第二个 30 s 开始的同时均匀地将砂子加入。当各级砂分装时，从最粗粒级开始，依次将所需的每级砂量加完。把机器转至高速再搅拌 30 s。

c. 停拌 90 s，在第 1 个 15 s 内用一胶皮刮具将叶片和锅壁上的胶砂刮入锅中间。在高速下继续搅拌 60 s。各个搅拌阶段，时间误差应在±1 s 以内。

（3）试件制备。

①尺寸。尺寸应是 40 mm×40 mm×160 mm 的棱柱体。

②成型。

a. 用振实台成型。胶砂制备后，立即进行成型，将空试模和模套固定在振实台上，用一个适当的勺子直接从搅拌锅中将胶砂分两层装入试模，装第一层时，每个槽里约放 300 g 胶砂，用大播料器垂直架在模套顶部，沿每个模槽来回一次将料层播平，接着振实 60 次。再装入第二层胶砂，用小播料器播平，再振实 60 次。移走模套，从振实台上取下试模，用一金属直尺以近似 90°的角度架在试模模顶的一端，然后沿试模长度方向以横向锯割动作慢慢向另一端移动，一次将超过试模部分的胶砂刮去，并用同一直尺在近乎水平的情况下将试体表面抹平。在试模上做标记或加字条标明试件编号和试件相对于振实台的位置。

b. 用振动台成型。当使用代用的振动台成型时，在搅拌胶砂的同时，将试模和下料漏斗卡紧在振动台的中心。将搅拌好的全部胶砂均匀地装入下料漏斗，开动振动台，胶砂通过漏斗流入试模，振动(120±5)s 停车。振动完毕，取下试模，用刮平尺以"振实台成型"中规定的手法刮去其高出试模的胶砂并抹平。接着在试模上做标记或加字条标明试件编号。

(4)试件的养护。

①脱模前的处理和养护。去掉留在模子四周的胶砂，立即将做好标记的试模放入雾室或湿箱的架子上养护，湿空气应能与试模各边接触。养护时不应将试模放在其他试模上，一直养护到规定的脱模时间取出脱模。脱模前对试件编号或做其他标记。两个龄期以上的试件，在编号时应将同一试模中的三条试件分在两个以上的龄期内。

②脱模。脱模时要非常小心。对于 24 h 龄期的，应在破型试验前 20 min 内脱模。对于 24 h 以上龄期的，应在成型后 20～24 h 内脱模。

③水中养护。将做好标记的试件立即水平或竖直放在(20±1)℃水中养护，水平放置时刮平面应朝上。试件放在不易腐烂的箅子上，并彼此间保持一定的间距，以让水与试件的六个面接触，养护期间试件之间的间隔或试件上表面的水深不得小于 5 mm。每个养护池只养护同类型的水泥试件。最初用自来水装满养护池，随后随时加水保持适当的恒定水位，不允许在养护期间全部换水。除 24 h 龄期或延迟至 48 h 脱模的试件外，任何到龄期的试件均应在试验(破型)前 15 min 从水中取出。擦去试件表面沉积物，并用湿布覆盖至试验为止。

④强度试验试件的龄期。试件龄期是从水泥加水搅拌开始试验时算起。不同龄期强度试验在下列时间里进行：24 h±15 min、48 h±30 min、72 h±45 min、7 d±2 h、>28 d±8 h。

(5)强度测定。

①抗折强度测定。将试件一个侧面放在试验机支撑圆柱上，试件长轴垂直于支撑圆柱，通过加荷圆柱以(50±10)N/s 的速率均匀地将荷载垂直地加在棱柱体相对侧面上，直至折断。并保持两个半截棱柱体处于潮湿状态直至抗压试验。抗折强度按下式计算：

$$f_t = \frac{1.5 F_t L}{b^3} \tag{2-3}$$

式中　F_t——折断时施加于棱柱体中部的荷载(N)；

　　　L——支撑圆柱之间的距离(mm)；

　　　b——棱柱体正方形截面的边长(mm)。

取三个测值的算术平均值计算抗折强度；若三个测值中有一个与平均值的相对误差大于±10%，则取剩余两个测值的平均值计算抗折强度，计算至 0.1 MPa。若有两个测值与平均值的相对误差大于±10%，则试验结果作废。

②抗压强度测定。抗压强度试验用规定的仪器，在半截棱柱体的侧面上进行。半截棱柱体中心与压力机压板受压中心差应在±0.5 mm 内，棱柱体露在压板外的部分约有10 mm。在整个加荷过程中以(2 400±200)N/s 的速率均匀地加荷直至破坏。抗压强度按下式计算：

$$f_c = \frac{F_c}{A} \tag{2-4}$$

式中　F_c——破坏时的最大荷载(N)；

　　　A——受压部分面积(mm^2)，取 1 600 mm^2。

取六个测值的算术平均值计算抗压强度；若六个测值中有一个与平均值的相对误差大于±10%，则取剩余五个测值的平均值计算抗压强度，若五个测值中再有超出它们平均值的相对误差±10%，则此组结果作废。结果计算至 0.1 MPa。

模块测评和成果检测

1. 知识测评

确定本模块关键词，按重要程度进行关键词排序并举例解读。学生根据自己对本模块重要信息捕捉、排序、表达、创新和划分权重能力进行自评，满分 100 分(表2-13)。

表 2-13　胶凝材料知识测评表

序号	关键词	举例解读	评分
1			
2			
3			
4			
5			
总分			

2. 能力测评

对表 2-14 所列作业内容，操作规范即得分，操作错误或未操作即零分。

表 2-14　胶凝材料组成设计测评表

序号	技能点	配分	得分
1	描述水泥的组成及分类	20	
2	检测水泥的技术性质	30	
3	描述石灰的生产及应用	30	
4	能够根据工程环境合理选择胶凝材料的种类	20	
总分		100	

3. 素质测评

对表 2-15 所列素养点，做到即得分，未做到即零分。

表 2-15 胶凝材料素质测评表

序号	素养点	配分	得分
1	小组间合作意识强	20	
2	试验前仪器、设备及工具安全检查	20	
3	节约意识，试样按量称取	20	
4	试验后仪器、工具、试验台清洁及整理	20	
5	诚信意识，真实记录原始数据	20	
	总分	100	

4. 学习成果

考核内容及评价标准见表 2-16。

表 2-16 考核内容及评分标准

序号	评分项	得分条件	评分标准	配分	扣分
1	安全意识/态度	□1. 能进行自身安全防护 □2. 能进行仪器设备安全检查 □3. 能进行工具安全检查 □4. 能进行仪器工具清洁存放操作 □5. 能进行合理的时间控制	未完成 1 项扣 3 分，扣分不得超过 15 分	15	
2	专业技术能力	□1. 能正确选择通用水泥的种类 □2. 能正确检测通用水泥的性质 □3. 能正确判别通用、特种、道路水泥的异同 □4. 能正确描述石灰的生产 □5. 能正确描述石灰的应用	未完成 1 项扣 10 分，扣分不得超过 50 分	50	
3	工具设备使用能力	□1. 能正确选用测量工具 □2. 能正确使用测量工具 □3. 能正确使用专用工具 □4. 能熟练使用办公软件	未完成 1 项扣 2.5 分，扣分不得超过 10 分	10	
4	资料信息查询能力	□1. 能在规定时间内查询所需资料 □2. 能正确查询胶凝材料依据标准 □3. 能正确记录所需资料编号 □4. 能正确记录试验过程存在问题	未完成 1 项扣 2.5 分，扣分不得超过 10 分	10	
5	数据判读分析能力	□1. 能正确读取数据 □2. 能正确记录试验过程中数据 □3. 能正确进行数据计算 □4. 能正确进行数据分析 □5. 能根据数据完成取样单	未完成 1 项扣 2 分，扣分不得超过 10 分	10	

序号	评分项	得分条件	评分标准	配分	扣分
6	方案制订与报告撰写能力	□1. 字迹清晰 □2. 语句通顺 □3. 无错别字 □4. 无涂改 □5. 无抄袭	未完成 1 项扣 1 分，扣分不得超过 5 分	5	
	合计			100	

模块小结

水泥是重要的建筑材料，广泛应用于公路、铁路、水利、城市建设、海洋工程等地基建设中，用来生产各种混凝土、钢筋混凝土及其他水泥制品。

硅酸盐水泥是一种水硬性胶凝材料，熟料的主要矿物组成是硅酸三钙、硅酸二钙、铝酸三钙和铁铝酸四钙。其中，硅酸三钙和硅酸二钙占的比例较大，因而被称为硅酸盐水泥。普通硅酸盐水泥、矿渣硅酸盐水泥、火山灰质硅酸盐水泥、粉煤灰硅酸盐水泥、复合硅酸盐水泥与硅酸盐水泥一起统称为通用硅酸盐水泥，这些水泥是在硅酸盐熟料中添加适量混合材料。添加混合材料是为了改善水泥的某些性能，增加水泥产量。

水泥的主要技术指标有细度、凝结时间、体积安定性和强度等。根据标准水泥胶砂在规定龄期的抗压强度和抗折强度划分水泥强度等级。

道路水泥也是一种硅酸盐水泥，但在矿物组成比例上要求较高的硅酸三钙和铁铝酸四钙含量、较低的铝酸三钙含量。

特种水泥是指某种性能比较突出的水泥。目前市场上常见的特性水泥有快硬硅酸盐水泥、中低热硅酸盐水泥、白色和彩色硅酸盐水泥、抗硫酸盐硅酸盐水泥等。

石灰是一种气硬性胶凝材料，其基本成分为活性氧化钙，由于石灰硬化后的强度主要依靠氢氧化钙的结晶及碳化作用。在潮湿的环境中，石灰遇水会溶解溃散，强度会降低，因此，石灰不宜在长期潮湿的环境中或有水环境中使用。

课后思考与实训

1. 选择题

(1)矿渣硅酸盐水泥代号是（　　）。

A. P·S　　　　　　　B. P·O　　　　　　　C. P·P　　　　　　　D. P·I

(2)水泥生产工艺简单概述为（　　）。

A. 两磨两烧　　　　　　　　　　　B. 两磨一烧

C. 三磨一烧　　　　　　　　　　　D. 三磨两烧

(3)硅酸盐水泥的强度等级分为（　　）个等级。

A. 4　　　　　　　　　　　　　　B. 5

C. 6　　　　　　　　　　　　　　D. 7

(4)普通硅酸盐水泥、矿渣硅酸盐水泥、火山灰质硅酸盐水泥和复合硅酸盐水泥的初凝时间不小于( )min，终凝时间不大于( )min。

A. 45　90

B. 55　90

C. 45　600

D. 55　600

(5)硅酸盐水泥和普通硅酸盐水泥的细度以比表面积表示，不小于( )m²/kg。

A. 270

B. 350

C. 400

D. 300

(6)石灰膏在储灰池中陈伏的目的是( )。

A. 充分熟化

B. 增加产浆量

C. 减少收缩

D. 降低发热量

2. 简答题

(1)硅酸盐水泥熟料是由哪几种矿物组成的？它们的水化产物是什么？

(2)硅酸盐水泥的凝结硬化过程是怎样进行的？

(3)国家标准中规定通用水泥的初凝时间和终凝时间对施工有什么实际意义？

(4)什么叫作水泥的体积安定性？影响水泥体积安定性的因素有哪些？

(5)水泥生产过程中加入适量石膏为什么对水泥不起破坏作用？

(6)石灰有哪些特性？

3. 实训案例

某工地使用的硅酸盐水泥，强度试验值见表2-17。请确定该硅酸盐水泥的强度等级。

表 2-17　试验结果读数

荷载	抗折破坏荷载/kN		抗压破坏荷载/kN			
龄期	3 d	28 d	3 d		28 d	
试验结果读数	1.7	3.1	42	44	100	94
	1.9	3.3	41	41	96	92
	1.8	3.2	43	36	95	90
平均值						

模块 3　混凝土与砂浆

模块描述

　　本模块重点阐述了普通水泥混凝土的技术性能,包括新拌混凝土拌合物的和易性、硬化混凝土的强度和耐久性,混凝土技术性能影响因素、评价方法与评价指标;讲述普通水泥混凝土的配合比设计方法,在此基础上,介绍路面水泥混凝土的设计参数和组成设计方法;最后,介绍砂浆的材料组成、技术性质及配合比设计方法。

模块要求

　　学习混凝土与砂浆的基本知识,包括组成材料、基本性能和配合比设计方法,能够对普通混凝土与砂浆技术指标进行检测,检测仪器、检测方法、检测步骤等需严格遵循国家标准及行业规范。

学习目标

1. 知识目标

(1)掌握水泥混凝土的组成材料及其技术性质;

(2)掌握新拌混凝土拌合物的和易性及其影响因素;

(3)掌握硬化混凝土的强度及其影响因素;

(4)了解混凝土的耐久性;

(5)掌握普通混凝土的配合比设计方法;

(6)掌握路面水泥混凝土的组成设计方法;

(7)掌握砂浆的技术性能及配合比设计方法。

2. 能力目标

(1)能够运用正确的检测方法对混凝土的和易性进行检验;

(2)能够运用正确的检测方法对混凝土的强度进行检验;

(3)能够设计普通混凝土的配合比;

(4)能够进行混凝土配合比的试配与调整;

(5)能够进行路面水泥混凝土的组成设计;

(6)能够运用正确的方法检验砂浆的性能。

3. 素质目标

(1)具有对混凝土材料检测精雕细琢、精益求精的工匠精神;

(2)具有科学严谨的工作态度,严格遵守混凝土配合比设计的规范;

(3)具有"既要金山银山,又要绿水青山"的绿色环保意识。

混凝土是指由胶凝材料(如水泥)、集料(包括粗集料和细集料)和水,以及必要时加入化学外加剂和矿物掺合料,按一定的比例拌和,并在一定条件下经硬化后形成的复合材料。混凝土是当代最主要的土木工程材料之一,广泛用于工业与民用建筑、道路、桥梁、机场、码头等土木工程。

根据不同的分类标准,混凝土有以下几种分类方法:

(1)按表观密度的不同:重混凝土(表观密度大于2 500 kg/m³)、普通混凝土(表观密度为2 000~2 500 kg/m³)、轻混凝土(表观密度小于2 000 kg/m³);

(2)按胶凝材料不同:无机胶结材混凝土(水泥混凝土、石膏混凝土等)、有机胶结材混凝土(沥青混凝土等)和无机有机复合胶结材混凝土(聚合物水泥混凝土等);

(3)按使用功能不同:结构用混凝土、道路混凝土、水工混凝土、耐热混凝土、耐酸混凝土及防辐射混凝土等;

(4)按强度等级高低:低强度混凝土(抗压强度<30 MPa)、中强度混凝土(抗压强度为30~60 MPa)、高强度混凝土(抗压强度≥60 MPa)、超高强度混凝土(抗压强度在100 MPa以上);

(5)按施工工艺不同:喷射混凝土、泵送混凝土、振动灌浆混凝土等。

混凝土作为用量最大的土木工程材料,必然有其独特之处,其优点主要体现在以下几个方面:

(1)原材料来源广,造价较低。混凝土中的砂、石集料分布广泛,水泥厂遍布全国各地。砂、石一般可就地取材,价格低廉。只有水泥的成本稍高一些,但相对于其他建筑材料,如钢材来说,也是非常低的。

(2)抗压强度高,可调配性好。抗压强度一般为20~40 MPa,有的可高达80~120 MPa。而且可以通过改变组成材料的品种及配合比,得到满足需要的混凝土。

(3)易于加工成型,具有良好的塑性。利用不同的模具,混凝土可浇筑成不同形状、尺寸的构件。

(4)生产工艺简单,能耗低。生产工艺主要就是称量和搅拌的过程,能耗相对其他建筑材料来说很低,经济性好。

(5)与钢筋的共同工作性好。混凝土的热膨胀系数与钢筋相近,使得两者之间的黏结紧密。钢筋可以弥补混凝土抗拉强度不足的缺点,混凝土可以保护钢筋,使其不受侵蚀。

(6)耐久性好、耐火性好。混凝土有较好的耐侵蚀性,使用较长的时间不需维护和维修。其耐火性远比木材、钢材、塑料等好,经数小时高温仍可保持其力学性能不降低。

(7)可浇筑成整体结构,以提高其抗震性。2009年6月27日,上海一在建的13层住宅楼发生了倒塌,倒塌的楼房并未散架,保持了比较好的整体性,如图3-1所示。

图3-1 倒塌的楼房

尽管混凝土有许多的优点,但在使用的时候也存在一些局限性,主要体现在以下几个方面:

(1)混凝土是一种抗拉强度低(只有抗压强度的 1/20~1/10)、冲击韧性差的脆性材料,一般需要和钢筋共同使用。

(2)自重大,比强度低。高层和大跨度建筑在满足强度要求的情况下,应尽可能减小结构尺寸,降低自重。

(3)混凝土的体积具有不稳定性。凝结硬化过程中水分的散失等引起的不可逆收缩大,严重时会引起开裂,影响混凝土的使用寿命。当水泥用量较多时,这一缺陷表现得更加突出。

(4)混凝土结构致密,作为墙体材料时,热导率比较大,隔声效果差。

(5)硬化较慢,生产周期较长。混凝土要 28 d 才能达到设计的强度等级,相比于其他建筑材料来说,时间是比较长的。

针对这些问题,可以通过合理的设计来补偿,并且通过适当的选择材料和施工实践来部分加以控制。

单元 1　水泥混凝土的组成材料

普通混凝土的组成材料包括水泥、砂(细集料)、石子(粗集料)及水,另外,还常加入一些化学外加剂和矿物掺合料。将这些组成材料按照一定比例混合制成具有可塑性的拌合物,经过硬化以后即得到具有一定强度的人造石。

视频:水泥混凝土的组成材料

普通混凝土中砂、石子一般占 70%~80%,水泥浆(硬化后为水泥石)一般占 20%~30%,另外,还含有少量的气孔。普通混凝土的结构如图 3-2 所示。

水泥和水形成的水泥浆在混凝土中的作用如下:

(1)作为胶凝材料主要起胶结作用,在凝结硬化过程中,将集料胶结成具有一定形状的整体。

(2)包裹集料,减少集料颗粒之间的摩擦阻力,增加混凝土拌合物的流动性。

(3)水泥浆还要填充集料之间的空隙,使混凝土更加密实,耐久性好。

(4)保证硬化以后混凝土的强度。

砂和石子均属于集料,在混凝土中起到骨架的作用。砂作为细集料,可以填充粗集料的孔隙,砂和水泥浆一起形成的水泥砂浆要包裹石子的表面,减少粗集料之间的摩擦阻力,增加混凝土的流动性,便于施工操作。

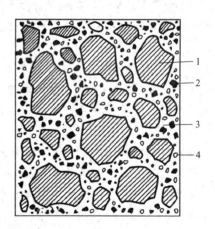

图 3-2　普通混凝土结构示意
1—石子;2—砂;3—水泥浆;4—气孔

3.1.1 水泥

水泥是混凝土的胶结材料，混凝土的性能很大程度上取决于水泥的质量和数量，在保证混凝土性能的前提下，应尽量节约水泥，降低工程造价。

动画：混凝土
制备

（1）水泥品种的选择。应根据工程特点、所处环境、施工条件及水泥的特性来进行合理的选择。

（2）水泥强度等级的选择。应与混凝土强度等级相适应。水泥强度等级过高或过低，会导致水泥用量过少或过多，对混凝土的技术性能及经济效果都不利。

用低强度等级水泥配制高强度混凝土，会使水泥的用量过大，不经济，且由于水泥用量过多，还会引起混凝土的收缩和水化热增大；反之，用高强度等级水泥配制低强度混凝土，会因水泥用量过少而影响混凝土拌合物的和易性（不便施工操作）和密实度，导致混凝土的强度及耐久性降低。

3.1.2 集料

混凝土的集料按其颗粒大小不同，分为细集料和粗集料。粒径小于 4.75 mm 的岩石颗粒称为细集料；粒径大于 4.75 mm 的岩石颗粒称为粗集料。

1. 细集料

普通混凝土的细集料主要采用天然砂和机制砂。天然砂是自然生成的，经人工开采和筛分的粒径小于 4.75 mm 的岩石颗粒。天然砂（除山砂外）表面光滑、洁净，颗粒多为球状，拌制的混凝土拌合物流动性好，但与水泥之间的粘结力较差。机制砂也称人工砂，是经除土处理，由机械破碎、筛分制成的，粒径小于 4.75 mm 的岩石、矿山尾矿或工业废渣颗粒。机制砂表面粗糙，颗粒多棱角。由机制砂和天然砂混合制成的称为混合砂。

《建设用砂》（GB/T 14684—2022）规定，细集料的技术指标主要有有害物质含量、含泥量、泥块含量和石粉含量、粗细程度和颗粒级配、表观密度和堆积密度、坚固性、碱－集料反应等。根据技术要求从高到低，将砂分为Ⅰ类、Ⅱ类、Ⅲ类三种类别，其中Ⅰ类砂的性能最好。

普通混凝土用砂按粗细程度，分为粗、中、细三种规格。实际工程上应优先选用中砂或粗砂，粗砂适合配制流动性小的或干硬性混凝土，中砂适合配制各种混凝土。若选用细砂，应严格控制用砂量和用水量等，并加强施工管理。另外，在实际工程中，经常用人工掺配的方法来改善砂的级配，或者是使级配不合格的砂经过掺配合格后使用。

2. 粗集料

普通混凝土常用的粗集料分为卵石和碎石两类。卵石是由自然风化、水流搬运和分选、堆积形成，粒径大于 4.75 mm 的岩石颗粒；碎石是天然岩石、卵石或矿山废石经机械破碎、筛分制成，粒径大于 4.75 mm 的岩石颗粒。

天然的卵石表面光滑、多为球形，与水泥的粘结力较差，用卵石拌制的混凝土拌合物和易性好，但混凝土硬化后强度较低；且卵石堆积的空隙率和表面积小，拌制混凝土时水泥浆用量较少。碎石表面粗糙、多棱角，与水泥有很好的黏结性能，用碎石拌制的混凝土拌合物流动性较差，但混凝土硬化后强度较高。

根据《建设用卵石、碎石》(GB/T 14685—2022)，粗集料的技术指标主要包括有害物质、含泥量和泥块含量、针片状颗粒含量、最大粒径与颗粒级配、表观密度与堆积密度、强度、坚固性等，按卵石、碎石的技术要求，从高到低可将其分为Ⅰ类、Ⅱ类、Ⅲ类三种类别，其中Ⅰ类石子的性能最好。

3.1.3 外加剂

外加剂是为改善新拌的及硬化后的砂浆或混凝土性质而掺入的物质。混凝土外加剂的特点是掺量少、作用大，有人将其比作食品中的调味素，称其能起"四两拨千斤"的作用。自20世纪30年代被发现以来，混凝土外加剂不断得到发展和应用，已成为混凝土配合比中除水泥、砂、石子、水外不可缺少的"第五组分"。

国家标准《混凝土外加剂术语》(GB/T 8075—2017)中按外加剂的主要功能将混凝土外加剂分为以下4类：

(1)改善混凝土拌合物流变性能的外加剂，如各种减水剂和泵送剂等。

(2)调节混凝土凝结时间、硬化性能的外加剂，如早强剂、缓凝剂、促凝剂和速凝剂等。

(3)改善混凝土耐久性的外加剂，如引气剂、防水剂和阻锈剂等。

(4)改善混凝土其他性能的外加剂，如膨胀剂、防冻和着色剂等。

1. 减水剂

减水剂是指能保持混凝土的和易性不变，而显著减少其拌合用水量的外加剂。外加剂可通过其减水作用提高混凝土拌合物的流动性。减水剂是目前工程中应用最广泛的外加剂，约占外加剂总量的80%。减水剂的种类较多，根据减水率的高低，可分为普通减水剂、高效减水剂和高性能减水剂。

(1)常用减水剂。

①木质素磺酸盐类减水剂。应用最广的是木质素磺酸钙，简称木钙。木钙是由生产纸浆或纤维浆的废液，经发酵提取酒精后的残渣，再经磺化、石灰中和、过滤喷雾干燥而制得。木钙减水剂原料丰富，价格低，应用十分广泛，常用于一般混凝土工程，尤其适用泵送混凝土、大体积混凝土和夏期施工混凝土等工程。

木钙减水剂的掺量较低，一般不超过0.5%，减水率为10%左右，属于普通减水剂。木钙减水剂具有缓凝作用和引气作用，掺量过多将使混凝土长时间不凝结。另外，其可降低水化热，对大体积混凝土和夏期施工混凝土有利。

②萘系高效减水剂。以煤焦油中分馏出的萘及萘的同系物为原料，经硫酸磺化、水解、甲醛缩合、氢氧化钠中和、过滤、干燥制成，故称为萘系减水剂。萘系减水剂的品种极多，是我国高效减水剂最主要产品。

萘系减水剂的减水作用强，最佳掺量一般为0.5%～1.0%，减水率为15%～25%，可用于配制高流动性混凝土和高强度混凝土。在保持强度相同的条件下，保持水胶比不变，通过减少用水量可节约水泥20%左右。萘系减水剂无缓凝效果，混凝土坍落度损失较大，为了解决这一问题，常与缓凝剂复合使用。

③聚羧酸系高性能减水剂。聚羧酸系高性能减水剂是由不同的不饱和单体接枝共聚而成的高分子共聚物。其在减水、保坍、增塑、收缩及环保等方面具有优良性能。与传统的高效减水剂相比，聚羧酸系高性能减水剂具有突出的优点，且随着近些年生产水平和技术的进步，使其成本逐渐降低，因而应用越来越广泛。

聚羧酸系减水剂具有高减水率，最高可达 30% 以上，可用于配制大流动性混凝土。且具有良好的坍落度保持性，1 h 可达到 100%，2 h 达到 95%～90%。用于配制高强度混凝土，早期和后期强度均有不同程度的提高。该减水剂具有一定的缓凝和引气作用，可减少早期水化热。生产过程中不使用甲醛、强酸、强碱和工业萘等易造成环境污染的有害物质，适用配制绿色和生态混凝土。

（2）减水剂的作用机理。减水剂能提高新拌混凝土的和易性，主要是由于其表面活性剂物质的两个作用，即吸附—分散作用和润湿—润滑作用。

①吸附—分散作用。水泥加水拌和后，水泥颗粒间会相互吸引，形成许多絮状物结构，10%～30% 的拌合水被包裹在其中，流动性降低，如图 3-3（a）所示。

当加入减水剂后，减水剂分子的憎水基定向吸附于水泥颗粒表面，亲水基指向水溶液。由于亲水基的电力作用，水泥颗粒表面带上电性相同的电荷，产生了静电斥力，从而拆散这些絮状结构，把包裹的游离水释放出来，如图 3-3（b）所示。这就有效地提高了新拌混凝土的流动性。

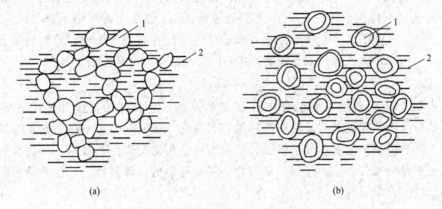

图 3-3　水泥颗粒的团絮及吸附—分散作用示意

(a)未掺减水剂时水泥浆体中的絮状结构；(b)掺减水剂的水泥浆结构

1—水泥颗粒；2—游离水

②润湿—润滑作用。减水剂分子中的亲水基团极性很强，易与水分子以氢键形式结合，在水泥颗粒表面形成一层稳定的溶剂化水膜，如图 3-4 所示。这层水膜是很好的润滑剂，既有利于水泥颗粒的滑动，也有利于水泥颗粒更好地被水润湿，从而进一步提高新拌混凝土的流动性。

（3）减水剂加入混凝土中的作用。

①改善施工条件、减轻劳动强度，有利于机械化施工，对保证和提高混凝土的工程质量具有积极的作用；

②减少养护时间或缩短养护周期；

③改善混凝土质量，包括提高密实度，从而提高强度、增加耐久性；

④可在不影响混凝土质量的前提下节约水泥；

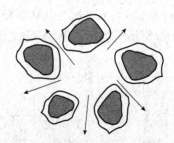

图 3-4　减水剂润湿—润滑作用示意

⑤减少浇筑、振捣、抹平工序及养护的操作时间，从而节约人力和物力。

2. 引气剂

在搅拌混凝土的过程中，常引入大量均匀分布、稳定而封闭的微小气泡的外加剂，即引气剂。引气剂可在混凝土拌合物中引入直径为 $0.05\sim1.25$ mm 的气泡，能改善混凝土的和易性，提高混凝土的抗冻性，适用港口、土工、地下防水混凝土等工程。引气剂对混凝土有以下几个方面的效果：

(1)改善新拌混凝土的和易性。新拌混凝土在掺入引气剂后，在搅拌力的作用下产生大量稳定的微小密封气泡，微小密封气泡(犹如滚珠)减少了集料之间的摩擦，使混凝土的流动性提高。另外，微小密封小气泡阻滞集料的沉降和水分的上升，使混凝土的泌水显著降低。

(2)提高混凝土的抗冻性。由于气泡能隔断混凝土中毛细管通道，对水泥石内水分结冰时所产生的水压力有缓冲作用，故能显著提高混凝土的抗冻性。一般掺入适量优质引气剂的混凝土抗冻等级可达未掺引气剂的 3 倍以上。因此，抗冻性要求高的混凝土必须掺入引气剂或引气减水剂。

(3)混凝土强度有所下降。混凝土掺入引气剂的主要缺点是使混凝土强度有所降低。当保持水胶比不变，掺入引气剂时，含气量每增加 1%，混凝土强度就下降 3%～5%。因此，混凝土中含气量的多少，对混凝土的和易性、强度等有很大影响，若含气量太少，则不能获得引气剂的积极效果；若含气量过多，则又会过多地降低混凝土强度。

3. 早强剂

加速混凝土早期强度发展的外加剂称为早强剂。这类外加剂能加速水泥的水化过程，提高混凝土的早期强度并对后期强度无显著影响。早强剂多用于冬期施工或紧急抢修工程及要求加快混凝土强度发展的情况。早强剂的使用能提高生产效率，节约能耗，降低成本，具有明显的经济效益。目前，常用的早强剂有氯盐、硫酸盐、三乙醇胺三大类及以它们为基础的复合早强剂。

4. 缓凝剂

能延长混凝土凝结时间，保证混凝土有充足时间进行施工操作的外加剂，称为缓凝剂。对大体积混凝土、碾压混凝土、炎热气候条件下施工的混凝土、大面积浇筑混凝土、避免产生冷缝的混凝土、需较长时间停放或长距离运输的混凝土，为了防止过早发生凝结失去可塑性，而影响浇筑质量，常需掺入缓凝剂。

5. 速凝剂

速凝剂是能使混凝土迅速硬化的外加剂，主要用于采用喷射法施工的喷射混凝土中，也可用于需要速凝的其他混凝土中。如图 3-5 所示为喷射混凝土的施工示意。

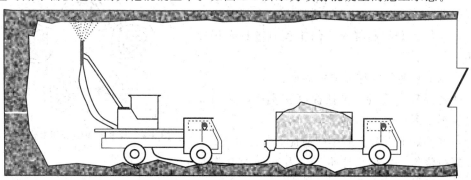

图 3-5 喷射混凝土施工示意

6. 复合型外加剂

随着高性能混凝土技术的发展，单一功能的外加剂很难满足工程的需要，因而产生了很多复合型外加剂，如防冻剂、泵送剂等。

（1）防冻剂。冬期施工时采用的外加剂，具有早强、减水、防冻、引气等功能。

（2）泵送剂。泵送施工时采用的外加剂，具有减水、缓凝、引气等功能。

3.1.4 矿物掺合料

矿物掺合料是指为改善混凝土性能而掺入的，以 CaO、SiO_2、Al_2O_3 等氧化物为主要成分，且具有一定的火山灰活性或潜在水硬性的粉体材料。常用的矿物掺合料有粉煤灰、粒化高炉矿渣粉、硅灰、沸石粉等。其中，粉煤灰和粒化高炉矿渣粉在现代混凝土中应用最为普遍。因此，常将矿物掺合料称为辅助性胶凝材料，是高性能混凝土不可缺少的组分。

除此之外，矿物掺合料的应用还可降低混凝土的生产成本。由于这些掺合料主要来源是工业废弃物，作为胶凝材料使用既可减少水泥的用量，又可降低处理这些废料的成本，对节约能源、保护环境都有好处。

1. 粉煤灰

粉煤灰是指煤粉燃烧时，从烟道气体中收集到的细颗粒粉末。粉煤灰是一种火山灰质材料。火山灰活性是指单独与水并不硬化，但能与石灰或 $Ca(OH)_2$ 作用生成水化硅酸钙和水化铝酸钙。

磨细粉煤灰是指干燥的粉煤灰经粉磨加工达到规定细度的粉末。按 CaO 的含量可分为高钙灰（C 类，CaO>10%）和低钙灰（F 类，CaO<10%）。高钙灰除具有火山灰活性外，还具有胶凝性和潜在水硬性。低钙灰仅具有火山灰活性，我国生产的粉煤灰多数属于此种。

（1）粉煤灰的技术性能。粉煤灰一般呈球状（图 3-6），粒径为 1～50 μm，比表面积为 300～600 m^2/kg，比水泥的颗粒细（300～350 m^2/kg）。粉煤灰的技术指标主要包括细度、烧失量、需水量比等。根据《用于水泥和混凝土中的粉煤灰》（GB/T 1596—2017）的规定，拌制混凝土或砂浆用粉煤灰分为三个等级，工程应用中主要检测的技术指标见表 3-1。

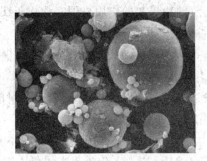

图 3-6　粉煤灰的颗粒形态

表 3-1　砂浆和混凝土用粉煤灰的技术指标

项目		指标		
		Ⅰ 级	Ⅱ 级	Ⅲ 级
含水率/%	F 类粉煤灰	≤1.0		
	C 类粉煤灰			
细度（45 μm 方孔筛筛余）/%	F 类粉煤灰	≤12.0	≤30.0	≤45.0
	C 类粉煤灰			

项目		指标		
		Ⅰ级	Ⅱ级	Ⅲ级
需水量比/%	F类粉煤灰	≤95	≤105	≤115
	C类粉煤灰			
烧失量/%	F类粉煤灰	≤5.0	≤8.0	≤10.0
	C类粉煤灰			
SO₃质量分数/%	F类粉煤灰	≤3.0		
	C类粉煤灰			
游离氧化钙 (f-CaO)质量分数/%	F类粉煤灰	≤1.0		
	C类粉煤灰	≤4.0		
SiO₂、Al₂O₃、Fe₂O₃ 总质量分数/%	F类粉煤灰	≥70.0		
	C类粉煤灰	≥50.0		
安定性(雷氏法)/mm	C类粉煤灰	≤5.0		
密度/(g·cm⁻³)	F类粉煤灰	≤2.6		
	C类粉煤灰			
强度活性指数/%	F类粉煤灰	≥70.0		
	C类粉煤灰			

(2)粉煤灰的作用机理。粉煤灰在混凝土中的作用机理可以概括为三大效应，即火山灰活性效应、形态效应和微集料效应。

①火山灰反应的化学活性是粉煤灰作用于水泥和混凝土的基础。粉煤灰玻璃体中的 SiO_2 和 Al_2O_3 能与水泥水化生成的 $Ca(OH)_2$ 发生反应，生成水化硅酸钙和水化铝酸钙。

②形态效应是指粉煤灰含有大量的球状玻璃微珠，填充在水泥颗粒之间起到一定的润滑作用，可以提高混凝土的流动性。

③微集料效应是指粉煤灰颗粒本身很坚固，有很高的强度，厚壁空心微珠的抗压强度在700 MPa以上，粉煤灰水泥浆体中相当数量的未反应的坚固粉煤灰颗粒一旦共同参与承受外力，就能起到很好的"内核"作用，即产生"微集料效应"。

(3)粉煤灰对混凝土性能的影响。粉煤灰对混凝土性能的影响与其自身的品质有很大关系，优质的粉煤灰对混凝土各方面的性能都有一定的改善作用。另外，粉煤灰的作用还受到混凝土配合比的影响，在高水胶比的情况下，粉煤灰会使混凝土的凝结时间延缓，硬化速度减慢，早期强度明显降低，抗渗性、抗冻性、抗碳化能力都会受到影响。在现代混凝土中，减水剂的使用使混凝土的水胶比可以大幅降低，粉煤灰掺入后的凝结硬化速度大大加快，强度和耐久性都有了明显的提高。

2. 矿渣粉

矿渣是在炼铁时浮于铁水表面的熔渣，熔融矿渣倒入水池或喷水迅速冷却后得到粒化高炉矿渣。粒化高炉矿渣经干燥、粉磨达到规定细度并应符合规定活性指数的粉体材料称为磨细矿渣粉或矿粉。矿粉是具有潜在水硬性的材料，活性比粉煤灰高，本身可与水发生化学反应，与石灰或水泥水化生成的 Ca(OH)$_2$ 作用生成水化硅酸钙和水化铝酸钙。

(1)矿渣粉的技术性能。矿粉的 CaO 的含量较高，一般在 40% 以上，SiO$_2$ 的含量也较高，具有微弱的自身水硬性。依据《用于水泥、砂浆和混凝土中的粒化高炉矿渣粉》(GB/T 18046—2017)的规定，磨细矿渣粉依据其 28 d 的活性指数分为三级。其主要技术要求应符合表 3-2 的规定。

表 3-2　磨细矿渣粉的技术指标

项目		指标		
		S105	S95	S75
密度/(g·cm^{-3})		≥2.8		
比表面积/(m^2·kg^{-1})		≥500	≥400	≥300
活性指数/%	7 d	≥95	≥70	≥55
	28 d	≥105	≥95	≥75
流动度比/%		≥95		
初凝时间比/%		≤200		
含水量(质量分数)/%		≤1.0		
烧失量(质量分数)/%		≤1.0		
SO$_3$含量(质量分数)/%		≤4.0		
氯离子含量(质量分数)/%		≤0.06		
不溶物含量(质量分数)/%		≤3.0		
玻璃体含量(质量分数)/%		≥85		

(2)矿渣粉的作用机理。矿渣粉在混凝土中参与水化的作用机理可概括为活性效应和微集料效应。

①活性效应是指矿渣粉自身具有一定的水硬性，与水接触后可生成少量的水化硅酸钙。另外，矿渣粉中的活性 SiO$_2$、Al$_2$O$_3$ 与水泥的水化产物 Ca(OH)$_2$ 发生二次水化，生成具有胶凝性质的水化硅酸钙、水化铝酸钙等物质。

②微集料效应是指矿渣粉在水泥水化过程中，均匀分散于孔隙和凝胶体中，起到填充毛细管及孔隙裂缝的作用，改善了孔结构，提高水泥石的密实度。另外，未参与水化的颗粒分散于凝胶体中起到集料的骨架作用，进一步优化了凝胶结构。

(3)矿渣粉对混凝土性能的影响。矿渣粉的颗粒表面光滑，吸水率低，因而能够在一定程度上改善混凝土的和易性。矿渣的密度低于水泥，等质量取代水泥后能增大粉体的体积，从而增加浆体的体积，有利于提高混凝土的工作性。

优质的矿渣粉掺量较小时，不仅后期强度提高，而且早期强度也不下降。但当掺量超过一定值后，混凝土的早期强度略有下降，但后期强度高于不掺矿渣粉的基准混凝土。低等级矿渣粉，早期强度略有下降。

掺矿渣粉的混凝土可形成比较致密的结构，通过降低泌水改善混凝土的孔结构和界面结构，使连通孔减少，有利于提高混凝土的抗渗性，从而提高混凝土的抗碳化、抗冻和抗腐蚀性。

3.1.5 水

水是混凝土的基本组分之一，水泥只有与水接触后才能发生化学反应形成具有黏结能力的胶凝材料，并将砂石材料结合成为一个整体。水的用量是配制混凝土最重要的控制参数之一，用水量过量或不足都会严重影响混凝土的性能。通常认为，饮用水用于拌制混凝土是没有问题的，而且一些不适合饮用的水经过检验合格后也可用于拌制混凝土。拌合水的主要控制指标是氯离子、硫酸根离子、钾离子、钠离子的含量等，对于预应力混凝土的拌合用水控制指标更为严格。

对混凝土用水的质量要求包括以下几个方面：

(1)不得影响混凝土的和易性及凝结硬化；

(2)不得有损于混凝土强度的发展和耐久性；

(3)不得加快钢筋锈蚀及导致预应力钢筋脆断；

(4)不得污染混凝土表面。

《混凝土用水标准》(JGJ 63—2006)规定，水中各杂质含量应符合表 3-3 的规定。

表 3-3 混凝土拌合用水水质要求

项目	预应力混凝土	钢筋混凝土	素混凝土
pH 值	$\geqslant 5.0$	$\geqslant 4.5$	$\geqslant 4.5$
不溶物/$(mg \cdot L^{-1})$	$\leqslant 2\,000$	$\leqslant 2\,000$	$\leqslant 5\,000$
可溶物/$(mg \cdot L^{-1})$	$\leqslant 2\,000$	$\leqslant 5\,000$	$\leqslant 10\,000$
Cl^-/$(mg \cdot L^{-1})$	$\leqslant 500$	$\leqslant 1\,000$	$\leqslant 3\,500$
SO_4^{2-}/$(mg \cdot L^{-1})$	$\leqslant 600$	$\leqslant 2\,000$	$\leqslant 2\,700$
碱含量/$(mg \cdot L^{-1})$	$\leqslant 1\,500$		

注：碱含量按 $Na_2O + 0.658K_2O$ 计算值表示。采用非碱活性集料时，可不检验水的碱含量

单元 2　水泥混凝土的技术性质

水泥混凝土的技术性质主要包括新拌混凝土的和易性、硬化水泥混凝土的力学性质强度和耐久性。

3.2.1 和易性

混凝土的各组成材料按照一定的比例混合在一起的拌合物称为新拌混凝土。新拌混凝土必须具有良好的和易性，以便于施工操作，获得均匀密实的结构。

视频：水泥混凝土的技术性质

1. 和易性的概念

和易性又称工作性，是指混凝土拌合物易于各工序施工操作(搅拌、运输、浇筑、振捣)，并能获得质量均匀、成型密实的混凝土的性能。和易性是一项综合技术指标，包括流动性、黏聚性和保水性三个主要方面的含义。

(1)流动性。流动性是指拌合物在自重或施工机械振捣作用下，能产生流动并均匀密实

地填充整个模型的性能。流动性的大小反映了混凝土拌合物的稀稠程度，流动性好的混凝土拌合物操作方便，易于浇筑、振捣和成型。

（2）黏聚性。黏聚性是指拌合物在施工过程中，各组成材料之间有一定的黏聚力，不出现分层离析，保持整体均匀的性能。黏聚性反映了混凝土拌合物的均匀性，黏聚性良好的拌合物易于施工操作，不会产生分层和离析的现象。黏聚性差时，会造成混凝土拌合物不均匀，振捣后易出现蜂窝、空洞等现象，影响混凝土的强度和耐久性。

（3）保水性。保水性是指混凝土拌合物在施工过程中具有一定的保持内部水分而抵抗泌水的能力。保水性反映了混凝土拌合物的稳定性。保水性差的混凝土拌合物会在混凝土的内部形成透水通道，影响混凝土的密实性，并降低混凝土的强度和耐久性。

混凝土拌合物的这些性能既互相联系，又互相矛盾。例如，增加拌合物的用水量，可以提高其流动性，但可能降低黏聚性和保水性。因此，拌合物的和易性是三个方面性能的综合，施工时应兼顾这些性能。

2. 和易性的测定方法

混凝土拌合物的和易性是一项满足施工工艺要求的综合性质，现在还没有一个指标能对和易性进行完整反映。从和易性的几个方面分析，流动性对新拌混凝土的性质影响最大。因此，通常测定和易性是以流动性为主，兼顾其他方面的性能。测定混凝土拌合物和易性的方法有两种，即坍落度法和维勃稠度法。

视频：和易性的
测定方法

（1）坍落度法。坍落度法是迄今为止历史最悠久、也是使用最广泛的测试方法。它最早在 1922 年作为 ASTM（美国材料与试验协会）标准出现。《普通混凝土拌合物性能试验方法标准》（GB/T 50080—2016）规定，坍落度试验适用测定集料最大粒径不超过 40 mm，坍落度不小于 10 mm 的混凝土拌合物的流动性。

测试坍落度的主要仪器为坍落度筒（图 3-7）。它是用金属板制成的圆台形筒，上口直径为 100 mm，下口直径为 200 mm，高度为 300 mm。上下截面平行，且与锥体轴心垂直，筒外焊有两个把手，近下端焊有脚踏板，筒的内壁光滑。为方便加料，设置一个加料漏斗。插捣用捣棒，用直径为 16 mm 的圆钢筋制成，端部磨圆。

具体的测试方法如下：

①用湿布擦拭坍落度筒及其他可与混凝土接触的用具，将坍落度筒置于水平的、不吸水的刚性底板上，漏斗置于坍落度筒顶部并用双脚踩紧踏板。

②用小铲将搅拌好的拌合物分三层装入筒内，每层装入高度约为筒高的1/3，每层要用捣棒沿螺旋方向由边缘向中心插捣 25 次。插捣底层时应贯穿整个深度，插捣其他层时，要插至下一层的表面。

图 3-7　坍落度筒

③插捣完毕，除去漏斗，用抹刀刮去多余的拌合物，并抹平，清除坍落度筒四周的拌合物。在 3～7 s 内垂直平稳地提起坍落度筒，将筒轻轻放在拌合物旁，避免振动拌合物。当试样不再继续坍落或坍落时间达到 30 s 时进行测试，坍落度等于模具的高度和在底板上的混凝土样品的高度的差值（图 3-8）。坍落度的读数以 mm 计，并精确至 5 mm。

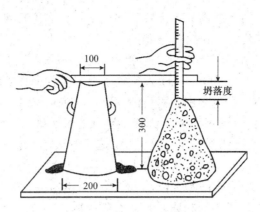

图 3-8　混凝土坍落度的测定

④混凝土拌合物黏聚性、保水性的评定。黏聚性的检验方法是用捣棒在已坍落的混凝土锥体侧面轻轻敲打，若锥体整体慢慢下沉，则表示黏聚性良好，若锥体倒塌或部分崩裂，则表示黏聚性不好；对于坍落度比较大的混凝土，锥体下沉后呈圆饼状，可用料铲铲起少量混凝土后，通过倾斜料铲观察混凝土滑落的状态来评定其黏聚性。

保水性以混凝土拌合物中稀浆析出的程度来评定，坍落度筒提起后，若有较多的稀浆从混凝土四周底部析出，锥体部分的混凝土也因失浆而集料外露，则说明混凝土拌合物保水性差；若坍落度筒提起后，无稀浆或仅有少量稀浆从四周底部析出，则说明混凝土拌合物保水性良好。

根据坍落度大小，可将混凝土拌合物分成 4 级，见表 3-4。

表 3-4　混凝土根据坍落度大小的分级

类别	坍落度值/mm
大流动性混凝土	≥160
流动性混凝土	100～150
塑性混凝土	50～90
低塑性混凝土	10～40

依据《普通混凝土拌合物性能试验方法标准》(GB/T 50080—2016)的规定，当混凝土拌合物的坍落度大于 220 mm 时，还应测试其扩展度。可用钢尺测量混凝土扩展后最终的最大直径和最小直径，在这两个直径之差小于 50 mm 的条件下，用其算术平均值作为坍落扩展度值。

(2)维勃稠度法。坍落度小于 10 mm 的混凝土称为干硬性混凝土。对于干硬性混凝土，坍落度法已不再适用，和易性测定常采用维勃稠度试验。图 3-9 所示为维勃稠度仪，其基本原理是靠机械振动使混凝土锥体产生流动，测试达到一定指标时所需要的时间。此法适用集料最大粒径不超过 40 mm，维勃稠度为 5～30 s 的混凝土拌合物维勃稠度测定。

具体的测试方法：将新拌混凝土按坍落度试验方法装

图 3-9　维勃稠度仪

入维勃稠度仪的容量筒中的坍落度筒内，缓慢垂直提起坍落度筒，将透明圆盘置于新拌混凝土锥体顶面(圆盘可上下移动，随拌合物振动下沉，圆盘也跟着下沉)。

启动振动台，用秒表测出透明圆盘的底面完全为水泥浆布满所经历的时间(以秒计)，即维勃稠度，也称工作度。维勃稠度代表新拌混凝土振实所需的能量，它能较好地反映干硬性混凝土在振动作用下便于施工的性能。根据维勃稠度的大小可将混凝土拌合物分成 4 级，见表 3-5。

表 3-5　混凝土根据维勃稠度大小的分级

类别	维勃稠度/s
超干硬性混凝土	≥31
特干硬性混凝土	30～21
干硬性混凝土	20～11
半干硬性混凝土	10～5

3. 影响混凝土和易性的主要因素

(1)浆体的数量。浆体是由水泥、矿物掺合料和水拌制而成的混合物，具有一定的流动性和可塑性。增加混凝土单位体积中浆体的数量，能使集料周围有足够的浆体包裹，改善集料之间的润滑性能，从而使混凝土拌合物的流动性提高。

若浆体过少，不能填满集料的空隙，更不能包裹所有的集料表面形成润滑层，流动性和黏聚性也较差。但浆体数量不宜过多，否则会出现流浆现象，黏聚性变差，同时，对混凝土的强度和耐久性都有影响，且胶凝材料用量也大，不经济。因此，浆体的用量应以满足和易性和强度的要求为宜，不宜过多，也不宜过少。

(2)浆体的稠度。浆体的稠度主要取决于水胶比($1\ m^3$混凝土中水与胶凝材料用量的比值)大小，用 W/B 表示。传统的四组分混凝土中胶凝材料只有水泥，不掺加其他的矿物掺合料，水胶比即混凝土中水与水泥的质量比。

在胶凝材料用量不变的情况下，水胶比越小，浆体越稠，集料运动的阻力越大，则拌合物的流动性越小，但黏聚性会变好。当水胶比过小时，浆体干稠，拌合物流动性太小，将使施工困难，混凝土密实性差；反之，水胶比过大时，浆体过稀，其流动性过大，则使拌合物黏聚性、保水性变差，产生流浆、离析现象，并严重影响混凝土的强度。

所以要确定合适的水胶比。在实际工程中，水胶比要根据混凝土所要求的强度和耐久性确定。

(3)水泥的品种和细度。不同品种的水泥的需水量不同，使得其对混凝土拌合物也有一定的影响。

一般来说，当水胶比相同时，用普通硅酸盐水泥所拌制的混凝土拌合物的流动性大，保水性好；用矿渣硅酸盐水泥时保水性差；用粉煤灰硅酸盐水泥时，流动性好，黏聚性和保水性也较好；用火山灰质硅酸盐水泥时，流动性小，黏聚性和保水性较好。

水泥的细度越大，比表面积越大，需水量相应增加。拌制的混凝土流动性小，但是黏聚性和保水性好。

(4)集料的影响。集料的品种、粒径、级配和表面状态等都对混凝土拌合物的和易性产生影响。

级配良好的砂、石集料配制的混凝土拌合物，和易性较好。因为空隙率低，使得胶凝材料浆体填满空隙后，能充分包裹集料，包裹层较厚，减小了集料之间的摩擦力，从而增大了混凝土拌合物的流动性。

砂的细度模数越小，总表面积越大，需要包裹的浆体量越多，容易使混凝土流动性变差；卵石比碎石拌制混凝土拌合物和易性略好；碎石的针片状颗粒含量多，和易性差；集料的杂质含量多，尤其是含泥量和泥块含量大，会使混凝土拌合物和易性变差。

(5)砂率。砂率是指混凝土内砂的质量占砂(S)、石(G)总质量的百分比。其计算公式如下：

$$S_P = \frac{S}{S+G} \times 100\%$$ (3-1)

式中　S_P——砂率；

　　　S——砂的质量；

　　　G——石的质量。

在混凝土拌合物体系中，可以认为是砂填充粗集料的空隙，而胶凝材料浆体则填充砂的空隙，同时，有一定的富余量去包裹并润滑集料的表面，使混凝土具有一定的流动性。

砂率的变化可引起集料的空隙率和总表面积的变化，因而影响混凝土拌合物的和易性。砂率过大时，由于细集料(砂)的占比变大，使得集料的总表面积增大，包裹集料的浆体量不足，混凝土变得干稠；砂率过小时，填充石子空隙的砂减少，砂与浆体形成的砂浆减少，不能充分填满石子的空隙和包裹石子的表面，造成集料间摩擦力变大，流动性变差。

因此，选择砂率应该是在用水量及胶凝材料用量一定的条件下，使混凝土拌合物获得良好的和易性(图 3-10)；或在保证良好和易性的同时，胶凝材料的用量最少(图 3-11)。此时的砂率值称为合理砂率(或最佳砂率)。

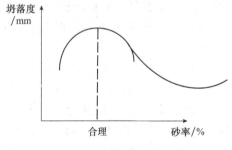

图 3-10　砂率与坍落度的关系

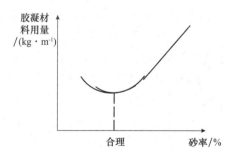

图 3-11　砂率与胶凝材料用量的关系

(6)外加剂和掺合料。外加剂对混凝土拌合物和易性有影响，如减水剂、引气剂能改善拌合物的和易性，包括增大流动性，改善黏聚性和保水性。随着外加剂技术的进步，通过添加不同品种外加剂来提高混凝土的和易性，已经成为最直接和有效的手段。

掺合料也会对混凝土的和易性有很大影响。如掺入优质粉煤灰时，具有一定的减水效果，同时，还可延缓水泥的水化速度，使混凝土的和易性提高。但是，品质较差的掺合料也会降低混凝土的和易性。

(7)时间。混凝土拌和后，水化随即开始，随着时间的延长，具有胶凝性质的水化产物数量逐渐增加。同时，混凝土中的水一部分参与了水化，另一部分蒸发到空气中，这都会使得混凝土拌合物的流动性越来越差，坍落度变小，这种现象称为混凝土的坍落度损失。

所以，混凝土拌合物搅拌均匀后，应尽快进行施工。

（8）温度和湿度。随着环境的温度升高，水泥水化速度变快，凝结时间缩短，坍落度损失变大。尤其在夏季高温条件下施工时，温度的影响更为显著。空气湿度如果过小，混凝土的水分蒸发较快，也会降低拌合物的流动性。

针对影响混凝土和易性的因素，在实际施工中，可采用如下措施调整混凝土拌合物的和易性：

（1）在水胶比不变的情况下，适当增加胶凝材料浆体的数量；

（2）改善集料的级配，尽可能选择级配良好的集料；选择粒型较好、针片状颗粒含量少的粗集料；尽量采用较粗的砂子；控制砂、石的含泥量和泥块含量；

（3）选择适宜的水泥品种，掺用化学外加剂和优质的矿物掺合料；

（4）通过试验，选用合理砂率等。

3.2.2 混凝土的强度

混凝土的强度包括抗压强度、抗拉强度、抗弯强度和抗剪强度等。其中，抗压强度最大，故混凝土主要用来承受压力。

1. 抗压强度

（1）立方体抗压强度。混凝土立方体抗压强度是指标准试件在压力作用下直至破坏，单位面积所能承受的最大压力，即通常所指的混凝土的抗压强度，它是工程中最常用到的混凝土力学性能。

《混凝土物理力学性能试验方法标准》（GB/T 50081—2019）规定，抗压强度采用尺寸为 $150\ \text{mm} \times 150\ \text{mm} \times 150\ \text{mm}$ 的标准立方体试件，在标准条件（温度为 $20\,^{\circ}\text{C} \pm 2\,^{\circ}\text{C}$，相对湿度为 95% 以上）下或在温度为 $20\,^{\circ}\text{C} \pm 2\,^{\circ}\text{C}$ 的不流动的 $Ca(OH)_2$ 饱和溶液中养护到 28 d，所测得的抗压强度值为混凝土立方体抗压强度，以 f_{cu} 表示。

当集料最大粒径较大或较小时，可以采用非标准尺寸的试件，但应换算成标准试件的强度。换算方法是将所测得的强度乘以相应的换算系数，见表 3-6。

表 3-6　试件尺寸及强度值换算系数

试件边长/mm	允许集料最大粒径/mm	换算系数
100×100×100	31.5	0.95
150×150×150	40	1.00
200×200×200	63	1.05

混凝土强度等级按照混凝土立方体抗压强度标准值 $f_{cu,k}$ 确定，依据《混凝土质量控制标准》（GB 50164—2011）规定，混凝土的强度等级划分为 C10、C15、C20、C25、C30、C35、C40、C45、C50、C55、C60、C65、C70、C75、C80、C85、C90、C95 和 C100 共 19 个等级。其中"C"表示混凝土，C 后面的数字表示混凝土立方体抗压强度标准值，如 C30 表示混凝土立方体抗压强度标准值为 30 MPa。

混凝土立方体抗压强度标准值 $f_{cu,k}$，是指按标准方法测得的具有 95% 强度保证率的抗压强度值。在实际施工过程中，即使是相同配合比的混凝土，在不同时间、不同批次测得的立方体抗压强度值也会有一定的波动，且通常符合正态分布的统计规律。在混凝土立方体抗压强度值的总体分布中，强度高于 $f_{cu,k}$ 的保证率为 95％，如 C30 指所有混凝土中，有 95％能达到 30 MPa。

（2）轴心抗压强度。实际应用中的混凝土结构很多是棱柱体或圆柱体，实际高度比受力面积要大得多，为了能更好地反映混凝土实际抗压性能，混凝土在进行结构设计时，常以轴心抗压强度为设计依据。《混凝土物理力学性能试验方法标准》（GB/T 50081—2019）规定，轴心抗压强度采用 150 mm×150 mm×300 mm 的棱柱体作为标准试件，测得的抗压强度即为轴心抗压强度 f_{cp}。

混凝土轴心抗压强度 f_{cp} 与立方体抗压强度 f_{cu} 之间具有一定的关系，两者的比值在一定范围内波动。同一种混凝土的轴心抗压强度往往低于立方体抗压强度，两者的关系为 $f_{cp} \approx (0.7 \sim 0.8) f_{cu}$。

2. 影响混凝土强度的因素

（1）水泥品种和强度等级。混凝土的强度发展主要是由水泥的水化决定的，因而水化速度快的水泥，其强度发展也快。通用水泥中的硅酸盐水泥和普通硅酸盐水泥，由于活性高，强度发展快。一般情况下，相同种类的水泥，强度等级越高，则硬化后水泥石的强度越高，对集料的胶结力就越强，配制的混凝土的强度也就越高。

视频：影响混凝
土强度的因素

（2）水胶比。在水泥强度等级一定时，混凝土的强度主要取决于水胶比。为了满足施工时对混凝土和易性的要求，常需要多加一些水，一般要达到水泥质量的40％以上。这样，在混凝土硬化过程中，水泥水化后多余的水蒸发后会留下气孔，造成混凝土的密实度降低，强度下降。因而水胶比越小，则硬化后的孔隙率就小，混凝土的强度就越高。但水胶比过小，拌合物过稠，施工困难，使得混凝土振捣不密实，反而将导致混凝土强度下降（图 3-12）。

瑞士学者鲍罗米（Bolomy）通过大量的试验研究，并应用数学统计的方法证明，混凝土强度与水胶比呈曲线关系，而与胶水比呈直线关系（图 3-13）。其强度计算公式如下：

$$f_{cu} = \alpha_a f_{ce} \left(\frac{B}{W} - \alpha_b \right) \tag{3-2}$$

式中　f_{cu}——混凝土 28 d 龄期的抗压强度值（MPa）；

　　　f_{ce}——水泥 28 d 抗压强度的实测值（MPa）；

　　　B/W——混凝土的胶水比；

　　　α_a、α_b——回归系数，与粗集料的品种有关，碎石取 0.53、0.20，卵石取 0.49、0.13。

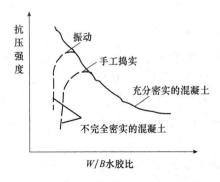

图 3-12　抗压强度与水胶比的关系

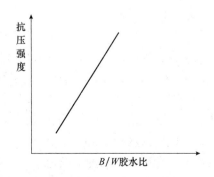

图 3-13　抗压强度与胶水比的关系

当无法取得水泥的 28 d 抗压强度实测值时，可用式(3-3)进行估算：

$$f_{ce} = \gamma_c f_{ce,g} \tag{3-3}$$

式中　$f_{ce,g}$——水泥的强度等级值(MPa)；

　　　γ_c——水泥强度等级值的富余系数，查表 3-7。

表 3-7　水泥强度等级值的富余系数

水泥强度等级	32.5	42.5	52.5
富余系数	1.12	1.16	1.10

现代混凝土在四组分的基础上，掺入了矿物掺合料和化学外加剂，胶凝材料变成了以水泥为主的复合胶凝材料体系。《普通混凝土配合比设计规程》(JGJ 55—2011)对鲍罗米公式进行了修正：

$$f_{cu} = \alpha_a f_b \left(\frac{B}{W} - \alpha_b \right) \tag{3-4}$$

式中　f_b——胶凝材料 28 d 胶砂强度的实测值(MPa)；

　　　B/W——混凝土的胶水比。

(3)集料的影响。通常情况下，集料对于普通混凝土强度的影响较小，尤其是在中、低强度混凝土中的影响更小。而在高强度混凝土中，集料强度越高，所配制的混凝土强度也越高。

集料的级配良好、砂率适当时，相互堆积的结构密实，有利于混凝土强度的提高。如果混凝土中有害物质较多且集料品质较差、级配不良，混凝土强度就会降低。

碎石表面粗糙，具有一定的吸附性，粘结力比较大，卵石表面光滑，粘结力较低。因而，在水泥强度等级和水胶比相同的条件下，碎石混凝土的强度比卵石混凝土的强度略高，特别是在水胶比较小时，因此，配制高强度混凝土应首选碎石。

(4)施工工艺。

①搅拌。在一定的时间内，混凝土拌合物的搅拌时间越长，拌和越均匀，强度也越高。但搅拌时间过长会引起混凝土的离析，实际施工过程中应根据混凝土的特性来合理选择搅拌时间。另外，混凝土各组成材料的投料方式不同，对强度也有一定的影响。

②运输。混凝土拌合物在运输过程中应保持拌合物的均匀性，长距离运输过程应考虑混凝土可能发生的离析对强度的影响。若在运送至浇筑点时发现混凝土离析，应快速搅拌至均匀后再进行浇筑，而且应注意不能超过混凝土的初凝时间。

③振捣。为获得均匀密实的混凝土，拌合物在浇筑后必须充分捣实。通常，在适当时间范围内，延长振捣时间可以提高混凝土的强度。但对于流动性较大的混凝土，振捣时间过长容易发生离析，从而降低混凝土强度。因而要有一个合适的振捣时间。

(5)养护。养护是指采取一定措施，使混凝土在处于适当温度和足够湿度的环境中进行硬化。养护温度高，水泥水化快，混凝土强度发展快，但温度也不宜过高，否则会产生过多的水化热，使混凝土开裂。养护温度降低，水化反应变慢，当温度低至冰点以下时，水化就停止了，且有冰冻破坏的危险，使强度降低。

环境湿度是保证水泥正常水化的另一个重要条件。在充足的湿度条件下，水泥水化进行得就比较充分，使混凝土强度发展顺利；若湿度不够，则由于水分大量蒸发，水泥缺水而不能正常水化，从而造成结构疏松、干裂，严重影响混凝土强度。

一般情况下，混凝土标准养护的时间越长，后期强度越高，如图 3-14 所示。《混凝土质量控制标准》(GB 50164—2011)规定，对于采用硅酸盐水泥、普通硅酸盐水泥、矿渣硅酸盐水泥配制的混凝土，采用浇水和潮湿覆盖的养护时间不得少于 7 d；对于采用火山灰质硅酸盐水泥、粉煤灰硅酸盐水泥、复合硅酸盐水泥配制的混凝土，或掺加缓凝型外加剂的混凝土及大掺量矿物掺合料的混凝土，采用浇水和潮湿覆盖的养护时间不得少于 14 d。

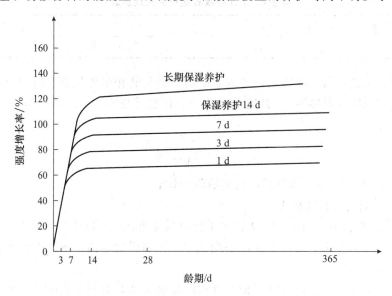

图 3-14　混凝土强度与养护时间、龄期的关系

(6)龄期。混凝土在正常养护条件下，其强度随龄期增长而提高。在最初 3～7 d 内，强度增长较快，28 d 达到设计强度的规定值，之后强度还会继续增长，但较为缓慢。当某一龄期 n 大于等于 3 d 时，该龄期混凝土的抗压强度 f_n 与 28 d 强度 f_{28} 存在如下关系：

$$\frac{f_n}{f_{28}} = \frac{\lg n}{\lg 28} \qquad (3\text{-}5)$$

式中　f_n——n d 的混凝土立方体抗压强度($n \geqslant 3$ d)；

　　　f_{28}——28 d 的混凝土立方体抗压强度。

根据式(3-5)，可由测得的混凝土的早期强度，估算其 28 d 的强度；或者可由混凝土 28 d 的强度，推算 28 d 前混凝土达到某一强度需要养护的天数，以便确定混凝土拆模、构件起吊、放松预应力钢筋、制品养护、出厂等日期。

(7)外加剂和掺合料。不同类型的外加剂对混凝土强度的影响也有不同。如减水剂能减少混凝土拌合用水量，可以提高混凝土的强度；引气剂可以增加基体的孔隙率，因此，会对混凝土的强度有负面影响；早强剂可以提高混凝土的早期强度。

矿物掺合料替代部分水泥，也会对强度产生不同的影响。如粉煤灰和矿渣粉会降低混凝土的早期强度，但后期强度相差会很小；硅灰会显著提高混凝土的强度，常用来配制高强度混凝土。

3. 抗压强度的测试

(1)试验方法。从养护地点取出试件后，将试件表面多余的水擦拭干净，及时放到混凝土压力试验机(图 3-15)上进行试验。加压时，应持续而均匀地加荷，不宜过快，直至试件破坏。加荷速度可参考表 3-8。

图 3-15　混凝土压力试验机

表 3-8　抗压试件加荷速度

混凝土强度/MPa	<C30	≥C30，且<C60	≥C60
加荷速度/(MPa·s⁻¹)	0.3~0.5	0.5~0.8	0.8~1.0

混凝土立方体试件抗压强度按下式计算(精确至 0.1 MPa)：

$$f_{cu} = \frac{F}{A} \tag{3-6}$$

式中　f_{cu}——混凝土立方体试件抗压强度(MPa)；

　　　F——破坏荷载(N)；

　　　A——试件承压面积(mm²)。

一组混凝土应检测三个试件，以三个试件算术平均值作为该组试件的抗压强度值。在三个试件中的最大值或最小值中，如有一个与中间值的差值超过中间值的 15%，则把最大值及最小值一并舍去，取中间值作为该组试件的抗压强度值。如最大值、最小值与中间值的差均超过中间值的 15%，则该组试件的试验结果无效。

(2)试验条件对结果的影响。同一种混凝土的强度测试结果从理论上说应该是一致的，而实际上不同的试验条件下，试验的结果往往有一定的差别。

①试件尺寸。相同的混凝土，试件尺寸越小测得的强度越高。原因是试件尺寸较大时，试件内部存在孔隙等缺陷的概率高，这就造成有效受力面积的减小和应力集中，从而引起混凝土强度的测定值偏低。

②试件的形状。当试件受压面积($a \times a$)相同，而高度(h)不同时，高宽比(h/a)越大，抗压强度越小。如前所述，同一种混凝土的轴心抗压强度往往低于立方体抗压强度。

③表面状态。混凝土试件承压面的状态，也是影响混凝土强度的重要因素。若试件表面有油污，则受压时测定的强度值偏低。

④加荷速度。在一定范围内提高加荷速度，会导致混凝土强度测定值偏高。测定混凝土抗压强度的加荷速度为 0.3~1.0 MPa/s，且应均匀地进行加荷。

3.2.3 混凝土的耐久性

混凝土在一定的使用环境中，抵抗各种因素的长期破坏，保持其原有性能的能力称为耐久性。其主要包括抗冻性、抗渗性、抗侵蚀性、抗碱-集料反应和抗碳化性等几个方面。

用于各种建筑物的混凝土不仅要求具有足够的强度，保证能安全承受设计荷载，还要求具有良好的耐久性，以便在所处环境和使用条件下经久耐用。与其他建筑材料相比，混凝土的使用寿命是比较长的，它能够适应各种环境，在使用过程中一般不需要进行特殊维护。近年来，一些工程中出现了混凝土结构未达到设计使用寿命的案例，这使得耐久性问题越来越受到重视。

(1)混凝土的抗冻性。抗冻性是道路与桥梁用水泥混凝土最重要的性能，是指混凝土在饱水状态下能经受多次冻融循环而不破坏，同时强度也不严重降低的性能。混凝土受冻后，混凝土中水分受冻结冰，体积膨胀，当膨胀力超过其抗拉强度时，混凝土将产生微细裂缝，反复冻融将使裂缝不断扩展，混凝土强度降低甚至破坏，影响建筑物的安全。

混凝土的抗冻性以抗冻等级(F)表示。抗冻等级按 28 d 龄期的试件用快冻试验方法测定，分为 F50、F100、F150、F200、F300、F400 六个等级，相应表示混凝土抗冻性试验能经受 50 次、100 次、150 次、200 次、300 次、400 次的冻融循环。

影响混凝土抗冻性能的因素主要有水泥品种、强度等级、水胶比、集料的品质等。提高混凝土抗冻性的最主要的措施是提高混凝土密实度、减小水胶比、掺加外加剂、严格控制施工质量、注意持振捣密实、加强养护等。

(2)混凝土的抗渗性。抗渗性是指混凝土抵抗水、油等液体在压力作用下渗透的性能。它直接影响混凝土的抗冻性和抗侵蚀性。混凝土的抗渗性主要与其密实度及内部孔隙的大小和构造有关。

混凝土的抗渗性用抗渗等级(P)表示，即以 28 d 龄期的标准试件，按标准试验方法进行试验时所能承受的最大水压力(MPa)来确定。混凝土的抗渗等级可划分为 P2、P4、P6、P8、P10、P12 六个等级，相应表示混凝土抗渗试验时一组 6 个试件中有 4 个试件未出现渗水时的最大水压力分别为 0.2 MPa、0.4 MPa、0.6 MPa、0.8 MPa、1.0 MPa、1.2 MPa。

提高混凝土抗渗性能的措施有：提高混凝土的密实度、降低水胶比、掺加引气剂、选用适当品种等级的水泥、注意振捣密实、养护充分等。

(3)混凝土的抗侵蚀性。混凝土在外界侵蚀性介质(软水、含酸、盐水等)作用下，结构受到破坏、强度降低的现象称为混凝土的腐蚀。混凝土的腐蚀原因主要是外界侵蚀性介质对水泥石中的某些组分(氢氧化钙、水化铝酸钙等)产生破坏作用。

抗侵蚀性还包括混凝土的抗磨蚀性，工程中受磨蚀的结构物主要包括道路路面、水工结构物等。道路的路面常受到来自车辆、行人的冲击和摩擦，而水工结构物(如溢流坝、输水隧道、泄洪洞等)常受到水流的冲刷及水流中夹杂的泥沙的摩擦作用。磨蚀会使混凝土表面出现磨损、剥落，并使结构物逐渐遭到破坏，影响使用寿命。

(4)抗碱-集料反应。混凝土的碱-集料反应，是指水泥中的碱(Na_2O 和 K_2O)与集料中的活性 SiO_2 发生反应，使混凝土产生不均匀膨胀，造成裂缝、强度下降等不良现象，从而威胁建筑物的使用安全。根据集料中碱性矿物的种类不同，碱-集料反应可分为碱-硅酸盐反应(ASR)和碱-碳酸盐反应(ACR)。

混凝土中发生碱-集料反应必须同时具备以下三个条件：

①混凝土中碱含量高，可按水泥中含碱量$(Na_2O+0.658K_2O)$大于0.6%，或按混凝土中的总碱含量大于$3.0\ kg/m^3$来评估；

②使用了具有活性的集料，如蛋白石、鳞石英、方石英、白云岩等；

③混凝土所处的环境中有水存在。

针对碱-集料反应发生的条件，可以采取相应的措施来进行防治。

(5)抗碳化性。混凝土的碳化作用是空气中二氧化碳与水泥石中的氢氧化钙作用，生成碳酸钙和水的过程。碳化过程是二氧化碳由表及里向混凝土内部逐渐扩散的过程。在硬化混凝土的孔隙中，充满了饱和氢氧化钙溶液，使钢筋表面产生一层钝化膜，它能防止钢筋锈蚀。碳化引起水泥石化学组成结构发生变化，使混凝土碱度降低，减弱对钢筋的保护作用，将导致钢筋锈蚀；碳化还将显著增加混凝土的收缩，降低混凝土抗拉、抗弯强度。但碳化可使混凝土的抗压强度增大，其原因是碳化放出的水分有助于水泥的水化作用，而且碳酸钙减少了水泥石内部的孔隙。

提高混凝土抗碳化能力的措施有减小水胶比、掺入减水剂或引气剂、保证混凝土保护层的厚度及质量、充分湿养护等。

单元 3　混凝土的配合比设计

混凝土中各组成材料数量之间的比例关系称为混凝土的配合比，合理确定单位体积混凝土中各组成材料用量的过程叫作混凝土的配合比设计。

视频：混凝土
配合比设计

3.3.1　混凝土配合比设计基本要求

在进行混凝土配合比设计时，应遵循如下的基本原则：

(1)满足强度的设计要求。强度是保证混凝土结构安全性的重要指标，任何建筑物在建造和使用过程中都必须把安全放在第一位，因而，混凝土的强度也是最重要的指标。

(2)满足施工的和易性要求。和易性是保证施工过程中各工序易于操作，保证成型后混凝土的均匀性和密实度的性能。

(3)满足耐久性的要求。耐久性是和结构物使用寿命相关的性能，混凝土的抗渗、抗冻等性能应满足要求，保证建筑物经久耐用。

(4)满足经济性的要求。好的混凝土应该是在满足强度、和易性和耐久性等的前提下，能够尽量降低成本，最有效的方法就是尽量减少水泥的用量。

3.3.2　混凝土配合比的表示方法

混凝土的配合比有以下两种表示方法：

(1)用$1\ m^3$混凝土中各种材料的质量来表示。例如，一个四组分混凝土的配合比：水泥314 kg、水182 kg、砂703 kg、碎石1 201 kg。

(2)用混凝土各种材料相互间的质量比表示(以水泥为1)。例如，上面的配合比可表示为水泥：水：砂：碎石=1：0.58：2.24：3.82。

3.3.3 混凝土配合比设计的资料准备

(1)了解设计要求的混凝土强度等级和施工单位的生产管理水平，以便确定混凝土的配制强度。

(2)了解结构物所处环境条件，明确对混凝土耐久性的要求，如抗渗、抗冻等级，以便确定最大水胶比和最小胶凝材料用量。

(3)了解结构形式，如截面最小尺寸、钢筋疏密情况，以便确定粗集料的最大粒径。

(4)了解施工方法及和易性要求，确定拌合物的坍落度。

(5)掌握原材料的各种性能及物理性质和质量，如水泥强度等级和实际强度(f_{ce})、粗、细集料表观密度、种类、级配和有害物质含量等质量指标。

3.3.4 混凝土配合比设计过程

混凝土的配合比设计大致可分为以下四步：

(1)计算配合比。根据原材料的情况和设计要求及施工水平等，结合设计规范计算出混凝土的配合比，又称初步配合比。

(2)试拌配合比。按计算配合比在试验室进行试配调整，得出满足和易性要求的配合比，又称基准配合比。

(3)试验配合比。在试拌配合比的基础上进行强度检验，得出满足强度要求的配合比，又称设计配合比。

(4)施工配合比。在试验配合比基础上，根据施工现场砂、石的含水率，再调整得出的配合比。

1. 计算配合比

根据《普通混凝土配合比设计规程》(JGJ 55—2011)的规定，混凝土配合比设计所采用的细集料含水率应小于 0.5%，粗集料含水率应小于 0.2%。

(1)确定混凝土的配制强度。实际施工时，由于各种因素的影响，混凝土的强度值是会有波动的。为了保证混凝土的强度达到设计等级的要求，在配制混凝土时，混凝土配制强度要求高于其强度等级值 $f_{cu,k}$。当混凝土的设计强度等级小于 C60 时，配制强度应按式(3-7)确定：

$$f_{cu,0} \geqslant f_{cu,k} + 1.645\sigma \tag{3-7}$$

当设计强度等级≥C60 时，配制强度应按式(3-8)确定：

$$f_{cu,0} \geqslant 1.15 f_{cu,k} \tag{3-8}$$

式中　$f_{cu,0}$——混凝土制配强度(MPa)；

　　　$f_{cu,k}$——混凝土立方体抗压强度标准值(MPa)；

　　　σ——混凝土强度标准差(MPa)。

混凝土强度标准差 σ 的确定方法如下：

①当施工单位具有近期同一品种混凝土强度资料时，σ 可按下式计算：

$$\sigma = \sqrt{\frac{\sum\limits_{i=1}^{n} f_{cu,i}^2 - n\,\overline{f}_{cu}^{\,2}}{n-1}} \tag{3-9}$$

式中 n——同一强度等级的混凝土试件组数($n \geqslant 25$)；

$\quad\quad f_{cu.i}$——第i组试件的抗压强度(MPa)；

$\quad\quad \overline{f_{cu}}$——同一验收批混凝土立方体抗压强度的平均值(MPa)；

$\quad\quad \sigma$——n组混凝土试件强度标准差(MPa)。

②混凝土强度等级不大于C30的混凝土，其σ计算值不小于3.0 MPa时，应取计算值；当σ计算值小于3.0 MPa时，应取3.0 MPa。

混凝土强度等级大于C30且小于C60的混凝土，其σ计算值不小于4.0 MPa时，应取计算值；当σ计算值小于4.0 MPa时，应取4.0 MPa。

当施工单位无历史统计资料时，σ的取值可查表3-9。

表3-9 标准差σ值

混凝土强度等级	≤C20	C25～C45	C50～C55
σ/MPa	4.0	5.0	6.0

(2)确定水胶比。《普通混凝土配合比设计规程》(JGJ 55—2011)对鲍罗米公式进行了相应的修正，修正以后水胶比可按下式计算：

$$\frac{W}{B} = \frac{\alpha_a \times f_b}{f_{cu.i} + \alpha_a \times \alpha_b \times f_b} \tag{3-10}$$

式中 α_a、α_b——粗集料的回归系数，碎石取0.53、0.20，卵石取0.49、0.13；

$\quad\quad f_b$——胶凝材料28 d胶砂抗压强度实测值(MPa)，无实测值时按式(3-11)计算。

$$f_b = \gamma_s \gamma_f f_{ce} \tag{3-11}$$

式中 γ_s、γ_f——粒化高炉矿渣粉和粉煤灰的影响系数，查表3-10；

$\quad\quad f_{ce}$——水泥28 d胶砂抗压强度实测值(MPa)，无实测值时按式(3-12)计算。

$$f_{ce} = \gamma_c f_{ce,g} \tag{3-12}$$

式中 $f_{ce,g}$——水泥的强度等级值(MPa)；

$\quad\quad \gamma_c$——水泥强度等级值的富余系数，可按实际统计资料确定，缺乏统计资料时，可参考表3-11取值。

表3-10 粉煤灰和粒化高炉矿渣粉影响系数

掺量/%	粉煤灰影响系数γ_f	粒化高炉矿渣粉影响系数γ_s
0	1.00	1.00
10	0.85～0.95	1.00
20	0.75～0.85	0.95～1.00
30	0.65～0.75	0.90～1.00
40	0.55～0.65	0.80～0.90
50	—	0.70～0.85

注：①采用Ⅰ级、Ⅱ级粉煤灰宜取上限值；
②采用S75级粒化高炉矿渣粉宜取下限值，采用S95级粒化高炉矿渣粉宜取上限值，采用S105级粒化高炉矿渣粉可取上限值加0.05；
③当超出表中的掺量时，粉煤灰和粒化高炉矿渣粉影响系数应经试验确定

表 3-11　水泥强度等级值的富余系数

水泥强度等级	32.5	42.5	52.5
富余系数	1.12	1.16	1.10

根据公式求得 W/B 后，要查表 3-12 进行耐久性的复核。当水胶比的计算值大于表中的最大水胶比值时，应取表中最大水胶比值；当水胶比的计算值小于表中最大水胶比值时，应取水胶比的计算值，这样才能满足混凝土的耐久性。表中括号内数据为当混凝土使用引气剂时应该选取的数据。

表 3-12　满足耐久性要求的混凝土最大水胶比

环境条件	最大水胶比	最低强度等级
室内干燥环境； 无侵蚀性静水浸没环境	0.60	C20
室内潮湿环境； 严寒和非严寒地区的露天环境； 严寒和非严寒地区无侵蚀性水或土壤直接接触的环境； 严寒和非严寒地区的冰冻线以下无侵蚀性水或土壤直接接触的环境	0.55	C25
干湿交替环境； 水位频繁变动环境； 严寒和非严寒地区的露天环境； 严寒和非严寒地区的冰冻线以上无侵蚀性水或土壤直接接触的环境	0.50(0.55)	C30(C25)
严寒和非严寒地区冬季水位变动区环境； 受除冰盐影响环境； 海风环境	0.45(0.50)	C35(C30)
盐渍土环境； 受除冰盐作用环境； 海岸环境	0.40	C40

（3）确定混凝土的单位体积用水量。

①当混凝土的水胶比在 $0.40\sim0.80$ 范围时，可根据粗集料品种、最大粒径及施工要求的混凝土拌合物的稠度，按表 3-13 和表 3-14 选取用水量。水胶比小于 0.40 的混凝土用水量应通过试验确定。

表 3-13　干硬性混凝土的用水量　　　　　　　　　　　　　　　　kg/m³

拌合物稠度		卵石最大公称粒径/mm			碎石最大公称粒径/mm		
项目	指标	10.0	20.0	40.0	16.0	20.0	40.0
维勃稠度/s	16~20	175	160	145	180	170	155
	11~15	180	165	150	185	175	160
	5~10	185	170	155	190	180	165

表 3-14　塑性混凝土的用水量　　　　　　　　　　　　　　　　　kg/m³

拌合物稠度		卵石最大粒径/mm				碎石最大粒径/mm			
项目	指标	10.0	20.0	31.5	40.0	16.0	20.0	31.5	40.0
坍落度/mm	10~30	190	170	160	150	200	185	175	165
	35~50	200	180	170	160	210	195	185	175
	55~70	210	190	180	170	220	205	195	185
	75~90	215	195	185	175	230	215	205	195

注：①本表用水量是采用中砂时的取值。采用细砂时，每立方米混凝土用水量可增加5~10 kg，采用粗砂时，可减少5~10 kg；

②掺用矿物掺合料和外加剂时，用水量应相应调整

②掺外加剂时，混凝土的用水量可按下式计算：

$$m_{w0} = m'_{w0}(1-\beta) \tag{3-13}$$

式中　m_{w0}——掺外加剂时混凝土的单位体积用水量(kg/m³)；

m'_{w0}——未掺外加剂时混凝土的单位体积用水量(kg/m³)。以表 3-14 中 90 mm 坍落度的用水量为基础，按每增大 20 mm 坍落度相应增加 5 kg/m³ 用水量来计算，当坍落度增大到 180 mm 以上时，随坍落度相应增加的用水量可减少；

β——外加剂的减水率(%)，应经混凝土试验确定。

(4)每立方米混凝土中外加剂用量可按下式计算：

$$m_{a0} = m_{b0}\beta_a \tag{3-14}$$

式中　m_{a0}——每立方米混凝土中外加剂用量(kg/m³)；

m_{b0}——每立方米混凝土中胶凝材料用量(kg/m³)；

β_a——外加剂的掺量(%)，应经混凝土试验确定。

(5)胶凝材料、掺合料用量和水泥用量。

①每立方米混凝土的胶凝材料用量(m_{b0})应按式(3-15)计算，并应进行试拌调整，在拌合物性能满足的情况下，取经济合理的胶凝材料用量。

$$m_{b0} = \frac{m_{w0}}{W/B} \tag{3-15}$$

式中　m_{b0}——每立方米混凝土中胶凝材料用量(kg/m³)；

m_{w0}——每立方米混凝土的用水量(kg/m³)；

W/B——混凝土水胶比。

为满足耐久性要求，计算出来的胶凝材料用量必须大于表 3-15 中的量。如胶凝材料用量的计算值小于表 3-15 中的最小胶凝材料用量，应取表中的最小胶凝材料用量。

表 3-15　混凝土满足耐久性要求的最小胶凝材料用量

最大水胶比	最小胶凝材料用量/(kg·m⁻³)		
	素混凝土	钢筋混凝土	预应力混凝土
0.60	250	280	300
0.55	280	300	300
0.50	320		
≤0.45	330		

②每立方米混凝土的矿物掺合料用量(m_{f0})应按式(3-16)计算：

$$m_{f0} = m_{b0} \times \beta_f \tag{3-16}$$

式中　　m_{f0}——每立方米混凝土中矿物掺合料用量(kg/m^3)；

　　　　β_f——矿物掺合料掺量(%)。

③每立方米混凝土的水泥用量(m_{c0})应按(3-17)计算：

$$m_{c0} = m_{b0} - m_{f0} \tag{3-17}$$

式中　　m_{c0}——每立方米混凝土的水泥用量(kg/m^3)。

(6)确定合理砂率(β_s)。砂率应根据集料的技术指标、混凝土拌合物性能和施工要求，参考已有资料确定。缺乏砂率的历史资料时，混凝土砂率的确定应符合下列规定：

①坍落度小于 10 mm 的混凝土，其砂率应经试验确定(干硬性混凝土)。

②坍落度为 10～60 mm 的混凝土，其砂率可根据粗集料品种、最大公称粒径及水胶比按表 3-16 选取。

③坍落度大于 60 mm 的混凝土，其砂率可经试验确定，也可在表 3-16 的基础上，按坍落度每增大 20 mm，砂率增大 1% 的幅度予以调整。

表 3-16　混凝土的砂率　　　　　　　　　　　　　%

水胶比(W/B)	卵石最大公称粒径/mm			碎石最大公称粒径/mm		
	10.0	20.0	40.0	16.0	20.0	40.0
0.40	26～32	25～31	24～30	30～35	29～34	27～32
0.50	30～35	29～34	28～33	33～38	32～37	30～35
0.60	33～38	32～37	31～36	36～41	35～40	33～38
0.70	36～41	35～40	34～39	39～44	38～43	36～41
注：①本表数值是中砂的选用砂率，对细砂或粗砂，可相应地减小或增大砂率； ②采用人工砂配制混凝土时，砂率可适当增大； ③只用一个单粒级粗集料配制混凝土时，砂率应适当增大						

(7)确定砂(m_{s0})、石(m_{g0})用量。

①质量法(假定表观密度法)：根据经验，如果原材料比较稳定，则所配制的混凝土拌合物的体积密度将接近一个固定值，为 2 350～2 450 kg/m^3。这样就可先假定每立方米混凝土拌合物的质量 m_{cp}(kg)，由以下两式联立求出 m_{s0}、m_{g0}。

$$m_{f0} + m_{c0} + m_{w0} + m_{s0} + m_{g0} = m_{cp} \tag{3-18}$$

$$\frac{m_{s0}}{m_{s0} + m_{g0}} \times 100\% = \beta_s \tag{3-19}$$

式中　　m_{g0}——计算配合比每立方米混凝土的粗集料用量(kg)；

　　　　m_{s0}——计算配合比每立方米混凝土的细集料用量(kg)；

　　　　β_s——砂率(%)；

　　　　m_{cp}——每立方米混凝土拌合物的假定质量(kg)，可取 2 350～2 450 kg。

②体积法(又称绝对体积法)：这种方法是假定 1 m^3 混凝土拌合物的体积等于各组成材料的体积和拌合物所含空气体积之和。

$$\frac{m_{c0}}{\rho_c} + \frac{m_{f0}}{\rho_f} + \frac{m_{w0}}{\rho_w} + \frac{m_{s0}}{\rho_s} + \frac{m_{g0}}{\rho_g} + 0.01\alpha = 1 \tag{3-20}$$

式中　ρ_c、ρ_f、ρ_w、ρ_s、ρ_g——水泥、矿物掺合料、水、砂、石子的表观密度(kg/m^3)；

　　　　α——混凝土的含气量百分数，在不使用引气型外加剂时，α可取1；掺加引气剂的混凝土α可取引气量的百分数。

2. 试配与调整

混凝土的初步配合比是借助经验公式计算的，或是利用经验资料查得的，许多影响混凝土技术性质的因素并未考虑进去，因而不一定符合实际情况，不一定能满足配合比设计的基本要求，因此，必须进行试配与调整。

(1)试拌时的最小搅拌量。混凝土试配时，当粗集料最大公称粒径$D_{max} \leqslant 31.5$ mm时，最小搅拌基为20 L；$D_{max} = 40$ mm时，最小搅拌基为25 L；采用机械搅拌时，最小搅拌量不小于搅拌机公称容量的1/4，且不应大于搅拌机的公称容量。

(2)和易性的调整方法。首先要试配、调整混凝土的和易性，直到合格为止，确定出满足和易性要求的配合比——试拌配合比(也称基准配合比)。

当坍落度小于设计要求时，保持W/B不变，同时增加水和胶凝材料用量；当坍落度大于设计要求时，可保持砂率不变，同时增加砂、石用量；当拌合物中砂浆量不足，出现黏聚性、保水性不良时，可适当增加砂率；反之，应减少砂率。每次调整后，再试拌测试，直至符合要求为止。

(3)强度检验。试拌配合比是满足和易性要求的配合比，其水胶比是根据《普通混凝土配合比设计规程》(JGJ 55—2011)给出的经验公式计算的，不一定满足强度的设计要求，故应检验其强度。

一般采用三个不同的配合比，其一为上一步确定的试拌配合比，另外两个配合比的水胶比值分别较试拌配合比增加和减少0.05，而用水量与试拌配合比相同，以保证另外两组配合比的和易性满足要求(必要时可适当调整砂率或改变减水剂用量)。另外两组配合比也要试拌、检验和调整和易性，使其符合设计和施工要求。

根据强度试验结果，由各胶水比与其相应强度的关系，用作图法(图3-16)求出略大于配制强度($f_{cu,0}$)对应的胶水比(B/W)，该胶水比既满足了强度要求，又满足了胶凝材料用量最少的要求。

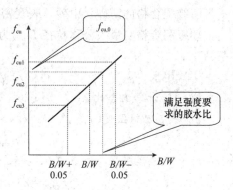

图3-16　作图法确定合理胶水比

调整后的配合比需要根据实测表观密度($\rho_{c,t}$)和计算表观密度($\rho_{c,c}$)进行校正。计算表观密度($\rho_{c,c}$)应按下式计算：

$$\rho_{c,c} = m_c + m_f + m_w + m_s + m_g \tag{3-21}$$

式中　$\rho_{c,c}$——混凝土拌合物的表观密度计算值(kg/m^3)；

　　　　m_c——调整后每立方米混凝土的水泥用量(kg/m^3)；

　　　　m_f——调整后每立方米混凝土的矿物掺合料用量(kg/m^3)；

　　　　m_g——调整后每立方米混凝土的粗集料用量(kg/m^3)；

　　　　m_s——调整后每立方米混凝土的细集料用量(kg/m^3)；

　　　　m_w——调整后每立方米混凝土的用水量(kg/m^3)。

混凝土配合比的校正系数按下式计算：

$$\delta = \frac{\rho_{c,t}}{\rho_{c,c}} \tag{3-23}$$

当 $\rho_{c,t}$ 与 $\rho_{c,c}$ 之差的绝对值不超过 $\rho_{c,c}$ 的 2% 时，可按调整后的配合比，不需校正；当 $\rho_{c,t}$ 与 $\rho_{c,c}$ 之差的绝对值超过 $\rho_{c,c}$ 的 2% 时，应将各配合比中每项材料用量均乘以校正系数 δ。

3. 施工配合比

施工现场砂、石进料的时候多数不是干燥状态，在现场堆放的时候含水率会经常波动。为了避免含水率的变化对混凝土配合比的影响，需要在每次混凝土开盘之前，测定砂、石的含水率，再对试验配合比进行调整得出施工配合比。

假设工地砂、石含水率分别为 $a\%$ 和 $b\%$，则施工配合比按下式确定：

$$m'_c = m_c \tag{3-24}$$
$$m'_f = m_f \tag{3-25}$$
$$m'_w = m_w - m_s \times a\% - m_g \times b\% \tag{3-26}$$
$$m'_s = m_s \times (1 + a\%) \tag{3-27}$$
$$m'_g = m_g \times (1 + b\%) \tag{3-28}$$

【例 3-1】 某多层钢筋混凝土框架结构房屋（干燥环境），混凝土的结构强度设计为 C25，施工要求的坍落度为 35~50 mm。试确定混凝土的计算配合比，并假定计算配合比经验证和易性和强度合格，试确定施工配合比。原材料性能如下：

①32.5 级的矿渣硅酸盐水泥，表观密度为 3 100 kg/m³；

②级配合格的河砂、中砂，表观密度为 2 650 kg/m³，含水率为 3%；

③级配合格、最大公称粒径 D_{max} 为 31.5 mm 的碎石，表观密度为 2 670 kg/m³，含水率为 1%；

④饮用水。

解： 1. 计算配合比

(1)确定配制强度 $(f_{cu,0})$。

$$f_{cu,0} = f_{cu,k} + 1.645\sigma$$

对于 C25 混凝土，查表 3-9，σ 取 5.0 MPa。

$$f_{cu,0} = 25 + 1.645 \times 5.0 = 33.2 (MPa)$$

(2)确定水胶比 (W/B)。

$$\frac{W}{B} = \frac{\alpha_a \times f_b}{f_{cu,0} + \alpha_a \times \alpha_b \times f_b}$$

由于未掺加掺合料，故胶凝材料 28 d 胶砂抗压强度 $f_b = f_{ce}$

未给出水泥的 28 d 胶砂抗压强度实测值，故可用经验公式 $f_{ce} = \gamma_c \times f_{ce,g}$

查表 3-11，$\gamma_c = 1.12$，故 $f_b = 1.12 \times 32.5 = 36.4 (MPa)$

粗集料采用的是碎石，故 α_a、α_b 分别取 0.53、0.20。

代入数据得

$$\frac{W}{B} = \frac{0.53 \times 36.4}{33.2 + 0.53 \times 0.20 \times 36.4} = 0.52$$

求出 $W/B = 0.52$，查表 3-12 进行耐久性复核，可知在题目规定的环境条件下，最大水胶比为 0.60，故满足耐久性要求。

(3)确定单位体积用水量(m_{w0})。混凝土所用的粗集料为碎石，且最大粒径为 31.5 mm，坍落度为 35~50 mm，查表 3-14，为满足和易性要求，选用水量为 $m_{w0}=185 \ \text{kg/m}^3$。

(4)确定水泥用量(m_{c0})。未掺加掺合料，故胶凝材料用量即是水泥的用量。

$$m_{c0}=m_{w0}/(W/B)=185/0.52=356(\text{kg/m}^3)$$

查表 3-15 进行耐久性复核，可知该环境条件下的最小胶凝材料用量为 280 kg/m³，故满足耐久性要求。

(5)确定砂率(β_s)。根据 $W/B=0.52$，碎石最大粒径 31.5 mm，中砂，查表 3-16 得：

水胶比	20	40	→	水胶比	31.5
0.50	32~37	30~35		0.50	31~36

中砂，对于水胶比 0.52，可选取 $\beta_s=34\%$。

(6)确定砂(m_{s0})、石(m_{g0})用量。

①质量法：假设混凝土的表观密度为 2 400 kg/m³，则

$$m_{c0}+m_{w0}+m_{s0}+m_{g0}=2\ 400$$

$$\frac{m_{s0}}{m_{s0}+m_{g0}}\times 100\%=\beta_s$$

代入数据得

$$356+185+m_{s0}+m_{g0}=2\ 400$$

$$\frac{m_{s0}}{m_{s0}+m_{g0}}\times 100\%=34\%$$

$m_{s0}=632 \ \text{kg/m}^3$，$m_{g0}=1\ 227 \ \text{kg/m}^3$

②体积法：

$$\frac{m_{c0}}{\rho_c}+\frac{m_{w0}}{\rho_w}+\frac{m_{s0}}{\rho_s}+\frac{m_{g0}}{\rho_g}+0.01\alpha=1$$

$$\frac{m_{s0}}{m_{s0}+m_{g0}}\times 100\%=\beta_s$$

代入数据得

$$\frac{356}{3\ 100}+\frac{185}{1\ 000}+\frac{m_{s0}}{2\ 650}+\frac{m_{g0}}{2\ 670}+0.01\times 1=1$$

$$\frac{m_{s0}}{m_{s0}+m_{g0}}\times 100\%=34\%$$

$m_{s0}=625 \ \text{kg/m}^3$，$m_{g0}=1\ 213 \ \text{kg/m}^3$

2. 施工配合比

假定计算配合比经验证和易性和强度合格，所以，计算配合比可以定为试验配合比。由此确定施工配合比。施工现场所用砂、石的含水率分别为 3‰和 1‰，则施工配合比为

$$m_c'=m_c=356 \ \text{kg/m}^3$$

$$m_w'=m_w-m_s\times a\%-m_g\times b\%=185-625\times 3\%-1\ 213\times 1\%=154(\text{kg/m}^3)$$

$$m_s'=m_s\times(1+a\%)=625\times(1+3\%)=644(\text{kg/m}^3)$$

$$m_g'=m_g\times(1+b\%)=1\ 218\times(1+1\%)=1\ 230(\text{kg/m}^3)$$

单元 4 路面水泥混凝土的组成设计

路面水泥混凝土是指满足混凝土路面摊铺工作性(和易性)、弯拉强度、耐久性与经济性要求的水泥混凝土材料。根据材料组成,路面水泥混凝土可分为普通路面混凝土、钢筋混凝土、预应力混凝土、钢纤维混凝土和碾压混凝土等。本节重点介绍路面普通混凝土组成材料的选择和配合比设计方法。

视频:路面水泥混凝土的组成设计

由于路面水泥混凝土直接承受车辆荷载的作用,其组成材料选择、配合比设计标准均应根据路面的交通等级确定。在《公路水泥混凝土路面设计规范》(JTG D40—2011)中,按设计基准期内设计车道临界荷位处所承受的设计轴载累计作用次数,将路面所承受的交通荷载作用分为5级,分级范围见表3-17。

表3-17 路面水泥混凝土的交通荷载分级

交通荷载等级	极重	特重	重	中等	轻
设计基准期内设计车道承受设计轴载(100 kN)累计作用次数($\times 10^4$)	$>1\times 10^6$	$1\times 10^6 \sim 2\ 000$	$2\ 000\sim 100$	$100\sim 3$	<3

3.4.1 组成材料的技术要求

1. 水泥

极重、特重、重交通荷载等级公路面层水泥混凝土应采用旋窑生产的道路硅酸盐水泥、硅酸盐水泥、普通硅酸盐水泥,中、轻交通荷载等级公路面层水泥混凝土可采用矿渣硅酸盐水泥。高温期施工宜采用普通型水泥,低温期施工宜采用早强型水泥。

面层水泥混凝土所用水泥的技术要求除应满足现行《道路硅酸盐水泥》(GB/T 13693—2017)或《通用硅酸盐水泥》(GB 175—2007)的规定外,各龄期的实测抗折强度、抗压强度还应符合表3-18的规定。

表3-18 路面水泥混凝土用水泥各龄期的实测强度值

混凝土设计弯拉强度标准值/MPa	5.5		5.0		4.5		4.0	
龄期/d	3	28	3	28	3	28	3	28
水泥实测抗折强度/MPa ≥	5.0	8.0	4.5	7.5	4.0	7.0	3.0	6.5
水泥实测抗压强度/MPa ≥	23.0	52.5	17.0	42.5	17.0	42.5	10.0	32.5

各交通荷载等级公路面层水泥混凝土用水泥的物理指标应符合表3-19的规定。

表3-19 各交通荷载等级公路面层水泥混凝土用水泥的物理指标要求

物理指标	极重、特重、重交通荷载等级	中、轻交通荷载等级
出磨时安定性	雷氏夹和蒸煮法检验均必须合格	蒸煮法检验必须合格

物理指标			极重、特重、重交通荷载等级	中、轻交通荷载等级
凝结时间/h	初凝时间	≥	1.5	0.75
	终凝时间	≤	10	10
标准稠度用水量/%			28.0	30.0
比表面积/(m²·kg⁻¹)			300～450	300～450
细度(80 μm 筛余)/%		≤	10.0	10.0
28 d 干缩率/%		≤	0.09	0.10
耐磨性/(kg·m⁻³)		≤	2.5	3.0

2. 粗集料

粗集料应使用质地坚硬、耐久、干净的碎石、破碎卵石或卵石。极重、特重、重交通荷载等级公路面层混凝土用粗集料质量不应低于Ⅱ级，中、轻交通荷载等级公路面层混凝土可使用Ⅲ级粗集料。

粗集料应根据混凝土配合比的公称最大粒径分为 2～4 个单粒级的集料，并掺配使用。粗集料的合成级配及单粒级级配范围宜符合表 3-20 的要求。不得使用不分级的统料。

表 3-20　粗集料的级配范围

方孔筛尺寸/mm		2.36	4.75	9.50	16.0	19.0	26.5	31.5	37.5
级配类型		累计筛余(以质量计)/%							
合成级配	4.75～16.0	95～100	85～100	40～60	0～10	—	—	—	—
	4.75～19.0	95～100	85～95	60～75	30～45	0～5	0	—	—
	4.75～26.5	95～100	90～100	70～90	50～70	25～40	0～5	0	—
	4.75～31.5	95～100	90～100	75～90	60～75	40～60	20～35	0～5	0
单粒级级配	4.75～9.5	95～100	80～100	0～15	0	—	—	—	—
	9.5～16.0	—	95～100	80～100	0～15	0	—	—	—
	9.5～19.0	—	95～100	85～100	40～60	0～15	0	—	—
	16.0～26.5	—	—	95～100	55～100	25～40	0～10	0	—
	16.0～31.5	—	—	95～100	85～100	55～70	25～40	0～10	0

各种面层水泥混凝土配合比的不同种类粗集料公称最大粒径宜符合表 3-21 的规定。

表 3-21　各种面层水泥混凝土配合比的不同种类粗集料公称最大粒径　　　　　mm

交通荷载等级		极重、特重、重			中、轻	
面层类型		水泥混凝土	纤维混凝土、配筋混凝土		水泥混凝土	碾压混凝土、砌块混凝土
最大公称粒径	碎石	26.5	16.0		31.5	19.0
	破碎卵石	19.0	16.0		26.5	19.0
	卵石	16.0	9.5		19.0	16.0
	再生粗集料	—	—		26.5	19.0

3. 细集料

细集料应使用质地坚硬、耐久、洁净的天然砂或机制砂，不宜使用再生细集料。极重、特重、重交通荷载等级公路面层水泥混凝土用天然砂的质量标准不应低于Ⅱ级，中、轻交通荷载等级公路面层水泥混凝土可使用Ⅲ级天然砂。

天然砂的级配范围宜符合表3-22的规定。面层水泥混凝土使用的天然砂细度模数宜为2.0～3.7。

表 3-22　天然砂的推荐级配范围

砂分级	细度模数	方孔筛尺寸/mm							
		9.5	4.75	2.36	1.18	0.60	0.30	0.15	0.075
		通过各筛孔的质量百分率/%							
粗砂	3.1～3.7	100	90～100	65～95	35～65	15～30	5～20	0～10	0～5
中砂	2.3～3.0	100	90～100	75～100	50～90	30～60	8～30	0～10	0～5
细砂	1.6～2.2	100	90～100	85～100	75～100	60～84	15～45	0～10	0～5

机制砂宜采用碎石作为原料，并用专用设备生产。极重、特重、重交通荷载等级公路面层水泥混凝土用机制砂的质量标准不应低于Ⅱ级，中、轻交通荷载等级公路面层水泥混凝土可使用Ⅲ级机制砂。

机制砂的级配范围宜符合表3-23的规定。面层水泥混凝土使用的机制砂细度模数宜为2.3～3.1。

表 3-23　机制砂的推荐级配范围

机制砂分级	细度模数	方孔筛尺寸/mm						
		9.5	4..75	2.36	1.18	0.60	0.30	0.15
		通过各筛孔的质量百分率/%						
Ⅰ级砂	2.3～3.1	100	90～100	80～95	50～85	30～60	10～20	0～10
Ⅱ、Ⅲ级砂	2.8～3.9	100	90～100	50～95	30～65	15～29	5～20	0～10

3.4.2　配合比设计

1. 配合比设计参数要求

(1)不同施工工艺混凝土拌合物的工作性应符合下列规定：

①碎石混凝土滑模摊铺时的坍落度宜为10～30 mm，卵石混凝土滑模摊铺时的坍落度宜为5～20 mm，振动黏度系数宜为200～500 N·s/m²。

②三辊轴机组摊铺时，拌合物的现场坍落度宜为20～40 mm。

③小型机具摊铺时，拌合物的现场坍落度宜为5～20 mm。

④拌合楼(机)出口拌合物坍落度值，应根据不同工艺摊铺时的坍落度值加上运输过程中坍落度损失值确定。

(2)各级公路面层水泥混凝土的最大水胶比和最小单位水泥用量应符合表3-24的规定。最大单位水泥用量不宜大于420 kg/m³；使用掺合料时，最大单位胶材总量不宜大于450 kg/m³。

表 3-24　各级公路面层水泥混凝土最大水胶比和最小单位水泥用量

公路等级		高速、一级	二级	三、四级
最大水胶比		0.44	0.46	0.48
有抗冰冻要求时最大水胶比		0.42	0.44	0.46
有抗盐冻要求时最大水胶比[a]		0.40	0.42	0.44
最小单位水泥用量/(kg·m⁻³)	52.5级	300	300	290
	42.5级	310	310	300
	32.5级	—	—	315
有抗冰冻、抗盐冻要求时最小单位水泥用量/(kg·m⁻³)	52.5级	310	310	300
	42.5级	320	320	315
	32.5级	—	—	325
掺粉煤灰时最小单位水泥用量/(kg·m⁻³)	52.5级	250	250	245
	42.5级	260	260	255
	32.5级	—	—	265
有抗冰冻、抗盐冻要求时掺粉煤灰混凝土最小单位水泥用量/(kg·m⁻³)[b]	52.5级	265	260	255
	42.5级	280	270	265

注：a. 处在除冰盐、海风、酸雨或硫酸盐等腐蚀性环境中或在大纵坡等加减速车道上，最大水胶比宜比表中数值降低 0.01～0.02。

b. 掺粉煤灰，并有抗冰冻、抗盐冻要求时，面层不应使用 32.5 级水泥

（3）严寒与寒冷地区面层水泥混凝土的抗冻等级不应低于表 3-25 的要求。

表 3-25　严寒与寒冷地区面层水泥混凝土的抗冻等级要求

公路等级		高速、一级		二、三、四级	
试件		基准配合比	现场取芯	基准配合比	现场取芯
抗冻等级(F)≥	严寒地区	300	250	250	200
	寒冷地区	250	200	200	150

（4）面层水泥混凝土应掺加引气剂，确保其抗冻性，提高工作性。拌合机出口拌合物含气量均值及允许偏差范围宜符合表 3-26 的规定，钻芯实测水泥混凝土面层最大气泡间距系数宜符合表 3-27 的要求。

表 3-26　拌合机出口拌合物含气量均值及允许偏差范围　　　　　　　　　　%

公称最大粒径/mm	无抗冻要求	有抗冰冻要求	有抗盐冻要求
9.5	4.5±1.0	5.0±0.5	6.0±0.5
16.0	4.0±1.0	4.5±0.5	5.5±0.5
19.0	4.0±1.0	4.0±0.5	5.0±0.5
26.5	3.5±1.0	3.5±0.5	4.5±0.5
31.5	3.5±1.0	3.5±0.5	4.0±0.5

表 3-27　水泥混凝土面层最大气泡间距系数

环境		公路等级	
		高速、一级	二、三、四级
严寒地区	冰冻	275±25	300±35
	盐冻	225±25	250±35
寒冷地区	冰冻	325±45	350±50
	盐冻	275±45	300±50

(5)各等级公路面层水泥混凝土磨损量宜符合表 3-28 的规定。

表 3-28　各等级公路面层水泥混凝土磨损量要求

公路等级	高速、一级	二级	三、四级
磨损量/(kg·m⁻²) ≤	3.0	3.5	4.0

2. 配合比设计步骤

(1)面层水泥混凝土配制 28 d 弯拉强度均值宜按下式计算确定:

$$f_c = \frac{f_r}{1 - 1.04 C_v} + ts \qquad (3-29)$$

式中　f_c——面层水泥混凝土配制 28 d 弯拉强度均值(MPa);

　　　f_r——设计弯拉强度标准值(MPa),按设计确定;

　　　t——保证率系数,按表 3-29 取值;

　　　s——弯拉强度试验样本的标准差(MPa),有试验数据时应使用试验样本的标准差;无试验数据时可按公路等级及设计弯拉强度,参考表 3-30 规定范围确定;

　　　C_v——弯拉强度变异系数,应按统计数据取值,小于 0.05 时取 0.05;无统计数据时,可在表 3-31 的规定范围内取值,其中高速公路、一级公路变异水平应为低,二级公路变异水平应不低于中。

表 3-29　保证率系数 t

公路等级	判别概率	样本数 n(组)			
		6~8	9~14	15~19	≥20
高速	0.05	0.19	0.61	0.45	0.39
一级	0.10	0.59	0.46	0.35	0.30
二级	0.15	0.46	0.37	0.28	0.24
三、四级	0.20	0.37	0.29	0.22	0.19

表 3-30　各级公路水泥混凝土面层弯拉强度试验样本的标准差 s

公路等级	高速	一级	二级	三级	四级
目标可靠度/%	95	90	85	80	70
目标可靠指标	1.64	1.28	1.04	0.84	0.52
样本的标准差 s/MPa	0.25~0.50		0.45~0.67	0.40~0.80	

表 3-31　变异系数 C_v 的范围

弯拉强度变异水平等级	低	中	高
弯拉强度变异系数 C_v 的范围	$0.05 \leqslant C_v \leqslant 0.10$	$0.10 \leqslant C_v \leqslant 0.15$	$0.15 \leqslant C_v \leqslant 0.20$

（2）正交试验法。试验可变因素应根据混凝土的性能要求和材料变化情况根据经验确定。水泥混凝土可选水泥用量、用水量、砂率或粗集料填充体积率 3 个因素；掺粉煤灰的混凝土可选用水量、基准胶材总量、粉煤灰掺量、粗集料填充体积率 4 个因素。每个因素至少应选定 3 个水平，并宜选用 $L_9(3^4)$ 正交表安排试验方案。

对正交试验结果进行直观及回归分析，回归分析的考察指标应包括坍落度、弯拉强度、磨损量。有抗冰冻、抗盐冻要求的地区，还应包括抗冻等级、抗盐冻性。满足混凝土各项性能要求的正交配合比，可确定为目标配合比。

（3）经验公式法。二级及二级以下公路采用经验公式法时，可按下列规定进行：

①计算水胶比。无掺合料时，根据粗集料的类型，水胶比可分别按下列统计公式计算。

碎石或破碎卵石混凝土：

$$\frac{W}{B} = \frac{1.568\,4}{f_c + 1.009\,7 - 0.359\,5f_s} \tag{3-30}$$

卵石混凝土：

$$\frac{W}{B} = \frac{1.261\,8}{f_c + 1.549\,2 - 0.470\,9f_s} \tag{3-31}$$

式中　f_s——水泥实测 28 d 抗折强度（MPa）；

　　　f_c——面层水泥混凝土配制 28 d 弯拉强度的均值（MPa）。

掺用粉煤灰、硅灰、矿渣粉等掺合料时，应计入超量取代法中代替水泥的那一部分掺合料用量（代替砂的超量部分不计入）计算水胶比。计算水胶比大于表 3-24 的规定时，应按表 3-24 取值。

②水泥混凝土的砂率宜根据砂的细度模数和粗集料种类按表 3-32 选取。做抗滑槽时，砂率可在表 3-32 基础上增大 1%～2%。

表 3-32　水泥混凝土的砂率

砂细度模数		2.2～2.5	2.5～2.8	2.8～3.1	3.1～3.4	3.4～3.7
砂率 $S_p/\%$	碎石	30～34	32～36	34～38	36～40	38～42
	卵石	28～32	30～34	32～36	34～38	36～40

注：a. 相同细度模数时，机制砂的砂率宜偏低限取用。
b. 破碎卵石可在碎石和卵石之间内插取值

③根据粗集料种类和坍落度要求，按经验式（3-32）～式（3-34）计算单位用水量。计算单位用水量大于表 3-33 最大用水量的规定时，应通过采用减水率更高的外加剂降低单位用水量。

碎石：

$$W_0 = 104.97 + 0.309S_L + 11.27\frac{B}{W} + 0.61S_p \tag{3-32}$$

卵石：

$$W_0 = 86.89 + 0.370S_L + 11.24\frac{B}{W} + 1.00S_p \tag{3-33}$$

掺外加剂的混凝土单位用水量：

$$W_{0w} = W_0\left(1 - \frac{\beta}{100}\right) \tag{3-34}$$

式中　W_0——不掺外加剂与掺合料混凝土的单位用水量（kg/m³）；

S_L——坍落度（mm）；

S_p——砂率（%）；

W_{0w}——掺外加剂混凝土的单位用水量（kg/m³）；

β——所用外加剂剂量的实测减水率（%）。

表 3-33　面层水泥混凝土最大单位用水量　　　　　　　　kg/m³

施工工艺	碎石混凝土	卵石混凝土
滑模摊铺机摊铺	160	155
三辊轴机组摊铺	153	148
小型机具摊铺	150	145
注：破碎卵石混凝土最大单位用水量可在碎石和卵石混凝土之间内插取值		

④计算单位水泥用量。可由式（3-35）计算，计算结果小于表 3-24 规定值时，应取表 3-24 的规定值。

$$C_0 = \frac{B}{W}W_0 \tag{3-35}$$

式中　C_0——单位水泥用量（kg/m³）。

⑤集料用量可按密度法或体积法计算。按密度法计算时，混凝土单位质量可取 2 400～2 450 kg/m³；按体积法计算时，应计入设计含气量。

⑥经计算得到的配合比，应验算粗集料填充体积率。粗集料填充体积率不宜小于 70%。

（4）掺用掺合料时，配合比设计应符合下列规定：

①掺用矿渣粉或硅灰时，配合比设计应采用等量取代水泥法，掺量应通过试验确定，并应扣除水泥中相同数量的矿渣粉或硅灰。

②掺用粉煤灰时，配合比设计宜按超量取代法进行，取代水泥的部分应扣除等量水泥量；超量部分应代替砂，并折减用砂量。

③Ⅰ级、Ⅱ级粉煤灰的超量取代系数可按表 3-34 初选。粉煤灰最大掺量，Ⅰ型硅酸盐水泥不宜大于 30%；Ⅱ型硅酸盐水泥不宜大于 25%；道路硅酸盐水泥不宜大于 20%。粉煤灰总掺量应通过试验最终确定。

表 3-34　各级粉煤灰的超量取代系数

粉煤灰等级	Ⅰ	Ⅱ	Ⅲ
超量取代系数 k	1.1～1.4	1.3～1.7	1.5～2.0

单元 5 砂浆

砂浆是由胶凝材料、细集料和水按一定比例配制而成的建筑材料。另外，还可以在砂浆中加入适当比例的掺合料和外加剂，以改善砂浆的性能。与混凝土相比，砂浆可视作无粗集料的混凝土，砂浆与混凝土具有相似的基本性质。在结构工程中，砂浆主要起黏结、衬垫和传递应力作用；在装饰工程中，起装饰和保护主体作用。

视频：砂浆

砂浆按用途分为砌筑砂浆、抹面砂浆和特种砂浆。砌筑砂浆用于砖、石块、砌块等的砌筑及构件安装；抹面砂浆用于墙面、地面、屋面等表面的抹灰，以达到防护和装饰的要求；特种砂浆是具有某些特殊性能的砂浆，如绝热砂浆、吸声砂浆、耐腐蚀砂浆、聚合物砂浆、防辐射砂浆等。

砂浆还可以按组成材料分为石灰砂浆、水泥砂浆和混合砂浆。石灰砂浆由石灰膏、砂和水按一定配合比制成，一般用于强度要求不高、不受潮湿的砌体和抹灰层；水泥砂浆由水泥、砂和水按一定配合比制成，一般用于潮湿环境或水中的砌体、墙面或地面等；混合砂浆是在水泥或石灰砂浆中掺加适当掺合料（如粉煤灰、硅藻土等）制成，以节约水泥或石灰用量，并改善砂浆的和易性。常用的混合砂浆有水泥石灰砂浆、水泥黏土砂浆和石灰黏土砂浆等。

3.5.1 砌筑砂浆

1. 砌筑砂浆的组成材料

（1）水泥。水泥可选用普通水泥、矿渣水泥、火山灰水泥或粉煤灰水泥等。

砌筑砂浆主要是用于砌筑砖石，铺成薄层黏结块体，传递荷载，强度等级要求不高。因此，选用水泥的强度等级不宜过高。水泥砂浆采用的水泥强度等级不宜大于 32.5 级，水泥混合砂浆采用的水泥强度等级不宜大于 42.5 级。

（2）细集料。砂是砂浆常用的细集料之一，与混凝土用砂的技术要求相同，即技术指标应符合《建设用砂》（GB/T 14684—2022）规定，且应全部通过 4.75 mm 的筛孔。

由于砂浆层一般较薄，因此对砂子的最大粒径有所限制。通常情况下，砖砌体用砂浆宜选用中砂，最大粒径不大于砂浆厚度的 1/4，一般以 2.36 mm 为宜；石砌体用砂浆宜选用粗砂，砂的最大粒径应不大于砂浆厚度的 1/5～1/4，一般以 4.75 mm 为宜；光滑的抹面及勾缝的砂浆宜采用细砂，以最大粒径不大于 1.18 mm 为宜。

（3）掺加料。为改善新拌砂浆的和易性，节约水泥用量，常在砂浆中掺入一些工业废料，如生石灰粉、粉煤灰、石灰膏和黏土膏等。

《砌筑砂浆配合比设计规程》（JGJ/T 98—2010）对砌筑砂浆中的掺加料有相关规定。其中，生石灰粉、石灰膏和黏土膏必须配制成稠度为 120 mm±5 mm 的膏状体，并用孔径不大于 3 mm×3 mm 的网过滤。生石灰粉的熟化时间不得少于 7 d。严禁使用脱水硬化的石灰膏。消石灰粉不得直接用于砌筑砂浆。

同时，采用黏土或粉质黏土制备黏土膏时，宜用搅拌机加水搅拌，使黏土膏达到所需细度，以保证其塑化效果。另外，对于加入的粉煤灰、粒化高炉矿渣粉、硅灰和天然沸石粉等掺加料，应符合相关标准要求。

(4)外加剂。为使砂浆具有良好的工作性能，可根据砂浆的用途及所需性能，掺入必要的外加剂。砌筑砂浆中掺入的外加剂，应符合现行国家有关标准的规定，并经砂浆性能试验合格后方可使用。

砌筑砂浆中掺入的外加剂与混凝土中的相似。为改善砂浆的和易性，提高砂浆的抗裂性、抗冻性及保温性，可掺入减水剂等外加剂；为增强砂浆的防水性和抗渗性，可掺入防水剂等；为增强砂浆的保温隔热性能，除选用轻质细集料外，还可掺入引气剂提高砂浆的孔隙率。

(5)水。配制砂浆所用水应不含有害杂质，一般与混凝土用水要求相同，即应符合现行行业标准《混凝土用水标准》(JGJ 63—2006)中各项技术指标的规定。

2. 砌筑砂浆的技术性质

(1)新拌砂浆的和易性。砂浆的和易性是指砂浆是否易于施工并保证质量的综合性质。和易性好的砂浆容易在砖石等表面铺成均匀、连续的薄层，且与基层黏结紧密。其包括流动性和保水性两个方面含义。

①流动性(稠度)。流动性(稠度)是指砂浆拌合物在自重或外力作用下产生流动的性质。流动性的大小用砂浆稠度仪测定，用"沉入度"表示，即标准圆锥体在砂浆内自由沉入 10 s 时的深度，如图 3-17 所示。沉入度值越大，砂浆流动性越大，越容易流动。

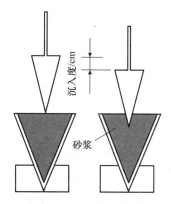

图 3-17 砂浆稠度示意

砂浆流动性的选择应根据砌体种类、施工条件和气候条件等因素来决定。通常情况下，基底为多孔吸水性材料，或在干热条件下施工时，应选择流动性大的砂浆。相反，基底吸水少，或湿冷条件下施工，应选流动性小的砂浆。表 3-35 为《砌筑砂浆配合比设计规程》(JGJ/T 98—2010)中规定砌筑砂浆的施工稠度。

表 3-35　砌筑砂浆的施工稠度

mm

砌体种类	施工稠度
烧结普通砖砌体、粉煤灰砖砌体	70～90
混凝土砖砌体、普通混凝土小型空心砌块砌体、灰砂砖砌体	50～70
烧结多孔砖砌体、烧结空心砖砌体、轻集料混凝土小型空心砌块砌体、蒸压加气混凝土砌块砌体	60～80
石砌体	30～50

②保水性。保水性是指砂浆保持内部水分，抵抗泌水的能力。保水性不良的砂浆，使用过程中出现泌水、流浆，使砂浆与基底黏结不牢，且由于失水影响砂浆正常的凝结硬化，使砂浆的强度降低。保水性用保水率和分层度表示。

保水率是将砂浆拌合物填入试模，并用抹刀将砂浆刮平。用滤纸吸取砂浆表面析出的水，经过一定时间之后，测试滤纸吸取水的质量。砂浆中剩余水的质量占总水量的百分比即砂浆的保水率。

分层度是以砂浆拌合物静置 30 min 前后稠度的变化值来表示的。测量砌筑砂浆分层度所用仪器是砂浆分层度测定仪(图 3-18)，即用配制好的砂浆在稠度测定仪上测得其稠度值，然后将该砂浆放入砂浆分层度测定仪中，经 30 min 后去掉上面 200 mm 厚的砂浆，剩余部分砂浆重新拌和后再测定其稠度值，前后两次稠度之差（以 mm 计）就是砂浆分层度。一般情况下，建筑砂浆的分层度以 10～20 mm 为宜。

（2）硬化砂浆的强度。《建筑砂浆基本性能试验方法标准》(JGJ/T 70—2009) 中规定，建筑砂浆的强度等级试验应采用 70.7 mm × 70.7 mm × 70.7 mm 的带底试模试件，每组试件应为 3 个，且在标准养护条件下养护至 28 d，测定出砂浆立方体抗压强度的平均值（MPa），并按具有 85% 强度保证率确定。

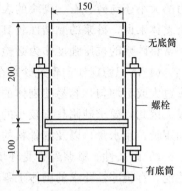

图 3-18　砂浆分层度测定仪

试验结果的计算方法与混凝土一致。以 3 个试件测值的算术平均值作为该组试件的抗压强度值；当 3 个试件强度的最大值或最小值有一个与中间值之差超过中间值的 15% 时，以中间值作为该组试件的抗压强度值；若两个均超出中间值的 15%，该组试验无效。

水泥砂浆的强度等级分为 M5、M7.5、M10、M15、M20、M25、M30 七个等级。水泥混合砂浆的强度等级有 M5、M7.5、M10 和 M15 四个等级。对特别重要的砌体和有较高耐久性要求的工程，宜采用 M20 以上的砂浆。

砌筑砂浆的强度与基层材料是否吸水有关，可采用下列公式估算其抗压强度：

①不吸水基层。砂浆强度的影响因素与混凝土相似，主要取决于水泥强度和胶水比。其强度计算按下式进行：

$$f_{m,0} = A f_{ce} \left(\frac{C}{W} - B \right) \tag{3-36}$$

式中　$f_{m,0}$——砂浆试配抗压强度（MPa）；

　　　f_{ce}——水泥实测抗压强度（MPa）；

　　　C/W——胶水比；

　　　A、B——经验系数，用普通水泥时，$A = 0.29$，$B = 0.40$。

②吸水基层。用于吸水基层时，由于基层能吸水，砂浆中的水会被基层材料吸收一部分。此时，砂浆中保留水分的多少主要取决于砂浆自身的保水性，与胶水比关系不大。因此，砌筑多孔吸水基层的砂浆，其强度主要取决于水泥强度及水泥用量。其计算按下式进行：

$$f_{m,0} = \alpha \frac{f_{ce} Q_c}{1\,000} + \beta \tag{3-37}$$

式中　Q_c——每立方米砂浆中水泥用量（kg）；

　　　α、β——经验系数，$\alpha = 3.03$，$\beta = -15.09$。

在无法取得水泥的实测强度值时，可按下式计算：

$$f_{ce} = \gamma_c f_{ce,k} \tag{3-38}$$

式中　$f_{ce,k}$——水泥的强度等级值（MPa）；

　　　γ_c——水泥强度等级值的富余系数，该值宜按实际统计资料确定，无统计资料时可取 1.0。

（3）砌筑砂浆的黏结性。砌体中的砖、石、砌块等材料是靠砂浆黏结成一个坚固的整体并传递荷载的，因此，砂浆与基材之间应有一定的黏结强度，以便将砌体黏结成为坚固的整体。砂浆与砌体黏结得越牢固，则整个砌体的整体性、强度、耐久性及抗震性越好。一般来说，砂浆的抗压强度越高，其粘结力越强。

砌筑前，如果保持基层材料有一定的润湿程度，则有利于粘结力的提高。另外，粘结力的大小还与砖、石、砌块的表面清洁程度及养护条件等因素有关。实际上，对于砌体这个整体来说，砂浆的黏结性较其抗压强度更为重要。但是，考虑到检测的难易程度，工程上常将砂浆的抗压强度作为必检项目和配合比设计的依据。

(4)体积稳定性。砌筑砂浆在承受荷载、温度变化或干缩过程中，会产生变形。如果变形过大或不均匀，容易使砌体的整体性下降，如产生沉陷或裂缝，从而影响整个砌体的质量。因此，要求砂浆具有较小的变形性。影响砂浆变形性的因素很多，如胶凝材料的种类和用量、用水量，以及细骨料的种类、级配、质量和外部环境等。

(5)耐久性。砂浆经常受环境水的作用，故除强度外，还应考虑抗渗、抗冻、抗侵蚀等性能。有抗冻性要求的砌体工程或受冻融影响较多的建筑部位，砌筑砂浆应进行冻融试验。经冻融试验后，质量损失率不应大于5%，强度损失率不应大于25%。

3. 砌筑砂浆的配合比设计

砌筑砂浆可根据工程类别及砌体部位的设计要求来确定砂浆的强度等级，然后选定其配合比。一般情况下可查阅有关手册和资料来选择配合比，但如果工程量较大、砌体部位较为重要，或掺入外加剂等非常规材料时，为保证质量和降低造价，应经过计算、试配、调整，从而确定施工用的配合比。

(1)根据《砌筑砂浆配合比设计规程》(JGJ/T 98—2010)规定，现场配制水泥混合砂浆的配合比设计步骤如下：

①计算砂浆试配强度。砂浆的试配强度应按下式计算：

$$f_{m,0} = k f_2 \qquad\qquad (3-39)$$

式中 $f_{m,0}$——砂浆的试配强度(MPa)，应精确至 0.1 MPa；

f_2——砂浆强度等级值(MPa)，应精确至 0.1 MPa；

k——系数，按表 3-36 取值。

表 3-36   砂浆强度标准差 σ 及 k 值

强度等级 施工水平	强度标准差 σ/MPa							k
	M5	M7.5	M10	M15	M20	M25	M30	
优良	1.00	1.50	2.00	3.00	4.00	5.00	6.00	1.15
一般	1.25	1.88	2.50	3.75	5.00	6.25	7.50	1.20
较差	1.50	2.25	3.00	4.50	6.00	7.50	9.00	1.25

砂浆强度标准差的确定应符合下列规定：

a. 当有统计资料时，砂浆强度标准差应按下式计算：

$$\sigma = \sqrt{\dfrac{\sum\limits_{i=1}^{n} f_{m,i}^2 - n\mu_{fm}^2}{n-1}} \qquad\qquad (3-40)$$

式中 $f_{m,i}$——统计周期内同一品种砂浆第 i 组试件的强度(MPa)；

μ_{fm}——统计周期内同一品种砂浆 n 组试件强度的平均值(MPa)；

n——统计周期内同一品种砂浆试件的总组数，$n \geqslant 25$。

b. 当无统计资料时，砂浆强度标准差可按表 3-36 取值。

②计算水泥用量。每立方米砂浆中的水泥用量，应按下式计算：

$$Q_c = \frac{1\,000(f_{m,0} - \beta)}{\alpha \cdot f_{ce}} \qquad (3\text{-}41)$$

式中 Q_c——每立方米砂浆的水泥用量(kg)，应精确至 1 kg；

f_{ce}——水泥的实测强度(MPa)，应精确至 0.1 MPa，无法取得水泥的实测强度值时可按式(3-38)计算；

α、β——砂浆的特征系数，其中 α 取 3.03，β 取 -15.09。

③计算石灰膏用量。石灰膏用量应按下式计算：

$$Q_D = Q_A - Q_c \qquad (3\text{-}42)$$

式中 Q_D——每立方米砂浆的石灰膏用量(kg)，应精确至 1 kg；石灰膏使用时的稠度宜为 120 mm$\pm$5 mm；

Q_c——每立方米砂浆的水泥用量(kg)，应精确至 1 kg；

Q_A——每立方米砂浆中水泥和石灰膏总量，应精确至 1 kg，可为 350 kg。

④每立方米砂浆中的砂用量，应按干燥状态(含水率小于 0.5%)的堆积密度值作为计算值(kg)。

⑤每立方米砂浆中的用水量，可根据砂浆稠度等要求选用 210～310 kg。同时需要注意以下几点：

a. 混合砂浆中的用水量，不包括石灰膏中的水；

b. 当采用细砂或粗砂时，用水量分别取上限或下限；

c. 稠度小于 70 mm 时，用水量可小于下限；

d. 施工现场气候炎热或干燥季节，可酌量增加用水量。

(2)水泥砂浆的材料用量可按表 3-37 选用。

表 3-37　每立方米水泥砂浆材料用量　　　　　　　　　　　　　　　kg/m³

强度等级	水泥	砂	水
M5	200～230		
M7.5	220～260		
M10	260～290		
M15	290～330	砂的堆积密度值	270～330
M20	340～400		
M25	360～410		
M30	430～480		

注：①M15 及 M15 以下强度等级水泥砂浆，水泥强度等级为 32.5 级；M15 以上强度等级水泥砂浆，水泥强度等级为 42.5 级；

②当采用细砂或粗砂时，用水量分别取上限或下限；

③稠度小于 70 mm 时，用水量可小于下限；

④施工现场气候炎热或干燥季节，可酌量增加用水量；

⑤试配强度应按式(3-39)计算

(3)水泥粉煤灰砂浆材料用量可按表 3-38 选用。

表 3-38　每立方米水泥粉煤灰砂浆材料用量　　　　　　　　kg/m³

强度等级	水泥和粉煤灰总量	粉煤灰	砂	用水量
M5	210～240			
M7.5	240～270	粉煤灰掺量可占胶凝材料总量的 15％～25％	砂的堆积密度值	270～330
M10	270～300			
M15	300～330			

注：①表中水泥强度等级为 32.5 级；
　　②当采用细砂或粗砂时，用水量分别取上限或下限；
　　③稠度小于 70 mm 时，用水量可小于下限；
　　④施工现场气候炎热或干燥季节，可酌量增加用水量；
　　⑤试配强度应按式(3-39)计算

(4)计算或查表得出的配合比要经过试配调整，求出满足和易性及强度要求，且水泥用量最少的配合比。

①试配时应采用工程中实际使用的材料进行试拌，搅拌方法应采用机械搅拌，搅拌时间应从投料结束时算起。对水泥砂浆和水泥混合砂浆，搅拌时间不得小于 120 s；对于掺用粉煤灰和外加剂的砂浆，搅拌时间不得小于 180 s。

②试拌时应测定其拌合物的稠度和保水率。当稠度和保水率不满足要求时，应调整用水量或掺加料，直到符合要求为止，即确定为试配时的砂浆基准配合比。

③试配时至少采用 3 个不同的配合比，其中一个为基准配合比，另外两个配合比的水泥用量按基准配合比分别增加及减少 10％，在保证稠度和保水率合格的条件下，可将用水量、石灰膏、保水增稠材料或粉煤灰等用量进行相应调整。

④对 3 个不同的配合比进行调整后，按现行行业标准《建筑砂浆基本性能试验方法标准》(JGJ/T 70—2009)的规定制成成型试件，测定砂浆强度，并选定符合试配强度要求且水泥用量最低的配合比作为砂浆的配合比。

3.5.2　抹面砂浆

抹面砂浆也称抹灰砂浆，其涂抹于建筑物内、外表面，既可保护建筑物，又可使表面具有一定的使用功能(装饰、防水、保温、吸声、耐酸等)。常按使用功能将抹面砂浆分为普通抹面砂浆、防水砂浆、装饰砂浆和特殊用途砂浆(防水、绝热、耐酸、吸声等)。

1. 普通抹面砂浆

普通抹面砂浆主要是为了保护建筑物，并使表面平整美观。抹面砂浆与砌筑砂浆不同，主要要求的不是强度，而是与底面的粘力。所以，配制时需要胶凝材料数量较多，并应具有良好的和易性，以便操作。

为了保证抹灰表面平整，避免产生裂缝、脱落等现象，通常抹灰应分两层或三层进行施工。各层抹灰要求不同，所以，每层所用的砂浆也不同。

底层砂浆主要起与基层黏结的作用。砖墙底层多用石灰砂浆；有防水、防潮要求时用水泥砂浆；板条墙及顶棚的底层抹灰多用混合砂浆或石灰砂浆；混凝土面底层抹灰多用水泥砂浆或混合砂浆。

中层抹灰主要起找平作用，多用混合砂浆或石灰砂浆。

面层主要起装饰作用，砂浆中适宜用细砂。面层抹灰多用混合砂浆、麻刀石灰浆、纸筋石灰浆。在容易碰撞或潮湿部位的面层，应采用水泥砂浆。

2. 防水砂浆

防水砂浆是构成某些建筑物地下工程、水池、地下管道、沟渠等要求不透水性的防水层的基本材料。防水砂浆的砂灰比一般为 2.5～3.0，水胶比为 0.50～0.55；水泥应选用 42.5 级以上的火山灰水泥、硅酸盐水泥或普通水泥；采用级配良好的中砂，可掺入防水剂以提高其防水性能。

防水砂浆的防水效果在很大程度上取决于施工质量。涂抹时一般分 5 层，每层约为 5 mm，每层在初凝前要用抹子压实，最后一层要压光，才能取得良好的防水效果。

3. 装饰砂浆

装饰砂浆与普通抹面砂浆基本相同，其装饰效果是通过施工时不同的处理方法(如表面不同做法，使用白水泥或色彩水泥，加入天然的彩色砂、碎屑等)来实现的。装饰砂浆表面可以做各种装饰，如水刷石、水磨石、拉毛石、剁假石等。

实训一　混凝土拌合物的和易性

1. 坍落度试验

本方法适用坍落度值不小于 10 mm，集料最大粒径不大于 40 mm 的混凝土拌合物。测定时需拌制拌合物不宜小于 20 L。

(1)主要仪器设备。

①标准坍落度筒：满足《混凝土坍落度仪》(JG/T 248—2009)的要求，为金属制截头圆锥形，上下截面必须平行并与锥体轴心垂直，筒外两侧焊把手两只，近下端两侧焊脚踏板，圆锥筒内表面必须十分光滑。

圆锥筒尺寸：底部内径 200 mm±1 mm、顶部内径 100 mm±1 mm、高度300 mm±1 mm。脚踏板长度和宽度均不宜小于 75 mm，厚度不宜小于 3 mm。

②捣棒：直径 16 mm±0.2 mm、长 600 mm±5 mm 的钢棒，端部磨成圆球形。

③其他：小铁铲、装料漏斗、直尺、钢尺、拌板和抹刀等。

(2)试验步骤。

①每次测定前，用湿布将拌板及坍落度筒内外擦净、润湿，并将筒顶部加上漏斗，放在拌板上，用双脚踩紧踏板，使其位置固定。

②用小铲将拌好的拌合物分三层均匀装入筒内，每层装入高度在插捣后大致应为筒高的1/3。顶层装料时，应使拌合物高出筒顶。在插捣过程中，如试样沉落到低于筒口，则应随时添加，以便使试样自始至终保持高于筒顶。每装一层分别用捣棒插捣 25 次，插捣应在全部面积上进行，沿螺旋线由边缘渐向中心。插捣筒边混凝土时，捣棒应稍有倾斜，然后垂直插捣中心部分。底层插捣应穿透整个深度。插捣其他两层时，应垂直插捣至下层表面为止。

③插捣完毕即卸下漏斗，将多余的拌合物刮去，使其与筒顶面齐平，筒周围拌板上的拌合物必须刮净、清除。

④将坍落度筒小心平稳地垂直向上提起，不得歪斜，提离过程5～10 s内完成，将筒轻轻放在拌合物试体一旁，量出坍落后拌合物试体最高点与筒高的距离（以mm为单位计，读数精确至5 mm），即拌合物的坍落度。

⑤从开始装料到提起坍落度筒的整个过程应连续进行，并在150 s内完成。

⑥坍落度筒提离后，如试件发生崩塌或一边剪坏现象，则应重新取样进行测定。如第二次仍出现这种现象，则表示该拌合物和易性不好，应予记录备查。

⑦测定坍落度后，观察拌合物的下述性质，并记录。

a. 黏聚性。用捣棒在已坍落的拌合物锥体侧面轻轻敲打，如果锥体逐渐下沉，表示黏聚性良好；如果突然倒塌，部分崩裂或石子离析，则是黏聚性不好的表现。

b. 保水性。提起坍落度筒后如有较多的稀浆从底部析出，锥体部分的拌合物也因失浆而集料外露，则表明保水性不好。如无稀浆或仅有少量稀浆自底部析出，则表明混凝土拌合物保水性良好。

⑧当混凝土拌合物的坍落度大于220 mm时，用钢尺测量混凝土扩展后最终的最大直径和最小直径，在这两个直径之差小于50 mm的条件下，用其算术平均值作为坍落扩展度值；否则，此次试验无效。如果发现粗集料在中央集堆或边缘有水泥浆析出，表示此混凝土拌合物抗离析性不好，应予记录。

2. 维勃稠度试验

本方法适用集料最大粒径不超过40 mm，维勃稠度为5～30 s的混凝土拌合物稠度测定。测定时需配制拌合物不少于15 L。

(1)主要仪器设备。

①维勃稠度仪(图3-19)。

a. 振动台台面长380 mm，宽260 mm，支撑在四个减震器上。振动频率为50 Hz±3 Hz。空容器时台面的振幅为0.5 mm±0.1 mm。

b. 容器用钢板制成，内径为240 mm±3 mm，高为200 mm±2 mm，筒壁厚为3 mm，筒底厚为7.5 mm。

c. 坍落度筒尺寸同标准圆锥坍落度筒，但应去掉两侧的脚踏板。

d. 旋转架，连接测杆及喂料漏斗。测杆下端安装透明而水平的透明圆盘，并有螺钉把测杆固定。就位后，测杆或漏斗的轴线应和容器的轴线重合。透明圆盘直径为230 mm±2 mm，厚度为10 mm±2 mm。

②其他：捣棒、小铲、秒表(精度为0.5 s)。

(2)试验步骤。

①把维勃稠度仪放置在坚实水平的基面上，用湿布把容器、坍落度筒、喂料斗内壁及其他用具擦湿。

②将喂料漏斗提到坍落度筒的上方扣紧，校正容器位置，使其中心与喂料斗中心重合，然后拧紧螺钉。

③把混凝土拌合物经喂料漏斗分层装入坍落度筒。装料及插捣的方法同坍落度测定中的规定。

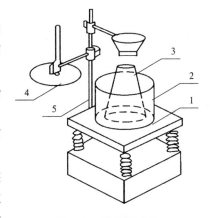

图3-19 维勃稠度仪
1—振动台；2—容器；3—坍落度筒；
4—透明圆盘；5—旋转架

④把圆盘、喂料漏斗都转离坍落度筒，小心并垂直地提起坍落度筒，此时应注意不使混凝土试体产生横向的扭动。

⑤把透明圆盘转到混凝土锥体顶面，放松螺钉，使圆盘轻轻落到混凝土顶面，此时应防止坍落的混凝土倒下与容器内壁相碰。如有需要可记录坍落度值。

⑥拧紧旋转架的螺钉，并检查测杆上的螺钉是否已经放松。同时开启振动台和秒表，在透明圆盘的底面被水泥浆所布满的瞬间停下秒表，并关闭振动台。

⑦记录秒表上的时间，读数精确到 1 s。由秒表读出的时间秒数表示所试验的混凝土拌合物的维勃稠度值。如维勃稠度值小于 5 s 或大于 30 s，则此种混凝土所具有的稠度已超出本仪器的适用范围。

实训二　抗压强度试验

按照标准方法制作的混凝土试件，在标准条件下养护 28 d，采用标准试验方法测得的抗压强度称为混凝土的立方体抗压强度，用 f_{cu} 表示。工程中混凝土抗压强度试验多是采用立方体试件。立方体抗压强度标准试件的尺寸为 150 mm×150 mm×150 mm，也可采用非标准试件，然后将测定的结果乘以一定的换算系数，见表 3-6。

1. 试件制作与养护

(1)主要仪器设备。

①混凝土振动台；

②混凝土立方体抗压试模；

③其他：捣棒、小铁铲、抹刀等。

(2)试件的成型。

①按规定制备混凝土，试验室拌制的混凝土应在拌制后尽量短的时间内成型，一般不宜超过 15 min。

②试件制作前，应将试模擦拭干净，并在试模内表面涂一薄层矿物油或其他不与混凝土发生反应的脱模剂。

③试件成型方法应视混凝土的稠度而定。一般坍落度小于 70 mm 的混凝土，用振动台振实，大于 70 mm 的用捣棒人工捣实。检验现浇混凝土或预制构件的混凝土，试件成型方法宜与实际采用的方法相同。

a. 振动台成型。将拌合物一次装入试模，装料时应用抹刀沿各试模壁插捣，并使混凝土拌合物高出试模口，然后将试模放在振动台上并加以固定。开动振动台，振至拌合物表面呈现水泥浆时为止，不得过振。

b. 人工捣实成型。拌合物分两层装入试模，每层厚度大致相等，按螺旋方向从边缘向中心均匀进行。插捣底层时，捣棒应达到试模底面；插捣上层时，捣棒应穿入下层深度 20～30 mm。插捣时，捣棒应保持垂直。每层插捣次数一般每 100 cm² 面积应不少于 12 次，并用抹刀沿试模内壁插入数次。插捣后用橡皮锤轻敲试模四周，直至插捣棒留下的空洞消失为止。

c. 用插入式振捣棒振实。将混凝土拌合物一次装入试模，装料时应用抹刀沿各试模壁插捣，并使混凝土拌合物高出试模口。宜用直径为 φ25 mm 的插入式振捣棒，插入试模振捣时，振捣棒距离试模底板 10～20 mm 且不得触及试模底板，振动应持续到表面出浆为止，且应避免过振，以防止混凝土离析；一般振捣时间为 20 s。振捣棒拔出时要缓慢，拔出后不得留有孔洞。

④用抹刀沿试模边缘将多余的拌合物刮去，待混凝土临近初凝时，用抹刀将表面抹平。

（3）试件的养护。

①试件成型后应覆盖，以防止水分蒸发，并在室温为20 ℃±5 ℃情况下至少静置1 d（但不得超过2 d），然后编号拆模。

②拆模后的试件应立即放在温度为20 ℃±2 ℃、相对湿度为95％以上的标准养护室中养护。在标准养护室内试件应放在支架上，彼此间隔为10～20 mm，并应避免用水直接冲淋试件。无标准养护室时，混凝土试件可放在温度为20 ℃±2 ℃的不流动Ca(OH)₂饱和溶液中养护。标准养护龄期为28 d(从搅拌加水开始计时)。

③试件成型后需与构件同条件养护时，应覆盖其表面。试件拆模时间可与实际构件的拆模时间相同。拆模后的试件仍应保持与构件相同的养护条件。

2. 立方体抗压强度

（1）主要仪器设备。压力试验机：精度应不低于±1％，量程应能使试件在预期破坏荷载值不小于全量程的20％，也不大于全量程的80％。混凝土强度等级≥C60时，试件周围应设防崩裂网罩。

（2）试验步骤。

①试件从养护地点取出后应及时进行试验，将试件表面与上下承压板面擦干净。

②把试件安放在试验机下压板中心，试件的承压面与成型时的顶面垂直。试件的中心应与试验机下压板中心对准，开动试验机。

③加压时，应持续而均匀地加荷。

④当试件接近破坏开始急剧变形时，应停止调整试验机油门，直至破坏。然后记录破坏荷载，关闭压力机。

⑤试验完毕，清理仪器设备。

（3）结果计算。

①混凝土立方体试件抗压强度按下式计算(精确至0.1 MPa)：

$$f_{cu} = \frac{F}{A} \tag{3-43}$$

式中 f_{cu}——混凝土立方体试件抗压强度(MPa)；

   F——破坏荷载(N)；

   A——试件承压面积(mm²)。

②一组混凝土应检测3个试件，以3个试件算术平均值作为该组试件的抗压强度值。3个试件中的最大值或最小值中，如有一个与中间值的差异超过中间值的15％，则把最大值及最小值一并舍去，取中间值作为该组试件的抗压强度值。如最大值、最小值与中间值的差均超过中间值的15％，则该组试件的试验结果无效。

③取150 mm×150 mm×150 mm试件抗压强度为标准值，用其他尺寸试件测得的强度值均应乘以尺寸换算系数。当混凝土强度等级≥C60时，宜采用标准试件；使用非标准试件时，尺寸换算系数应由试验确定。

3. 轴心抗压强度

（1）仪器设备。

①压力试验机：符合抗压强度试验标准的规定。

②混凝土振动台。

③混凝土轴心抗压试模：标准试模尺寸为 150 mm×150 mm×300 mm。

④其他：捣棒、小铁铲、抹刀等。

（2）试验步骤。

①试件的成型和养护方法同抗压强度试件的成型和养护。

②试件从养护地点取出后应及时进行试验，用干毛巾将试件表面与上下承压板面擦干净。

③把试件直立安放在试验机下压板中心，使试件的轴心与试验机下压板中心对准，开动试验机。

④加压时，应持续而均匀地加荷，加荷速度同抗压试件要求。当试件接近破坏而急剧变形时，应停止调整试验机油门，直至破坏。

⑤记录破坏荷载，关闭压力机。试验完毕，清理仪器设备。

（3）结果计算。

①混凝土轴心件抗压强度按下式计算（精确至 0.1 MPa）：

$$f_{cp} = \frac{F}{A} \tag{3-44}$$

式中　f_{cp}——混凝土轴心抗压强度（MPa）；

　　　F——破坏荷载（N）；

　　　A——试件承压面积（mm²）。

②一组混凝土应检测 3 个试件，混凝土轴心抗压强度值的确定方法同立方体抗压强度。

③当混凝土强度等级＜C60 时，用非标准试件测得的强度值均应乘以尺寸换算系数，对 200 mm×200 mm×400 mm 试件，其值为 1.05；对 100 mm×100 mm×300 mm 试件，其值为 0.95。当混凝土强度等级≥C60 时，宜采用标准试件；使用非标准试件时尺寸换算系数应由试验确定。

▷ 模块测评和成果检测

1. 知识测评

确定本模块关键词，按重要程度进行关键词排序并举例解读。学生根据自己对本模块重要信息捕捉、排序、表达、创新和划分权重能力进行自评，满分 100 分（表 3-39）。

表 3-39　混凝土与砂浆知识测评表

序号	关键词	举例解读	评分
1			
2			
3			
4			
5			
总分			

2. 能力测评

对表 3-40 所列作业内容，操作规范即得分，操作错误或未操作即零分。

表 3-40　混凝土与砂浆能力测评表

序号	技能点	配分	得分
1	描述混凝土的组成材料及其作用	10	
2	检测混凝土的技术性质	30	
3	进行普通混凝土的配合比设计	20	
4	路面水泥混凝土的组成设计	20	
5	检测砂浆的技术性质	20	
	总分	100	

3. 素质测评

对表 3-41 所列素养点，做到即得分，未做到即零分。

表 3-41　胶凝材料素质测评表

序号	素养点	配分	得分
1	责任意识，小组间团结合作完成分配任务	20	
2	安全意识，试验前仪器、设备及工具安全检查	20	
3	节约意识，按量称取材料	20	
4	试验后仪器、工具、试验台清洁及整理	20	
5	诚信意识，按试验结果记录数据	20	
	总分	100	

4. 学习成果

考核内容及评价标准见表 3-42。

表 3-42　考核内容及评分标准

序号	评分项	得分条件	评分标准	配分	扣分
1	安全意识/态度	□1. 能进行自身安全防护 □2. 能进行仪器设备安全检查 □3. 能进行工具安全检查 □4. 能进行仪器工具清洁存放操作 □5. 能进行合理的时间控制	未完成 1 项扣 2 分，扣分不得超过 10 分	10	
2	方案制订与报告撰写能力	□1. 字迹清晰 □2. 语句通顺 □3. 无错别字 □4. 无涂改 □5. 无抄袭	未完成 1 项扣 1 分，扣分不得超过 5 分	5	

序号	评分项	得分条件	评分标准	配分	扣分
3	专业技术能力	□1. 能正确选择混凝土的组成材料 □2. 能正确检测混凝土的和易性 □3. 能正确检测混凝土的力学性能 □4. 能正确认知混凝土的耐久性 □5. 能正确进行普通混凝土的配合比设计 □6. 能正确进行路面混凝土的组成设计 □7. 能正确检测砂浆的技术指标 □8. 能正确进行砂浆的配合比设计	未完成 1 项扣 5 分，扣分不得超过 40 分	40	
4	工具设备使用能力	□1. 能正确选用称量工具 □2. 能正确使用混凝土拌和工具 □3. 能正确使用混凝土测试仪器 □4. 能正确使用压力机 □5. 能熟练使用办公软件	未完成 1 项扣 4 分，扣分不得超过 20 分	20	
5	资料信息查询能力	□1. 能在规定时间内查询所需资料 □2. 能正确查询混凝土和砂浆材料依据标准 □3. 能正确利用网络查询相关文献	未完成 1 项扣 5 分，扣分不得超过 15 分	15	
6	数据判读分析能力	□1. 能正确读取数据 □2. 能正确记录试验过程中数据 □3. 能正确进行数据计算 □4. 能正确进行数据分析 □5. 能根据数据完成取样单	未完成 1 项扣 2 分，扣分不得超过 10 分	10	
		合计		100	

模块小结

混凝土是当代最主要的土木工程材料之一，广泛用于工业与民用建筑、道路、桥梁、机场、码头等土木工程。

普通混凝土的组成材料包括水泥、砂(细集料)、石子(粗集料)及水，另外，还常加入一些化学外加剂和矿物掺合料。应根据工程使用条件及混凝土的设计强度选择水泥品种和强度等级；粗集料的强度、坚固性、颗粒组成、最大粒径和形状应符合设计要求；细集料应坚固，并应符合级配和细度模数的要求。

水泥混凝土的技术性质主要包括新拌混凝土的和易性(工作性)；硬化水泥混凝土的力学性质(强度)和耐久性。

水泥混凝土的施工和易性是指新拌混凝土易于施工操作，达到质量均匀、密实成型的性质，包括流动性、黏聚性和保水性三个方面的含义，常采用坍落度和维勃稠度试验进行测定。

混凝土的强度等级采用"立方体抗压强度标准值"确定，影响混凝土强度的主要因素为水胶比和水泥强度等级。

水泥混凝土的耐久性包括抗冻性、抗渗性、抗侵蚀性、抗碱-集料反应和抗碳化性等几个方面。在水泥混凝土配合比设计时，应按照水泥混凝土的使用条件对最大水胶比和最小胶凝材料用量进行校核。

混凝土配合比设计的主要参数有水胶比、单位用水量、砂率等。计算出的材料配合比，经试拌、试配验证后方可确定。

路面水泥混凝土是指满足混凝土路面摊铺工作性(和易性)、弯拉强度、耐久性与经济性要求的水泥混凝土材料。其组成材料选择、配合比设计标准均应根据相关规范进行确定。

砂浆是一种细集料混凝土，在建筑结构中起黏结、传递应力、衬垫、防护和装饰作用。砂浆按用途分为砌筑砂浆、抹面砂浆和特种砂浆。

课后思考与实训

1. 选择题

(1)试拌混凝土时，若混凝土拌合物的流动性小于设计要求，应增大(　　)。

A. 用水量

B. 水胶比

C. 水泥用量

D. 水泥浆量

(2)混凝土强度等级是按照(　　)划分的。

A. 立方体抗压强度值

B. 立方体抗压强度标准值

C. 立方体抗压强度平均值

D. 棱柱体抗压强度值

(3)混凝土拌合物和易性是否良好，不仅影响施工人员浇筑混凝土的效率，还会影响(　　)。

A. 混凝土硬化后的强度

B. 混凝土的耐久性

C. 混凝土的密实度

D. 混凝土的密实度、强度及耐久性

(4)坍落度是表示塑性混凝土的(　　)。

A. 流动性　　　　　　B. 黏聚性　　　　　　C. 保水性　　　　　　D. 含砂情况

(5)评定混凝土用砂颗粒级配的方法是(　　)。

A. 筛分析法

B. 水筛法

C. 维勃稠度法

D. 坍落度法

2. 简答题

(1)简述水泥在混凝土中的作用。

(2)什么是混凝土的和易性？和易性的评定应遵循什么原则？

(3)什么是水胶比？对混凝土的和易性有什么影响？

(4)水胶比对混凝土的强度有哪些影响？

(5)混凝土的强度发展和龄期之间有什么关系？

(6)影响混凝土强度测试结果的因素有哪些？

(7)混凝土的耐久性包括哪些方面？

(8)简述减水剂在混凝土中的作用机理。

(9)简述粉煤灰在混凝土中的作用机理。

(10)简述混凝土配合比设计的步骤。

(11)混凝土的配制强度为何高于强度等级？如何确定配制强度？

(12)混凝土试拌时的最小搅拌量是如何确定的?

(13)试述混凝土和易性的调整方法。

(14)路面水泥混凝土的配合比设计参数有哪些特殊要求?

(15)砌筑砂浆的和易性包括哪些内容?

3. 实训案例

(1)混凝土抗压强度测定试验数据见表 3-43,试计算每块和每组试件的抗压强度值(精确至 0.1 MPa)。

表 3-43　混凝土抗压强度试验结果

组别	试件尺寸/cm	抗压破坏荷载/kN		
		1	2	3
1	10×10×10	220	230	250
2	15×15×15	530	510	640

(2)某 C25 的混凝土,每 1 m³ 材料用量为水泥:300 kg/m³;水:170 kg/m³;砂:614 kg/m³;碎石:1 366 kg/m³。施工现场测定的砂含水率为 3.2%,碎石含水率为 1.7%,试确定施工时每 1 m³ 混凝土材料用量。

(3)已知混凝土的设计配合比为:水泥 320 kg,水 180 kg,砂子 625 kg,碎石 1 255 kg,计算实验室拌和 18 L 各材料的用量。

(4)某混凝土计算配合比经调整后各材料的用量:42.5 级普通硅酸盐水泥 4.5 kg,水 2.7 kg,砂 9.9 kg,碎石 18.9 kg,又测得拌合物密度为 2.38 kg/L,试求每 1 m³ 混凝土的各材料用量。

(5)某工地采用刚出厂的 42.5 级普通水泥和碎石配制混凝土,其施工配合比为:水泥 336 kg;水 129 kg;砂 698 kg;碎石 1 260 kg。施工现场砂、石含水率分别为 3.5% 和 1%。该混凝土是否满足 C30 强度等级要求?

(6)某结构采用钢筋混凝土,混凝土设计强度等级为 C35。现有强度等级为 42.5 级的普通水泥,碎石最大粒径为 31.5 mm,施工要求的坍落度为 55~70 mm,采用中砂。试确定 W/B、单位体积用水量和水泥用量。

模块4 沥青材料

模块描述

沥青是一种有机胶凝材料，是十分复杂的碳氢化合物及其非金属(氧、氮、硫)的衍生物的混合物。本模块重点阐述石油沥青的生产工艺、组成结构、技术性质和技术标准，同时，对其他各类沥青的组成结构和技术性质也做了概要介绍。

模块要求

掌握石油沥青的生产工艺、组成结构、技术性质和技术标准；熟悉其他各类沥青的组成结构和技术性质。

学习目标

1. 知识目标

(1)掌握石油沥青的主要技术性质、性能特点；

(2)掌握石油沥青化学组分和胶体结构。

2. 能力目标

(1)能够掌握石油沥青的评价方法；

(2)能够了解其他各类沥青的评价方法。

3. 素质目标

(1)具有较好的人际沟通和协作能力，能够完成小组分配的任务；

(2)具有查阅相关技术标准和规范的能力，规范沥青材料试验操作，不篡改原始数据；

(3)具有安全意识、质量意识，保证材料的使用性。

模块导学

石油沥青可分离为油分、树脂和沥青质三个组分。各组分具有特定的性能，它们的化学组成和相对含量不同，得到的沥青的性能也不同，可使沥青构成溶胶、溶-凝胶和凝胶三种胶体结构。

石油沥青中蜡的含量对沥青的高温稳定性、低温抗裂性与集料的黏附性有较大的影响，与沥青路面抗滑性也密切相关。沥青的主要技术性质及指标可用来评价沥青的质量。经典的三大指标是针入度、延度和软化点。

乳化沥青的组成和制备过程使其具有施工方便、节约能源、保护环境等诸多优越性。

改性沥青是目前研究较为热门的领域，其应用前景较广。

煤沥青作为沥青家族的一个品种，与石油沥青相比，在性能上有着其独特的地方。

沥青、沥青路面如图 4-1 所示。

图 4-1　沥青、沥青路面

单元 1　沥青材料的基本知识

沥青在常温下一般呈固体或半固体状态，也有少数品种的沥青呈黏性液体状态，可溶于二硫化碳、四氯化碳、三氯甲烷和苯等有机溶剂，颜色为黑褐色或褐色。沥青具有良好的憎水性、黏结性和塑性，因而广泛用于防水、防潮、道路和水利工程。按照来源的不同，沥青可分为地沥青和焦油沥青两大类。

视频：沥青材料
的基本知识

1. 地沥青

地沥青是指地下原油演变或经加工而得到的沥青，又可分为天然沥青和石油沥青。

（1）天然沥青。石油在自然界长期受地壳挤压、变化，并与空气、水接触逐渐变化而形成，以天然状态存在的地沥青即天然沥青。其中，常混有一定比例的矿物质。天然沥青按形成的环境，可分为湖沥青、岩沥青、海底沥青等。

（2）石油沥青。由石油经蒸馏、吹氧、调和等工艺加工得到，可溶于二硫化碳的碳氢化合物的黏稠状物质即石油沥青。我国天然沥青很少，故石油沥青是使用量最大的一种沥青材料。

2. 焦油沥青

焦油沥青是干馏有机燃料（煤、页岩、木材等）所收集的焦油再经加工而得到的一种沥青材料。按干馏原料的不同，焦油沥青可分为煤沥青、页岩沥青、木沥青和泥炭沥青等。工程上常用的焦油沥青为煤沥青。

4.1.1　石油沥青的生产和分类

1. 石油沥青生产工艺

从油井开采出来的石油又称原油，是多种分子量大小不等的烃类（烷烃、环烷烃和芳香烃等）的复杂混合物。炼油厂将原油分馏而提取汽油、煤油、柴油和润滑油等石油产品后所剩残渣再进行加工，可制得各种石油沥青。其生产工艺流程如图 4-2 所示。

常用石油沥青主要是由氧化装置、溶剂脱沥青装置或深拔装置所生产的黏稠沥青。为了改变沥青施工工艺，可将其配制成液体沥青和乳化沥青；为了改善沥青的使用性能，可将其加工成调和沥青和改性沥青。

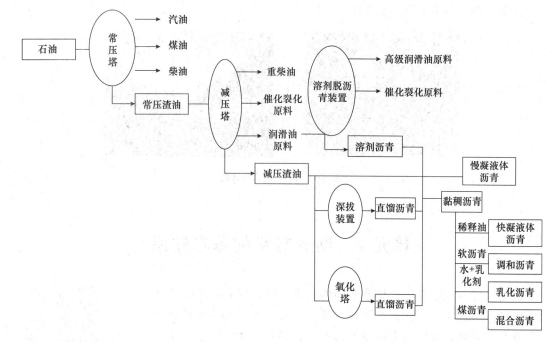

图 4-2 石油沥青生产工艺流程示意

2. 石油沥青的分类

石油沥青可根据不同情况分类，具体情况如下。

(1)按原油成分分类。原油是生产石油沥青的原料。原油按其所含烃类成分和硫含量的不同可划分为几种基本类别(称为基属)。石油沥青的性质首先与石油沥青的基属有关。

原油一般是根据"关键馏分特性"和"含硫量"分类，可分为石蜡基原油、环烷基原油和中间基原油，以及高硫原油(含硫量＞2%)、含硫原油(含硫量0.5%～2%)和低硫原油(含硫量＜0.5%)。由不同基属原油炼制的石油沥青有以下几项：

①石蜡基沥青因原油中含有大量烷烃，沥青中含蜡量一般大于5%，有的高达10%以上。蜡在常温下往往以结晶体存在，降低了沥青的黏结性和塑性。

②环烷基沥青也称沥青基沥青，含有较多的环烷烃和芳香烃，所以，此种沥青的芳香性高，含蜡量一般小于2%，沥青的黏结性和塑性均较高。

③中间基沥青也称混合基沥青，所含烃类成分和沥青的性质一般均介于石蜡基沥青和环烷基沥青之间。

我国原油储量并不高，目前正在开采的油田中大部分为石蜡基原油，而进口油多为环烷基原油。

(2)按加工方法分类。

①直馏沥青。原油经过常压蒸馏、减压蒸馏或深拔装置提取各种轻质及中质石油产品后可用作沥青的残渣，称为直馏沥青。一般情况下，低稠度原油生产的直馏沥青，其温度稳定性不足，还需要进行氧化才能达到黏稠石油沥青的性质指标。

②氧化沥青。将常压或减压原油，或低稠度直馏沥青在250 ℃～300 ℃的高温下吹入空气，经数小时氧化可获得常温下为半固体或固体状的沥青，称为氧化沥青。氧化沥青具有良好的温度稳定性。在道路工程使用的沥青，氧化程度不能太深，有时也称为半氧化沥青。

③溶剂沥青。溶剂沥青是对含蜡量较高的原油采用溶剂萃取工艺，提炼出润滑油原料后所余残渣。在溶剂萃取过程中，一些石蜡成分溶解在萃取溶剂中随之被提出，因此，溶剂沥青中石蜡成分相对减少，其性质较由石蜡基原油生产的渣油或氧化沥青有很大的改善。

（3）按常温下的稠度分类。

①黏稠沥青。在常温下呈固体、半固体状态的沥青，称为黏稠沥青。其针入度在 300（0.1 mm）以下。黏稠沥青主要是将液体沥青减压、蒸馏处理后而得到的稠度较大的沥青。

②液体沥青。在常温下呈液体状态的沥青，称为液体沥青。液体沥青的来源主要有两个方面：一是蒸馏石油时直接得到的产品，如渣油；二是用汽油、煤油、柴油等溶剂将石油沥青稀释而成的产品，也称轻制沥青或稀释沥青。这是制取液体沥青最常用的方法。

液体沥青根据凝结速度的不同，可分为速凝液体沥青、中凝液体沥青和慢凝液体沥青三种类型。

（4）按用途分类。

①道路石油沥青。道路石油沥青主要含直馏沥青，是石油蒸馏后的残留物或残留物氧化而得的产品，常用于路面工程、屋面防水、地下防潮、防水。

②建筑石油沥青。建筑石油沥青主要含氧化沥青，是原油蒸馏后的重油经氧化而得到的产品，常用于建筑工程及其他工程的防水、防潮、防腐蚀，还可用于配制涂料等。

③普通石油沥青。普通石油沥青主要含石蜡基沥青，它一般不能直接使用，要掺配或调和后才能使用。

4.1.2　石油沥青的组成和结构

1. 元素组成

石油沥青是由多种碳氢化合物及其非金属（氧、硫、氮）的衍生物组成的混合物，它的分子表达式为 $C_n H_{2n+a} O_b S_c N_d$。化学组成主要是碳（80%～87%）、氢（10%～15%），其次是非烃元素，如氧、硫、氮等（<3%）。另外，还含有一些微量的金属元素，如镍、钒、铁、锰、钙、镁、钠等，但含量都很低，为几个至几十个 ppm（百万分之一）。

由于石油沥青化学组成结构的复杂性，许多石油沥青元素分析结果非常近似，但性质却相差很大，这主要是沥青中所含烃类基属的化学结构不同。

2. 石油沥青的化学组分

目前的分析技术尚难将沥青分离为纯粹的化合物单体。为了研究石油沥青化学组成与使用性能之间的联系，常将沥青所含烃类化合物中化学性质相近的成分归类分析，从而划分为若干"组"，称为沥青化学组分，简称组分。

将沥青分为不同组分的化学分析方法称为组分分析法，是利用沥青在不同有机溶剂中的选择性溶解或在不同吸附剂上的选择性吸附等性质。早年丁•马尔库松（德国）就提出将石油沥青分离为沥青酸、沥青酸酐、油分、树脂、沥青质、沥青碳和似碳物等组分的方法；后来经过许多研究者的改进，美国的 L. R. 哈巴尔德和 K. E. 斯坦费尔德将其完善为三组分分析法；再后来 L. W. 科尔贝特（美国）又提出四组分分析法。

（1）三组分分析法。石油沥青的三组分分析法是将石油沥青分离为油分、树脂和沥青质三个组分，因我国富产石蜡基或中间基沥青，在油分中往往含有蜡，故在分析时还应将油蜡分离，这种分析方法称为溶解—吸附法。按三组分分析法所得各组分的性状见表 4-1。

表 4-1　石油沥青的组分及特性

组分性状	外观特征	平均分子量 M_w	碳氢比 C/H	物化特征
油分	浅黄色透明液体	200～700	0.5～0.7	可溶于绝大部分有机溶剂,具有光学活性,常发现有荧光,相对密度为 0.910～0.925
树脂	红褐色黏稠半固体	800～3 000	0.7～0.8	温度敏感性高,熔点低于 100 ℃,相对密度大于 1.000
沥青质	深褐色固体粉末状微粒	1 000～5 000	0.8～1.0	加热不熔化,分解为硬焦炭,使沥青呈黑色

(2)四组分分析法。四组分分析法由 L. W. 科尔贝特首先提出,该法可将沥青分离为以下 4 个组分:

①沥青质。沥青质是沥青中不溶于正庚烷而溶于甲苯中的物质。

②饱和分。饱和分也称饱和烃,沥青中溶于正庚烷,吸附于 Al_2O_3 谱柱下,能为正庚烷或石油醚溶解脱附的物质。

③芳香分。芳香分也称芳香烃,沥青经上一步骤处理后,为甲苯所溶解脱附的物质。

④胶质沥青。胶质沥青溶于正庚烷,与沥青质一样大部分也是由碳和氢组成的,并含有少量的氧、硫和氮。它是深棕色固体或半固体,其极性很强,是沥青质的扩散剂或胶溶剂,胶质与沥青质的比例在一定程度上决定了沥青胶体结构的类型;也是经上一步骤处理后能为苯—乙醇或苯—甲醇所溶解脱附的物质。

对于多蜡沥青,还可将饱和分和芳香分用于丁酮—苯混合溶液冷冻分离出蜡。

沥青的化学组分与沥青的物理力学性质有着密切的关系,这主要表现为沥青组分及其含量的不同将引起沥青性质趋向性的变化。一般认为,油分使沥青具有流动性;树脂使沥青具有塑性,树脂中含有少量的酸性树脂(地沥青酸和地沥青酸酐),是一种表面活性物质,能增强沥青与矿质材料表面的黏附性;沥青质能提高沥青的黏结性和热稳定性。

(3)沥青的含蜡量。沥青中的蜡可以是石蜡和地蜡。地蜡也称为微晶蜡,沥青中主要是地蜡。蜡在高温时熔化,使沥青黏度降低,沥青容易发软,导致沥青路面的高温稳定性降低,出现车辙。蜡在低温时易结晶析出,分散在沥青质中,减弱沥青分子之间的紧密联系,使沥青的低温延展能力降低,从而变得脆硬,导致路面低温抗裂性降低,出现裂缝。蜡使沥青与石料表面的亲和力变小,导致沥青与石料黏附性降低,在水分的作用下,会使路面石子与沥青产生剥落现象,造成路面破坏;更严重的是,含蜡沥青会使沥青路面的抗滑性降低,影响路面的行车安全性。对于沥青含蜡量的限制,我国现行行业标准《公路沥青路面施工技术规范》(JTG F40—2004)有明确规定,参见表 4-2。

3. 石油沥青的结构

(1)胶体理论。胶体理论认为,大多数沥青属于胶体体系,相对分子量很大、芳香性很高的沥青质分散在分子量较低的可溶性介质中形成了胶体体系。沥青质是分散相,饱和分和芳香分是分散介质,但沥青质不能直接分散在饱和分和芳香分中。沥青质分子对胶质具有很强的吸附力,吸附胶质形成胶团而后分散于芳香分和饱和分中。所以,沥青的胶体结构是以沥青质为胶核,胶质被吸附其表面,并逐渐向外扩散形成胶团,胶团再分散于芳香分和饱和分中。

表 4-2 道路石油沥青技术要求

指标	单位	等级	沥青标号						
			160号①	130号①	110号	90号	70号②	50号②	30号②
针入度(25℃, 5s, 100g)	0.1 mm		140~200	120~140	100~120	80~100	60~80	40~60	20~40
适用的气候分区			注④	注④	2-1 ｜ 2-2 3-2	1-1 1-2 ｜ 1-3 2-2 2-3 ｜ 1-3 1-4	1-1 ｜ 1-2 1-3 ｜ 2-2 2-3 ｜ 1-3 1-4 ｜ 2-2 2-3 2-4	1-4	注④
针入度指数 PI①		A	-1.5~+1.0 (适用于所有标号)						
		B	-1.8~+1.0 (适用于所有标号)						
软化点(R&B), 不小于	℃	A	38	40	43	45 44	46 45	49	55
		B	36	39	42	43 42	44 43	46	53
		C	35	37	41	42	43	45	50
60℃动力黏度①, 不小于	Pa·s	A	—	60	120	160 140	180 160	200	260
10℃延度①, 不小于	cm	A	50	50	45 30	30 20	25 20	15	10
		B	30	30	30 20	20 15	20 15	10	8
15℃延度, 不小于	cm	A、B	100 (适用于所有标号)						
		C	80	80	60	50	40	30	20
蜡含量(蒸馏法), 不大于	%	A	2.2 (适用于所有标号)						
		B	3.0 (适用于所有标号)						
		C	4.5 (适用于所有标号)						

续表

指标	单位	等级	160号①	130号①	110号	90号	70号②	50号②	30号③
闪点，不小于	℃		230			245	260		
溶解度，不小于	%		99.5						
密度(15℃)	g/cm³		实测记录						
TFOT(或RTFOT)后④									
质量变化，不大于	%		±0.8						
残留针入度比，不小于	%	A	48	54	55	57	61	63	65
		B	45	50	52	54	58	60	62
		C	40	45	48	50	54	58	60
残留延度(10℃)，不小于	cm	A	12	12	10	8	4	4	—
		B	10	10	8	6	2	2	—
		C	40	35	30	20	10	10	—

注：①经建设单位同意，表中 PI 值、60 ℃动力黏度、10 ℃延度可作为选择性指标，也可不作为施工质量检验指标。
②对于 70 号沥青，可根据需要供应商提供针入度范围为 60～70 或 70～80 的沥青；对于 50 号沥青，可要求提供针入度范围为 40～50 或 50～60 的沥青。
③30 号沥青仅适用沥青稳定基层；130 号和 160 号沥青除寒冷地区可直接在中低级公路上直接应用外，通常用作乳化沥青、稀释沥青、改性沥青的基质沥青。
④老化试验以 TFOT 为准，也可以 RTFOT 代替

（2）胶体的结构类型。根据沥青中各组分的化学组成和相对含量的不同，可以形成不同的胶体结构。沥青的胶体结构可分为下列三种类型：

①溶胶型结构：沥青质含量较少，饱和分和芳香分、胶质足够多时，则沥青质形成的胶团全部分散，胶团能在分散介质中运动自如，如图 4-3（a）所示。这种结构沥青黏滞性小，流动性大，塑性好，温度稳定性较差，如直馏沥青。

②凝胶型结构：沥青质含量较多，并有相应数量的胶质来形成胶团，胶团相互吸引力增大，相互移动较困难，如图 4-3（b）所示。这种结构的特点是弹性和黏性较高，温度敏感性较小，流动性、塑性较低，如氧化沥青。

③溶—凝胶型结构：沥青质含量适当，有较多的胶质存在，胶团之间有一定的吸引力，如图 4-3（c）所示。在常温下，这种结构的沥青性质介于上述两者之间。这种结构的特征是高温时具有较低的感温性，低温时又具有较好的形变能力。优质道路沥青多为溶—凝胶结构。

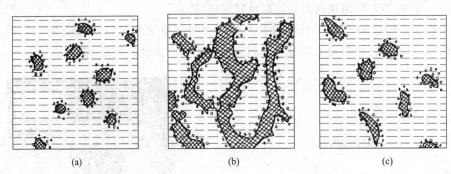

图 4-3　沥青的胶体结构示意
（a）溶胶型结构；（b）凝胶型结构；（c）溶—凝胶型结构

沥青的胶体结构与沥青的性能有密切关系。为工程使用方便，通常采用针入度指数（PI）法、容积度法、絮凝比—稀释度法等来评价胶体结构类型及其稳定性。

单元 2　石油沥青的技术性质

石油沥青由于化学组成和结构的特点，具有一系列特性，而沥青的性质对沥青路面的使用性能有较大影响，下面对其基本性质进行研究。

4.2.1　沥青的路用性能

1. 黏滞性（黏性）

黏滞性是指沥青材料在外力作用下沥青粒子产生相互位移的抵抗剪切变形的能力。沥青作为胶结材料，应将松散的矿质材料胶结为一个整体而不产生位移。因此，黏滞性是沥青最为重要的性质。

各种石油沥青的黏滞性变化范围很大，黏滞性的大小与组分及温度有关。当沥青质含量较高，又含适量的树脂和少量的油分时，则黏滞性较大。在一定温度范围内，当温度升高时，黏滞性随之降低；反之则增大。

视频：石油沥青的技术性质

黏滞性是与沥青路面力学性质联系最密切的一种性质。在现代交通条件下，为防止路面出现车辙，沥青黏度是首要考虑的参数。沥青的黏滞性通常用黏度表示。

(1)沥青的绝对黏度(动力黏度)。如果采用一种剪切变形的模型来描述沥青在沥青与矿质材料混合料中的应用，可取一对互相平行的平面，在两平面之间分布一沥青薄膜，薄膜与平面的吸附力远大于薄膜内部胶团之间的作用力。当下层平面固定，外力作用于顶层，顶层表面发生位移时(图4-4)，按牛顿定律可得到如下方程：

$$F = \eta \cdot A \cdot \frac{v}{d} \tag{4-1}$$

式中　F——移动顶层平面的力(等于沥青薄膜内部胶团抵抗变形的能力)；

　　　A——沥青薄膜层的面积(接触平面的面积)(cm^2)；

　　　v——顶层位移的速度(m/s)；

　　　d——沥青膜的厚度(cm)；

　　　η——反映沥青黏滞性的系数，即绝对黏度(Pa·s)。

我国现行行业标准《公路工程沥青及沥青混合料试验规程》(JTG E20—2011)规定，测定沥青 60 ℃黏度分级用的动力黏度采用真空减压毛细管黏度计测定(图4-5)。

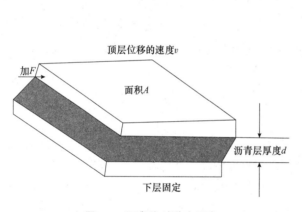

图 4-4　沥青绝对黏度示意　　　　　　图 4-5　真空减压毛细管黏度计

(2)沥青的相对黏度(条件黏度)。由于绝对黏度测定较为复杂，因此在实际应用上多测定沥青的相对黏度。

①针入度法。针入度试验是国际上普遍采用测定黏稠沥青稠度的一种方法，也是划分沥青标号采用的一项指标，采用针入度仪测定(图4-6)。沥青的针入度是在规定温度和时间内，附加一定质量的标准针垂直贯入试样的深度，以 0.1 mm 表示。试验条件以 $P_{T,m,t}$ 表示，其中 P 表示针入度，脚标表示试验条件，即 T 为试验温度，m 为标准针(包括连杆及砝码)的质量，t 为贯入时间。

我国现行行业标准《公路工程沥青及沥青混合料试验规程》(JTG E20—2011)规定，标准试验温度为 25 ℃，试验时总质量为 100 g±0.05 g(包括标准针和针连杆组合件总质量为 50 g±0.05 g，砝码质量为 50 g±0.05 g)，贯入时间为 5 s。例如，某沥青在上述条件时测得针入度为 65(0.1 mm)，可表示为

$$P_{(25\,℃,100\,g,5\,s)} = 65(0.1\ mm) \tag{4-2}$$

我国现行使用的道路石油沥青技术标准中，采用针入度来划分技术等级。按上述方法测定的针入度值越大，表示沥青越软(稠度越小)。实质上，针入度是测量沥青稠度的一种指标，通常稠度高的沥青，其黏度也高。

②标准黏度试验。标准黏度是反映液体石油、煤沥青、乳化沥青等材料黏结性的常用技术指标，采用道路沥青标准黏度计测定(图 4-7)。

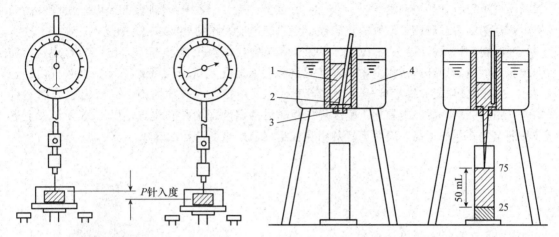

图 4-6　针入度法测定黏稠沥青针入度示意　　　图 4-7　标准黏度计测定液体沥青标准黏度示意

1—沥青；2—活动球杆；3—流孔；4—水

我国现行行业标准《公路工程沥青及沥青混合料试验规程》(JTG E20—2011)规定，液体状态的沥青材料，在标准黏度计中，于规定的温度条件下，通过规定的流孔直径(3 mm、4 mm、5 mm 及 10 mm)，流出 50 mL 体积所需的时间即为其黏度，以 s 计。试验条件以 $C_{T,d}$ 表示，其中 C 为黏度，T 为试验温度，d 为流孔直径。如某沥青在 60 ℃时，自 5 mm 孔径流出 50 mL 沥青所需时间为 100 s，表示 $C_{60,5}=100$ s。按上述方法，在相同温度和相同流孔条件下，流出时间越长，表示沥青黏度越大。

我国道路用液体石油沥青是采用道路沥青标准黏度计测定的黏度来划分技术等级的。

2. 塑性

塑性是指沥青在外力作用下发生变形而不破坏的能力。影响塑性大小的因素与沥青的组分及温度有关。沥青中树脂含量多，油分及沥青质含量适当，则塑性较大。当温度升高，塑性增大，沥青膜层越厚，则塑性越高；反之，塑性越差。在常温下，塑性好的沥青不易产生裂缝，并可减少摩擦时的噪声。同时，它对于沥青在温度降低时抵抗开裂的性能有重要的影响。

沥青的塑性通常用延度指标来表征。我国现行行业标准《公路工程沥青及沥青混合料试验规程》(JTG E20—2011)规定，沥青延度是将沥青试样制成∞字形标准试模(中间最小截面面积为 1 cm²)，在规定拉伸速度和规定温度下拉断时的长度，以 cm 表示。沥青的延度采用延度仪(图 4-8)测定，拉伸速度为 5 cm/min±0.25 cm/min，试验温度为 25 ℃、15 ℃、10 ℃或 5 ℃。我国现行行业标准《公路沥青路面施工技术规范》(JTG F40—2004)规定，道路石油沥青延度试验温度采用 15 ℃、10 ℃，聚合物改性沥青延度试验温度采用 5 ℃。

在上述试验条件下，沥青的延度越大，塑性越好，柔性和抗断裂性也越好。

3. 温度稳定性(感温性)

温度稳定性是指沥青的黏结性和塑性随温度升降而变化的性能。对于路用沥青，当温度升高时，其由固态或半固态逐渐软化成黏流状态；当温度降低时，由黏流状态转变成固态至变脆。在工程上使用的沥青，要求有较好的温度稳定性。

(1)高温敏感性。沥青材料的高温敏感性用软化点表示。沥青材料在硬化点至滴落点之间的温度阶段时，是一种黏滞流动状态。在实际工程中，为保证沥青不致由于温度升高而产生流动的状态，所以，取滴落点和硬化点之间温度间隔的 87.21% 为软化点。

我国现行行业标准《公路工程沥青及沥青混合料试验规程》(JTG E20—2011)规定，沥青软化点一般采用环球法测定，即将沥青试样装入软化点试验仪(图 4-9)的铜环内(内径为 18.9 mm)，试样上放置标准钢球(质量为 3.5 g)并浸入水或甘油中，以规定的升温速度 (5 ℃/min)加热，使沥青软化下垂至规定距离时的温度即为其软化点，以 ℃表示。按上述方法测定的软化点越高，表明沥青的耐热性越好，即温度稳定性越好。

图 4-8　延度仪

图 4-9　软化点试验仪

针入度是在规定温度下沥青的条件黏度，而软化点是沥青达到规定条件黏度时的温度。软化点既是反映沥青材料感温性的一个指标，也是沥青黏度的一种量度。以上所论及的针入度、延度、软化点是评价道路石油沥青路用性能最常用的经验指标，所以统称"三大指标"。

(2)低温抗裂性。沥青材料在低温下受到瞬时荷载作用时，常表现为脆性破坏，采用脆点表示。

脆点是指沥青材料由黏塑状态转变为固体状态达到条件脆裂时的温度。

我国现行行业标准《公路工程沥青及沥青混合料试验规程》(JTG E20—2011)规定，采用弗拉斯法测定沥青脆点。脆点试验是将沥青试样涂在金属片上，置于有冷却设备的脆点仪内，摇动脆点仪的曲柄，使涂有沥青的金属片产生弯曲，随制冷剂温度降

图 4-10　弗拉斯脆点仪

低，沥青薄膜温度逐渐降低，当沥青薄膜在规定弯曲条件下，产生断裂时的温度即为脆点。脆点仪如图4-10所示。

在实际工程应用中，要求沥青具有较高的软化点和较低的脆点，否则容易发生沥青材料夏季流淌或冬季变脆甚至开裂等现象。

(3)针入度指数(PI)。针入度指数(PI)是应用针入度和软化点试验结果来表征沥青感温性的一种指标。同时，也可采用针入度指数来判别沥青的胶体结构状态。

①针入度—温度感应性系数 A。P. Ph. 普费和范·德·玻尔等研究认为，沥青在不同温度下的黏度不同，以对数纵坐标表示针入度，以横坐标表示温度时，可得图4-11所示的直线关系，以式(4-3)表示。

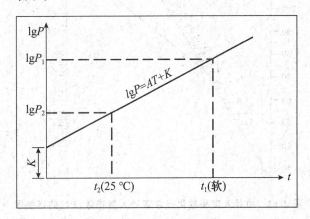

图4-11 针入度—温度关系图

$$\lg P = AT + K \tag{4-3}$$

式中　P——沥青针入度(0.1 mm)；

　　　A——针入度温度感应性系数，由针入度和软化点确定；

　　　K——回归系数。

据试验研究认为，沥青达到软化点温度时，针入度为600~1 000(0.1 mm)，假定为800(0.1 mm)，由此针入度—温度感应性系数 A 可由式(4-4)表示。

$$A = \frac{\lg 800 - \lg P_{(25\ ℃,100\ g,5\ s)}}{T_{R\&B} - 25} \tag{4-4}$$

式中　$P_{(25\ ℃,100\ g,5\ s)}$——在25 ℃，100 g，5 s 条件下测定的针入度值(0.1 mm)；

　　　$T_{R\&B}$——环球法测定的软化点(℃)。

由于软化点温度时的针入度常与800(0.1 mm)相距甚大，因此，斜率 A 应根据不同温度的针入度值确定，常采用的软化点温度为15 ℃、25 ℃、30 ℃(或5 ℃)。

试验温度在3个或3个以上(必要时增加10 ℃、20 ℃等)的条件下测定针入度指数(PI)，但用于仲裁试验的温度条件应为5个。

②针入度指数(PI)的确定。

a. 实用公式。针入度指数(PI)按式(4-5)计算。

$$PI = \frac{30}{1 + 50A} - 10 \tag{4-5}$$

b. 针入度指数也可根据针入度指数诺模图(图4-12)求得。

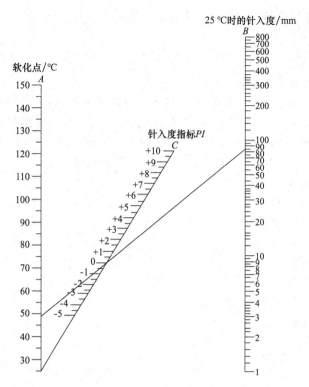

25 ℃时的针入度/mm

软化点/℃

针入度指数PI

图 4-12　由针入度和软化点求取针入度指数(PI)的诺模图

③按针入度指数(PI)值可将沥青划分为三种胶体结构类型:针入度指数值<-2者为溶胶型结构;针入度指数值>-2者为凝胶型结构;针入度指数值=-2～2者为溶—凝胶型结构。

4. 耐久性

沥青在过热或过长时间加热过程中及自然因素(热、氧、光和水)的作用下,会发生轻质馏分挥发、氧化、裂化、聚合等一系列物理及化学变化,导致其改变了原有的性能(黏度、低温性能)而变硬变脆,这种变化称为沥青的老化。沥青路面应有较长的使用年限,因此,要求沥青材料具有较好的抗老化性,即耐久性。

沥青老化后,在物理力学性质方面,表现为针入度减小、延度降低、软化点升高、绝对黏度提高、脆点降低等;在化学组分含量方面,表现为饱和分变化甚少,芳香分明显转变为胶质(速度较慢),而胶质又转变为沥青质(速度较快),由于芳香分转变为胶质,不足以补偿胶质转变为沥青质,所以,最终是胶质显著减少,而沥青质显著增加。

我国现行行业标准《公路工程沥青及沥青混合料试验规程》(JTG E20—2011)规定,要进行沥青的加热质量损失和加热后残渣性质的试验。对于道路石油沥青,采用沥青薄膜加热试验、沥青旋转薄膜加热试验,以评定沥青的耐老化性。

(1)沥青薄膜加热试验(简称 TFOT)。沥青薄膜加热试验是指一定厚度的试样在规定温度条件下,经规定时间加热,测定试验前后沥青质量和性质变化的试验。该法是将一定质量的沥青试样装入内径为 140 mm、深度为 9.5～10 mm 的盛样皿内,沥青膜厚约为3.2 mm,在 163 ℃±1 ℃的标准薄膜加热烘箱中(图 4-13)加热 5 h 后,取出冷却,测定其质量损失,并按规定的方法测定残留物的针入度、延度、软化点、黏度等性质的变化。

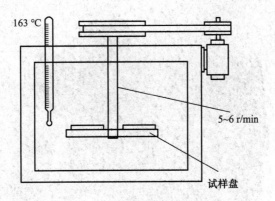

図 4-13 沥青薄膜加热试验

（2）沥青旋转薄膜加热试验（简称 RTFOT）。旋转薄膜加热试验是将 35 g 沥青试样装入高约为 140 mm、直径为 64 mm 的开口玻璃瓶中，盛样瓶插入旋转烘箱（图 4-14），一边接收以 4 000 mL/min 流量吹入的热空气，一边在 163 ℃ 的高温下以 15 r/min 的速度旋转，经过 75 min 的老化后，测定旋转薄膜加热后沥青残留物的针入度、黏度、延度及脆点等性质的变化。

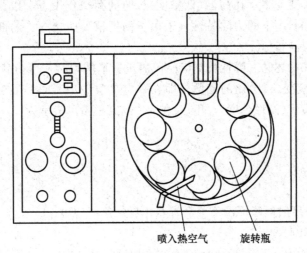

图 4-14 沥青旋转薄膜加热试验

5. 安全性

沥青材料在使用时必须加热，当加热至一定温度时，沥青材料中挥发的油分蒸气与周围空气组成混合气体，此混合气体遇火焰则发生闪火。若继续加热，油分蒸气的饱和度增加，由于油分蒸气与空气组成的混合气体遇火焰极易燃烧，而引起熔油车间发生火灾或导致沥青烧坏的损失，为此必须测定沥青的闪点和燃点。闪点（闪火点）是指加热沥青挥发出的可燃气体与空气组成混合气体，在规定条件下与火接触，产生闪光时的沥青温度（℃）；燃点（着火点）是指沥青加热产生的混合气体与火接触能持续燃烧 5 s 以上时的沥青温度。闪点和燃点温度相差 10 ℃ 左右。

我国现行行业标准《公路工程沥青及沥青混合料试验规程》（JTG E20—2011）规定，测定沥青的闪点与燃点采用克利夫兰开口杯法（图 4-15）。

图 4-15　克利夫兰开口杯式闪点仪

6. 黏—弹性

路用沥青多为溶—凝胶型结构沥青，在变形时呈现黏—弹性。在低温（高黏度）瞬时荷载作用下，以弹性形变为主；在高温（低黏度）长时间荷载作用下，以黏性形变为主。为了描述沥青处于黏—弹状态下的力学特性，采用了劲度模量的概念。劲度模量是表示沥青的黏性和弹性联合效应的指标。

范·德·波尔在论述黏—弹性材料（沥青）的抗变形能力时，以荷载作用时间（t）和温度（T）作为应力（σ）与应变（ε）之比的函数，即在一定荷载作用时间和温度条件下，应力与应变的比值称为劲度模量（简称劲度），用 S_b 表示。劲度模量可表示为

$$S_b = \left(\frac{\sigma}{\varepsilon}\right)_{t,T} \tag{4-6}$$

式中　σ——应力（Pa）；

$\quad\quad\varepsilon$——应变；

$\quad\quad T$——欲求劲度时的路面温度与沥青软化点的差值（℃）；

$\quad\quad t$——荷载作用时间（s）。

沥青的劲度模量（S_b）与温度（T）、荷载作用时间（t）、沥青流变类型（针入度指数 PI）等参数有关，按上述关系，范·德·波尔绘制成可以应用于实际工程的劲度模量诺模图，如图 4-16 所示，利用此诺模图求算沥青的劲度模量时，需要有荷载作用时间或频率、温度差（即路面实际温度与环球法软化点之间的温差）、针入度指数（PI）值三个参数。

根据上述参数求其劲度模量，可作为实际工程中的参考数值。

【例 4-1】　已知沥青软化点为 70 ℃，针入度指数为 2，路面温度 T 为 -10 ℃，荷载作用时间为 10^{-1} s，求沥青的劲度模量（图 4-16）。

解：（1）在 A 线上找到加载时间为 10^{-1} s 的点为 a。

（2）已知路面温度与软化点之间的温差为 80 ℃，在 B 线上找到 80 ℃的点为 b。

（3）在针入度指数的标尺上找到 $+2$，作一水平线。

（4）连接 a、b 两点，并延长至与针入度指数 $+2$ 的水平线相交点的劲度曲线顺至顶端，即劲度模量，即 $S_b = 2 \times 10^8$ N/m² $= 200$ MPa。

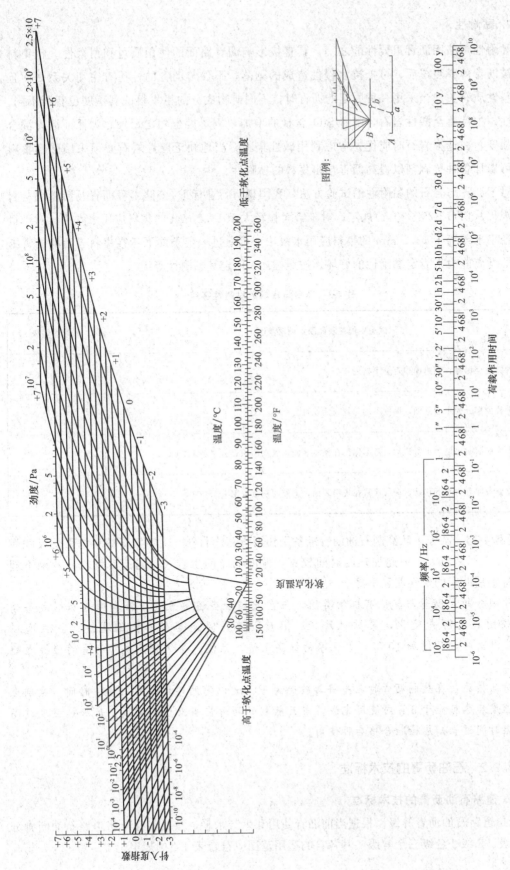

图4—16 沥青劲度诺模图

7. 黏附性

黏附性是路用沥青重要性能之一，其直接影响沥青路面的使用质量和耐久性。粗集料表面被沥青薄膜裹覆后，可抵抗水侵蚀造成的剥落，不仅与沥青的性质有密切关系，而且与集料性质有关。当采用一种固定的沥青时，不同矿物成分的粗集料的剥落度也有所不同。从碱性、中性直至酸性岩石，随着 SiO_2 含量的增加，剥落度也随之增加。为保证沥青混合料的强度，在选择岩石时应优先考虑利用碱性集料，当地缺乏碱性岩石必须采用酸性集料时，可掺加各种抗剥剂以提高沥青与粗集料的黏附性。

对于沥青与岩石的黏附性的试验方法，我国现行行业标准《公路工程沥青及沥青混合料试验规程》(JTG E20—2011)规定，对于最大粒径大于 13.2 mm 的集料应用水煮法；对于最大粒径小于或等于 13.2 mm 的集料应用水浸法。可通过一定条件下考察集料表面的沥青抵御水的剥离能力来界定黏附性的好坏，按照表 4-3 评定其黏附性等级。

表 4-3　沥青与集料的黏附性等级

试验后集料表面沥青剥落情况	黏附性等级
沥青膜完全保存，剥离面积百分率接近 0	5
沥青膜少部分为水所移动，厚度不均匀剥离面积百分率小于 10%	4
沥青膜局部明显地为水所移动，基本保留在集料表面，剥离面积百分率小于 30%	3
沥青膜大部为水所移动，局部保留在集料表面，剥离面积百分率大于 30%	2

【例 4-2】 某施工队熬制石油沥青准备用作沥青路面材料。由于沥青碎块的平均尺寸为 20 cm，工程量较大，因此加热的时间较长，保温的时间也较长。施工后发现其效果不理想，特别是沥青的塑性明显下降。

原因分析：沥青与其他有机物类同，与空气接触会逐渐氧化，沥青中逐渐形成高分子的胶团，使沥青硬化，柔韧性降低。温度越高，时间越长，氧化越快。当温度在 100 ℃ 以上时，每增加 10 ℃，氧化率约提高 1 倍，且使一些组分蒸发，沥青的塑性也随之下降。

防治措施：在熬制沥青时应先将其破碎为 10 cm 以下的碎块，缩短熬制时间，熬制至施工温度后尽可能于 6 h 内使用完成，当天熬制的沥青应当天使用完成。如加热温度过高或保温时间过长，应检验合格后再使用。

4.2.2　石油沥青的技术标准

1. 道路石油沥青的技术标准

(1)道路石油沥青等级。根据当前沥青使用和生产水平，按技术性能将道路石油沥青分为 A 级、B 级、C 级三个等级。其各自的适用范围应符合表 4-4 的规定。

表 4-4 道路石油沥青的适用范围

沥青等级	适用范围
A 级沥青	各个等级的公路，适用任何场合和层次
B 级沥青	1. 高速公路、一级公路沥青下面层及以下的层次，二级及二级以下公路的各个层次； 2. 用作改性沥青、乳化沥青、改性乳化沥青、稀释沥青的基质沥青
C 级沥青	三级及三级以下公路的各个层次

(2)道路石油沥青标号。根据我国现行行业标准《公路沥青路面施工技术规范》(JTG F40—2004)规定，沥青路面使用性能气候分区由一、二、三级区划组合而成，以综合反映该地区的气候特征，见表 4-5。每个气候分区用 3 个数字表示：第一个数字代表高温分区，第二个数字代表低温分区，第三个数字代表雨量分区，数字越小，表示气候因素对沥青路面的影响越严重。如某地属 1—3—1 气候分区，为夏炎热冬冷潮湿区。

表 4-5 沥青路面使用性能气候分区

气候分区指标		气候分区			
按高温指标	高温气候区	1	2	3	
	气候区名称	夏炎热区	夏热区	夏凉区	
	最热月平均最高温度/℃	>30	20～30	<20	
按低温指标	低温气候区	1	2	3	4
	气候区名称	冬严寒区	冬寒区	冬冷区	冬温区
	极端最低气温/℃	<−37.0	−37.0～−21.5	−21.5～−9.0	>−9.0
按雨量指标	雨量气候区	1	2	3	4
	气候区名称	潮湿区	湿润区	半干区	干旱区
	年降雨量/mm	>1 000	1 000～500	500～250	<250

道路石油沥青按针入度划分为 160 号、130 号、110 号、90 号、70 号、50 号、30 号共 7 个标号；同时，对各标号沥青的延度、软化点、闪点、含蜡量、薄膜加热试验等技术指标也提出相应的要求，具体要求见表 4-2。

2. 道路用液体石油沥青的技术标准

道路用液体石油沥青适用透层、黏层及拌制冷拌沥青混合料。我国现行行业标准《公路沥青路面施工技术规范》(JTG F40—2004)中按照液体石油沥青的凝结速度分为快凝(R)、中凝(M)、慢凝(S)3 个等级。除黏度外，对蒸馏的馏分及残留物性质、闪点和水分等也提出相应的要求。其技术要求见表 4-6。

表4-6 道路用液体石油沥青技术要求

试验项目		单位	快凝		中凝						慢凝					
			AL(R)-1	AL(R)-2	AL(M)-1	AL(M)-2	AL(M)-3	AL(M)-4	AL(M)-5	AL(M)-6	AL(S)-1	AL(S)-2	AL(S)-3	AL(S)-4	AL(S)-5	AL(S)-6
黏度	$C_{25,5}$	s	<20	—	<20	—	—	—	—	—	<20	—	—	—	—	—
	$C_{60,5}$	s	—	5~15	—	5~15	16~25	26~40	41~100	101~200	—	5~15	16~25	26~40	41~100	101~200
蒸馏体积	225℃前	%	>20	>15	<10	<7	<3	<2	0	0	—	—	—	—	—	—
	315℃前	%	>35	>30	<35	<25	<17	<14	<8	<5	—	—	—	—	—	—
	360℃	%	>45	>35	<50	<35	<30	<25	<20	<15	<40	<35	<25	<20	<15	<5
蒸馏后残留物性质	针入度(25℃)	0.1 mm	60~200	60~200	100~300	100~300	100~300	100~300	100~300	100~300	—	—	—	—	—	—
	延度(25℃)	cm	>60	>60	>60	>60	>60	>60	>60	>60	—	—	—	—	—	—
	浮漂度(5℃)	s	—	—	—	—	—	—	—	—	<20	<20	<30	<40	<45	<50
闪点(TOC法)		℃	>30	>30	>65	>65	>65	>65	>65	>65	>70	>70	>100	>100	>120	>120
含水率不大于		%	0.2	0.2	0.2	0.2	0.2	0.2	0.2	0.2	0.2	0.2	0.2	0.2	0.2	2.0

注：1. 本表根据中华人民共和国交通行业标准《公路沥青路面施工技术规范》(JTG F40—2004)绘制。

2. 黏度使用道路沥青黏度计测定。$C_{T,d}$的脚标T代表温度(℃)，d代表孔径(mm)。

3. 闪点(TOC法)使用泰格开口杯(Tag Open Cup)法测定

单元3 改性沥青的技术性质

由于现代道路交通流量的迅猛增长，以及货车的轴载大大增加和交通渠化行驶等因素影响，要求沥青路面的高温抗车辙能力、低温抗裂能力、抗水损害能力进一步加强，因此，对沥青路面材料沥青的性能提出更高的要求。通过对沥青材料的改性，可以改善以下几个方面的性能：提高高温抗变形能力，可以增强沥青路面的抗车辙性能；提高沥青的弹性性能，可以增强沥青的抗低温和抗疲劳开裂性能；改善沥青与石料的黏附性；提高沥青的抗老化能力，延长沥青路面的寿命。

视频：改性沥青
的技术性质

4.3.1 改性沥青的分类及特性

1. 改性沥青的分类

改性沥青是指掺加橡胶、树脂高分子聚合物、磨细的橡胶粉或其他填料等外掺剂（改性剂），或采取对沥青轻度氧化加工等措施，使沥青或沥青混合料的性能得以改善而制成的沥青结合料。

改性剂是指在沥青中加入的天然的或人工的有机或无机材料，如聚合物、纤维、抗剥落剂、岩沥青、填料（如硫黄、炭黑等），可溶解分散在沥青中，改善或提高沥青路面性能（与沥青发生反应或裹覆在集料表面上）的材料。

从狭义上来说，现如今道路改性沥青一般是指聚合物改性沥青。用于道路沥青改性的聚合物主要有以下三类：

(1)树脂：聚乙烯(PE)、聚丙烯(PP)、乙烯—醋酸乙烯(EVA)等。

(2)橡胶：丁苯橡胶(SBR)、氯丁橡胶(CR)、橡胶粉等。

(3)热塑性弹性体：苯乙烯—丁二烯—苯乙烯嵌段共聚物(SBS)、苯乙烯—异戊二烯—苯乙烯嵌段共聚物(SIS)、苯乙烯—聚乙烯/丁基—聚乙烯(SE/BS)等。

各类改性剂的改性效果各异，一般认为，树脂类改性沥青具有良好的高温稳定性和抗车辙能力，但对于沥青路面的低温抗裂性能无明显改善；橡胶类改性沥青具有较好的低温抗裂性能和较好的黏结性能；热塑性弹性体类改性沥青具有良好的温度稳定性，明显提高基础沥青的高低温性能，降低温度敏感性，增强耐老化、耐疲劳性能。

当前用于沥青改性的聚合物主要是 SBS、PE、EVA 及 SBR 四种。在诸多改性剂中，SBS 可以明显地提高基础沥青的高低温性能，降低温度敏感性，增强耐老化及耐疲劳性能，SBS 已成为沥青改性领域中的主要添加剂。据资料介绍，近年来在欧洲所用沥青改性剂中 SBS 已占 40% 以上。

2. 改性沥青的评价指标

由于改性沥青具有不同的技术特点，除沥青常规试验针入度、软化点、延度、黏度等指标外，还采用了几项与评价沥青性能不同的技术指标，如聚合物改性沥青离析试验、沥青弹性恢复试验、黏韧性试验及测力延度试验等。

(1)聚合物改性沥青离析试验。聚合物改性沥青在停止搅拌、冷却过程中，聚合物可能从沥青中离析。当聚合物改性沥青在生产后不能立即使用，而需经过储运再加热等过程后使用时，需进行离析试验。

不同的改性沥青离析的状况有所不同，SBR、SBS类改性沥青离析时表现为聚合物上浮。采用的试验是将试样置于规定条件的盛样管中，并在163 ℃烘箱中放置48 h后，从聚合物改性沥青的顶部和底部分别取样，测定其环球法软化点之差进行判定；对于PE、EVA类聚合物改性沥青，采用改性沥青在135 ℃存放24 h的过程中是否结皮，或凝聚在容器表面四壁的情况进行判定。

（2）沥青弹性恢复试验。SBS等热塑性弹性体改性沥青，弹性恢复能力是显著的特点，在路面使用过程中，对荷载作用下产生的变形具有良好的自愈性。

我国沥青弹性恢复试验（T0662，JTG E20—2011）参照美国ASTM（D6084－97、D5882－96及D5876－96）弹性恢复试验方法，试验温度采用25 ℃，采用延度试验所用试模，但中间部分换为直线侧模，如图4-17所示，试件截面面积为1 cm²，试件拉伸10 cm后停止，立即剪断，保持1 h，测量恢复率。

（3）沥青黏韧性试验。经国内外研究表明，沥青黏韧性试验是评价橡胶类改性沥青的一种较好的方法，并已列入我国现行行业标准《公路沥青路面施工技术规范》（JTG F40—2004）。沥青黏韧性试验是测定沥青在规定温度条件下高速拉伸时与金属半球的黏韧性（Toughness）和韧性（Tenacity）。非经注明，试验温度为25 ℃，拉伸速度为500 mm/min。

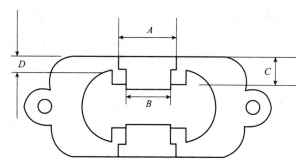

A=(36.5±0.1) mm; B=(30±0.1) mm; C=(17±0.1) mm; D=(10±0.1) mm

图4-17　弹性恢复试验用直线延度试模

在图4-18中，$ABCE$及$CDFE$所包围的面积分别表示所测试样的黏韧性和韧性。

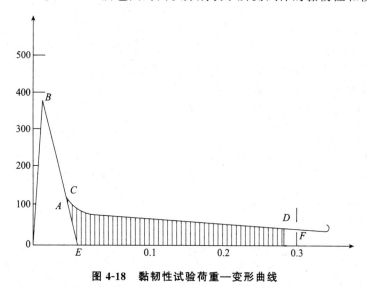

图4-18　黏韧性试验荷重—变形曲线

（4）测力延度试验。测力延度试验是在普通的延度仪上附加测力传感器，试验用的试模与沥青弹性恢复试验相同。试验温度通常采用 5 ℃，拉伸速度为 5 cm/min，传感器最大负荷≥100 kg 即可。可由 $X-Y$ 函数记录仪记录拉力—变形（延度）曲线。曲线的形状和面积对评价改性沥青的性能具有重要的意义。

4.3.2 改性沥青的技术要求

我国聚合物改性沥青性能评价方法基本沿用了道路石油沥青质量标准体系，增加了一些评价聚合物性能指标，如弹性恢复、黏韧性和离析（软化点差）等技术指标。根据聚合物类型将改性沥青分为Ⅰ类、Ⅱ类、Ⅲ类，按照软化点的不同，将Ⅰ、Ⅲ类聚合物改性沥青分为 A、B、C 及 D 四个等级，将Ⅱ类分为 A、B 及 C 三个等级，以适应不同的气候条件。同一类型中的 A、B、C 或 D 主要反映基质沥青标号及改性剂含量的不同，由 A 到 D 表示改性沥青针入度减小，黏度增加，即高温性能提高，但低温性能下降。等级划分以改性沥青的针入度作为主要依据。聚合物改性沥青的质量要求见表 4-7。对于采用几种不同种类改性剂制备的复合改性沥青，可以根据所掺各种改性剂的种类和剂量比例，按照工程对改性沥青的使用要求，综合确定应该达到的质量要求。

表 4-7　聚合物改性沥青技术要求

指标	单位	SBS 类（Ⅰ类）				SBS 类（Ⅱ类）			EVA、PE 类（Ⅲ类）			
		Ⅰ-A	Ⅰ-B	Ⅰ-C	Ⅰ-D	Ⅱ-A	Ⅱ-B	Ⅱ-C	Ⅲ-A	Ⅲ-B	Ⅲ-C	Ⅲ-D
针入度（25 ℃，100 g，5 s）	0.1 mm	>100	80～100	60～80	30～60	>100	80～100	60～80	>80	60～80	40～60	30～40
针入度指数 PI ≥	—	-1.2	-0.8	-0.4	0	-1.0	-0.8	-0.6	-1.0	-0.8	-0.6	-0.4
延度（5 ℃，5 cm/min）≥	cm	50	40	30	20	60	50	40	—			
软化点 $T_{R\&B}$ ≥	℃	45	50	55	60	45	48	50	48	52	56	60
运动黏度①（135 ℃）≥	Pa·s	3										
闪点 ≥	℃	230				230			230			
溶解度 ≥	%	99				99			—			
弹性恢复（25 ℃）≥	%	55	60	65	75	—			—			
黏韧性 ≥	N·m	—				5						
韧性 ≥	N·m					2.5						
储存稳定性②												
离析，48 h 软化点差 ≤	℃	2.5				—			无改性剂明显析出、凝聚			
质量变化 ≤	%	1.0										
针入度比 ≥	%	50	55	60	65	50	55	60	50	55	58	60
延度（5 ℃）≥	cm	30	25	20	15	30	20	10	—			

①表中 135 ℃运动黏度可采用《公路工程沥青及沥青混合料试验规程》（JTG E20—2011）中的"沥青布氏旋转黏度试验方法（布洛克菲尔德黏度计法）"进行测定。若在不改变改性沥青物理力学性质并符合安全条件的温度下易于泵送和拌和，或经证明适当提高泵送和拌合温度时能保证改性沥青的质量，容易施工，可不要求测定。
②储存稳定性指标适用于工厂生产的成品改性沥青。现场制作的改性沥青对储存稳定性指标可不做要求，但必须在制作后保持不间断的搅拌或泵送循环，保证使用前没有明显的离析

4.3.3 常用聚合物改性沥青

1. 常用聚合物改性沥青的技术特性

(1)热塑性橡胶类改性沥青。热塑弹性体(Thermoplastic Elastomer，TPE)是由橡胶类弹性体热塑化和弹性体与树脂熔融共混热塑化技术而产生的热塑性弹性体材料与弹性材料，品种牌号繁多，性能优异，其中苯乙烯-二烯烃嵌段共聚物广泛用于沥青改性。共聚物中二烯烃称为软段，苯乙烯称为硬段。当二烯烃采用丁二烯时，所得产品即为SBS。我国石化行业标准《热塑性弹性体-苯乙烯-丁二烯嵌段共聚物(SBS)》(SH/T 1610—2011)给出了用于改性沥青的SBS技术要求、试验方法。其他还有SE/BS、SIS等系列产品，都可用于沥青改性，使用最多的为SBS。SBS高分子链具有串联结构的不同嵌段，即塑性段和橡胶段，形成类似合金的组织结构，按聚合物的结构可分为线形和星形。SBS的改性效果与SBS的品种、分子量密切相关，星形SBS对沥青的改性效果优于线形SBS。SBS的分子量越大，改性效果越明显，但难以加工为改性沥青。沥青中芳香分含量高，则较易加工。在各种型号的SBS中，苯乙烯含量高的能显著提高改性沥青的黏度、韧度和韧性。

热塑性弹性体对沥青的改性机理除一般的混合、溶解、溶胀等物理作用外，很重要的是通过一定条件产生交联作用，形成不可逆的化学键，从而形成立体网状结构，使沥青获得弹性和强度。而在沥青拌合温度的条件下，网状结构消失，具有塑性状态，便于施工，在路面使用温度条件下为固态，具有高抗拉强度。

表4-8列出了采用埃索石油公司70号沥青加入5％星形和线形SBS经高速剪切搅拌为改性沥青的性能试验结果。从表中可以看出，SBS改性沥青在改善温度敏感性、提高低温韧性等方面均获得显著的效果，数据说明星形SBS的改性效果在提高热稳定性和低温延性等方面均优于线形SBS。

表 4-8 SBS改性沥青的技术性质

技术性质	基础沥青	+5％SBS的改性沥青		技术性质		基础沥青	+5％SBS的改性沥青	
		星形	线形				星形	线形
针入度(25℃)(0.1 mm)	64	38	40	针入度指数 PI		−1.36	+0.96	+0.16
软化点/℃	48	92	55	测力延度(10℃)	拉力强度/MPa	0.73	0.52	0.62
延度(15℃)/cm	200	100	54		黏韧度(N·m)	2.99	21.5	19.6
当量软化点/℃	47.2	63.1	58.3	薄膜烘箱试验(163℃，5 h)	质量损失/％	0.07	0.07	0.02
当量脆点/℃	−8.6	−16.7	−11.4		针入度比/％	78.3	88.9	88.9
回弹率(15℃)/％	14	78	65		延度(10℃)/cm	0.9	68	42

(2)橡胶类改性沥青。橡胶类改性材料用得最多的是丁苯橡胶(SBR)和氯丁橡胶(CR)。这类改性剂常以胶乳的形式加入沥青，以提高沥青的黏度、韧性、软化点，降低脆点，使沥青的延度和感温性得到改善。这是由于橡胶吸收沥青中的油分产生溶胀，改变了沥青的胶体结构，因而使沥青的胶体结构得到改善，黏度得以提高。

丁苯橡胶(SBR)是较早开发的沥青改性剂，SBR的性能与结构随苯乙烯与丁二烯的比例和聚合工艺而变化，选择沥青改性剂时应通过试验加以确定。目前，常采用 SBR 胶乳或 SBR 沥青母体作为改性剂。表 4-9 列出了采用 SBR 胶乳改性胜利 100 号道路沥青的试验结果。

表 4-9　胜利 100 号道路沥青用 SBR 胶乳改性效果

性质		基质沥青	SBR 掺量（占改性沥青的质量分数）/%			
			2	3	4	5
软化点/℃		47	49	51	51	53
针入度 (0.1 mm)	25 ℃	101	83	77	78	76
	15 ℃	24	30	26	26	28
	5 ℃	4	10	10	8	8
针入度指数 PI		0.070 1	0.045 9	0.044 3	0.049 4	0.048 1
延度/cm	25 ℃	110	40	58	53	61
	15 ℃	69	150+	150+	150+	150+
	7 ℃	4	150+	150+	150+	150+
	5 ℃	0.25	117	125	150+	150+
黏度(60 ℃)/(Pa·s^{-1})		88.2	128.6	158.4	192.6	254.4
黏度(135 ℃)/(mm²·s^{-1})		429.6	569.4	669.4	777.9	878.0
薄膜烘箱试验后						
残留针入度/%		52.5	68.7	74.0	72.4	77.6
延度/cm	25 ℃	88	60	68	53	50
	15 ℃	13	73	71	86	121
黏韧性/(N·m)		3.6	4.4	4.9	5.6	6.3
韧性/(N·m)		0.7	1.2	1.5	1.9	2.3

由表 4-9 可见，随着 SBR 掺量的增加，改性沥青的黏度和软化点升高，说明抗变形能力得到改善；25 ℃针入度下降，而低温针入度升高，说明沥青的感温性得到改善；低温延度得到大幅度提高，韧度和韧性增加，耐老化性有很大改善，说明改性沥青的高温流动性、黏弹性、低温抗裂性、耐久性等使用性能都得到改善。另外，还用 SBR 胶乳与沥青乳液制成水乳型建筑用防水涂料和改性乳化沥青，用于道路路面工程。

（3）热塑性树脂改性沥青。热塑性树脂（Thermoplastic Resin）是聚烯烃类高分子聚合物，多数是线状结晶物，加热时变软，冷却后变硬，因而能使沥青结合料的常温黏度增大，从而使高温稳定性增加，有利于提高沥青的强度和劲度，但与各种沥青调和时有一定的选择，热储存时分层较快，分散了的聚合物在熔点以下容易成团，通过精心选择树脂的品种与沥青匹配，因而，树脂在沥青改性中得到较多的应用。常采用的品种有低密度聚乙烯（LDPE）、乙烯—乙酸乙烯酯共聚物（EVA）及 APAO 等。

①低密度聚乙烯（LDPE）改性沥青。低密度聚乙烯（LDPE）的柔软性、伸长率和耐冲击性能较高密度聚乙烯性能好，而且由于其密度小，熔点较低，结晶度小、溶解度参数较宽，在溶解分解区呈液态，使之易与沥青共混。在沥青处于 160 ℃以上温度时，通过剪

切、挤压、碾磨等机械作用，可被粉碎成为 $5\sim7~\mu m$ 的细微颗粒，均匀地分散、混融在沥青中。

聚乙烯改性沥青可提高沥青的黏度和软化点，使沥青的高温性能得到改善，沥青混合料的强度提高，抗流动变形和车辙的能力增强，抗永久变形能力有所改善，但低温延性较差。

②乙烯—醋酸乙烯共聚物（EVA）改性沥青。乙烯—醋酸乙烯共聚物（EVA）是应用较普遍的热塑性树脂，在常温下为透明颗粒状，品种繁多，其性能取决于醋酸乙烯（VA）含量、相对分子质量和溶体指数（MI）。由于乙烯支链上引入醋酸基团，使 EVA 较 PE 富有弹性和柔韧性，与沥青的相容性好。表 4-10 列出了采用不同型号 EVA，以及 PE 和 SBR 对胜利100 号沥青进行改性对比试验结果，由表中数据可以看到，各种改性剂对基质沥青的性能都有不同程度的改善，总体来讲，针入度下降，软化点上升，黏度增加，低温延度升高。不同牌号 EVA 的改性效果：随着 MI 和 VA 含量的降低，改性沥青的黏度和软化点上升，而低温延度下降；PE 对黏度的提高最大，而低温延度比基质沥青还差；SBR 对黏度的提高有限，而低温延度得到很大改善。因此，EVA 使沥青的高温强度、低温柔性和弹性及耐老化性能得到比较全面的改善，而且有较好的施工性能，可以通过选用不同牌号的 EVA 对改性效果加以调整。

表 4-10　不同型号 EVA 改性沥青试验结果（EVA 掺量 5%）

性质	基质沥青	EVA, VA/%（MI, g/10 min）			PE	SBR
		30(30)	30(5)	35(40)		
针入度(25 ℃)(0.1 mm)	86	54	47	57	52	68
软化点/℃	45.5	60	64	52	52	50
延度(10 ℃)/cm	4.5	8	6.5	12	4	70
针入度指数	−1.8	−0.35	0.13	−0.45	−0.82	−0.73
薄膜加热试验后						
针入度比/%	58.1	71.2	70.0	67.7	62.9	75.4
延度(10 ℃)/cm	3.0	4	2.5	5	2	52

除 PE 和 EVA 外，还开发了由乙烯、丙烯和丁烯—1 共聚生成的 APAO，其外观为乳白色，鸡蛋状固体，有一定韧性。APAO 与沥青的相容性很好，只需一般的机械搅拌即可与沥青混合均匀，对沥青改性的效果与 PE 相似，掺量可以更少。

(4)热固性树脂改性沥青。热固性树脂的品种有聚氨酯（PV）、环氧树脂（EP）、不饱和聚酯树脂（VP）等。其中，环氧树脂已应用于改性沥青。环氧树脂是指含有两个或两个以上环氧或环氧基团的醚或酚的低聚物或聚合物。我国生产的环氧树脂大部分是双酚 A 类，配制环氧改性沥青的关键在于选择合适的混合沥青做基料，并需选择适合此类环氧树脂的固化剂，比较便宜的固化剂以芳香胺类为主。环氧树脂改性沥青的延伸性不好，但其强度很高，具有优越的抗永久变形能力，并具有特别高的耐燃料油和润滑油的能力，适用公共汽车停靠站、加油站路面等。

2. 聚合物改性剂与基质沥青的相容性

相容性(Compatibility)是改性沥青是否成功的首要条件。改性沥青的相容性是指沥青和改性剂在组成与性质上存在差别的组分，在一定的条件下能够相互兼容，形成热力学相对稳定的具有混溶性的体系的能力。在相容性好的改性沥青体系中，聚合物改性剂粒子很细，很均匀地分散在沥青中；在相容性差时，则改性剂粒子呈絮状、块状，或与沥青发生分离或分层现象，因此，聚合物改性剂的相容性是极为重要的因素。聚合物改性粒子加入基质沥青，通过溶胀、增塑、分解或交联等复杂的物理、化学过程而与沥青混溶形成稳定的分散体系。相容性的差异取决于改性剂和沥青两种不同相的界面上的相互作用、两者溶解度参数的差异及分子结构是否相近。溶解度参数差异越小，分子结构越相近，则相容性越好。

各类物质溶解度参数的大小实质上反映该类物质的分子构型和相对分子质量，也是定量反映物质极性的数据。极性越相近的物质，则溶解度参数差值越小，越容易互相混溶。如苯乙烯含量较低的丁苯橡胶，其溶解度参数较低，与沥青的溶解度参数比较接近，则形成稳定的胶体溶液；反之，若采用苯乙烯含量较高的丁苯橡胶，由于与沥青溶解度参数相差太大，则不易形成稳定的改性沥青。这说明基质沥青与聚合物改性剂基本上遵循化学组成和结构相似相溶的原则。

沥青中的轻组分对聚合物溶胀作用是相容性好的一个前提。聚合物经溶胀后，由于聚合物低分子量的组分倾向于分布在聚合物与沥青的界面处，相当于表面活性剂作用，使聚合物沥青不易发生相分离，增强了两相的黏合力。当聚合物含量较高时，则可能形成网状结构而使沥青的流变性能和力学性能得到很大的改善。

改性沥青的分散度是指聚合物在沥青中的分布状态及聚合物粒子的大小，改性沥青的生产工艺就是要保证聚合物良好的分散度。聚合物的微细粒子均匀分布在沥青之中是保证相容性的前提，是改性作用得到实现的保证。

4.3.4　改性沥青应用和发展

改性沥青可用于做排水或吸声磨耗层及其下面的防水层；在老路面上可做应力吸收膜中间层，以减少反射裂缝，在重载交通道路的老路面上加铺薄和超薄沥青面层，以提高耐久性；在老路面上或新建一般公路上做表面处治，以恢复路面使用性能或减少养护工作量等。使用改性沥青时，应当特别注意路基、路面的施工质量，以避免产生路基沉降和其他早期损坏。否则，使用改性沥青就达不到应有的效果。

SBS 改性沥青无论在高温、低温、弹性等方面都优于其他改性剂，尤其是现在 SBS 的价格比以前有了大幅度的降低，仅成本这一项，它就可以和 PE、EVA 竞争。所以，我国改性沥青的发展方向应以 SBS 作为主要方向。

单元 4　乳化沥青的技术性质

视频：乳化沥青
的技术性质

4.4.1　乳化沥青概述

乳化沥青(Emulsified Asphalt)是黏稠沥青经热熔和机械作用，以微滴状态分散于含有乳化剂—稳定剂的水中,形成水包油(O/W)型的沥青乳液。

乳化沥青的应用已有近百年历史,最早用于喷洒除尘,后逐渐用于道路建筑。由于阳离子乳化剂的采用,乳化沥青得到更为广泛的应用。乳化沥青不仅可用于路面的维修与养护,并可用于铺筑表面处治、贯入式、沥青碎石、乳化沥青混凝土等各种结构形式的路面,还可用于旧沥青路面的冷再生和防尘处理。

乳化沥青的优越性主要体现在以下几点:

(1)可冷态施工,节约能源,减少环境污染。

(2)常温下具有较好的流动性,能保证洒布的均匀性,可提高路面修筑质量。

(3)采用乳化沥青,扩展了沥青路面的类型(如稀浆封层等)。

(4)乳化沥青与矿料表面具有良好的工作性和黏附性,可节约沥青并保证施工质量。

(5)可延长施工季节,乳化沥青施工受低温多雨季节影响较小。

4.4.2 乳化沥青的组成材料

乳化沥青主要由沥青、乳化剂、稳定剂和水等组分组成。

1. 沥青

沥青是乳化沥青组成的主要材料占55%~70%。在选择作为乳化沥青用的沥青时,首先要考虑它的易乳化性。一般来说,相同油源和工艺的沥青,针入度较大者易于形成乳液。但针入度的选择应根据乳化沥青在路面工程中的用途来决定。另外,沥青中活性组分的含量对沥青乳化难易性有直接影响,通常认为沥青中沥青酸总量大于1%的沥青,易于形成乳化沥青。对高速公路和一级公路,应满足道路石油沥青A、B级的要求,其他情况可采用C级沥青。

2. 乳化剂

乳化剂是乳化沥青形成的关键材料。沥青乳化剂是表面活性剂的一种类型,从化学结构上看,其分子的一部分具有亲水性质,而另一部分具有亲油性质,这两个基团具有使互不相溶的沥青与水连接起来的特殊功能。在沥青、水分散体系中,沥青微粒被乳化剂分子的亲油基吸引,此时以沥青微粒为固体核,乳化剂包裹在沥青颗粒表面形成吸附层。乳化剂的另一端被水分子吸引,形成一层水膜,它可机械地阻碍颗粒的聚集。

乳化剂按其亲水基在水中是否电离分为离子型和非离子型两大类。其分类如下:

(1)阴离子型沥青乳化剂。阴离子型沥青乳化剂是在溶于水时,能电离为离子或离子胶束,且与亲油基相连的亲水基团带有阴(或负)电荷的乳化剂。

阴离子沥青乳化剂最主要的亲水基团有羧酸盐(如—COONa)、硫酸酯盐(如—OSO_3Na)、磺酸盐(如—SO_3Na)三种。

(2)阳离子型沥青乳化剂。阳离子型沥青乳化剂是在溶于水中时,能电离为离子或离子胶束,且与亲油基相连接的亲水基团带有阳(或正)电荷的乳化剂。

阳离子型沥青乳化剂是当前应用最为广泛的乳化剂，国内生产较多，使用效果较好。按其化学结构，主要有季铵盐类、烷基胺类、酰胺类、咪唑啉类、环氧乙烷二胺类和胺化木质素类等。

(3)两性离子型沥青乳化剂。两性离子型沥青乳化剂是在水中溶解时，电离成离子或离子胶团，且与亲油基相连接的亲水基团既带有负电荷又带有正电荷的乳化剂。

两性离子型沥青乳化剂按其两性离子的亲水基团的结构和特性，主要分为氨基酸型、甜菜型和咪唑啉型等。

(4)非离子型沥青乳化剂。非离子型沥青乳化剂是在水中溶解时，不能电离成离子或离子胶束，而是依赖分子所含的羟基(—OH)和醚链(—O—)等作为亲水基团的乳化剂。

非离子型沥青乳化剂根据亲水基团的结构可分为醚基类、酯基类、酰胺类和杂环类等，但应用最多的为环氧乙烷缩合物和一元醇或多元醇的缩合物。

3. 稳定剂

为使乳液具有良好的储存稳定性，以及在施工中喷洒或拌合机械作用下的稳定性，必要时加入适量的稳定剂。稳定剂可分为以下两类：

(1)有机稳定剂。有机稳定剂常用的有聚乙烯醇、聚丙烯酰胺、羧甲基纤维素钠、糊精、MF废液等。这类稳定剂可提高乳液的储存稳定性和施工稳定性。

(2)无机稳定剂。无机稳定剂常用的有氯化钙、氯化镁、氯化铵和氯化铬等。这类稳定剂可提高乳液的储存稳定性。

稳定剂对乳化剂的协同作用必须通过试验来确定，并且稳定剂的用量不宜过多，一般以沥青的 $0.1\%\sim0.15\%$ 为宜。

4. 水

水是乳化沥青的主要组成部分。水在乳化沥青中起着润湿、溶解及化学反应的作用，所以，要求乳化沥青中的水应当纯净，不含其他杂质，每升水中氧化钙含量不得超过 80 mg。水的用量一般为 $30\%\sim70\%$。

4.4.3 乳化沥青的形成机理

根据乳状液理论，由于沥青与水这两种物质的表面张力相差较大，将沥青分散于水中，则会因表面张力的作用使已分散的沥青颗粒重新聚集结成团块。欲使已分散的沥青能稳定均匀地存在(实际上是悬浮)于水中，必须使用乳化剂。沥青能够均匀稳定地分散在乳化剂水溶液中的原因主要有以下几个方面。

1. 乳化剂降低界面能的作用

由于沥青与水的表面张力相差较大，在一般情况下是不能互溶的。当加入一定量的乳化剂后，乳化剂能规律地定向排列在沥青和水的界面上，由于乳化剂属表面活性物质，具有不对称的分子结构，分子一端是极性基因，是亲水的；另一端是非极性基因，是亲油的，所以，当乳化剂加入沥青与水组成的溶液，乳化剂分子吸附在沥青—水界面上，形成吸附层，从而降低了沥青与水之间的表面张力差，如图 4-19 所示。

2. 界面膜的保护作用

乳化剂分子的亲油基吸附在沥青微滴的表面，在沥青—水界面上形成界面膜，此界面膜具有一定的强度，对沥青微滴起保护作用，使其在相互碰撞时不易聚结，如图 4-19 所示。

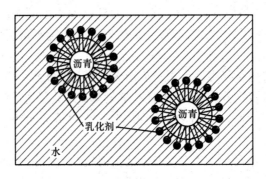

图 4-19 乳化剂在沥青微滴表面形成的界面膜

3. 界面电荷稳定作用

乳化剂溶于水后发生离解，当亲油基吸附于沥青时，使沥青微滴带有电荷(阳离子乳化沥青带正电荷)，此时在沥青—水界面上形成扩散双电层。由于每个微滴都带相同电荷，且有扩散双电层的作用，故沥青—水体系成为稳定体系。

4.4.4 乳化沥青的性质与技术要求

乳化沥青在使用中，与砂石集料拌和成型后，在空气中逐渐脱水，水膜变薄，使沥青微粒靠拢，将乳化剂薄膜挤裂而凝成连续的沥青黏结膜层。成膜后的乳化沥青具有一定的耐热性、黏结性、抗裂性、韧性及防水性。

乳化沥青的质量应符合表 4-11 的规定。在高温条件下宜采用黏度较大的乳化沥青，寒冷条件下宜使用黏度较小的乳化沥青。

表 4-11 道路用乳化沥青技术要求

试验项目		品种及代号					
		阳离子(阴离子)				非离子	
		PC-1 (PA-1)	PC-2 (PA-2)	PC-3 (PA-3)	BC-1 (BA-1)	PN-2	BN-2
破乳速度		快裂	慢裂	快裂或中裂	慢裂或中裂	慢裂	慢裂
筛上剩余量/%		≤0.1					
粒子电荷		阳离子(+)阴离子(−)				非离子	
黏度/s	恩格拉黏度计 E_{25}	2～10	1～6	1～6	2～30	1～6	2～30
	沥青标准黏度计 $C_{25.3}/s$	10～25	8～20	8～20	10～60	8～20	10～60
蒸发残留物性质	残留物含量/%	≥50	≥50	≥50	≥55	≥50	≥55
	25 ℃针入度(0.1 mm)	50～200	50～300	45～150	50～150	50～300	60～300
	15 ℃延度/cm	≥40					
与粗集料的黏附性(裹覆面积)		≥2/3			—	≥2/3	—

试验项目		品种及代号					
		阳离子(阴离子)				非离子	
		PC-1 (PA-1)	PC-2 (PA-2)	PC-3 (PA-3)	BC-1 (BA-1)	PN-2	BN-2
与粗、细粒式集料拌合试验		—			均匀	—	
水泥拌合试验(1.18 mm 筛余量)/%		—			—	—	≤3
常温储存稳定性/%	5 d	≤5					
	1 d	≤1					

注：1. P 为喷洒型，B 为拌合型，C、A、N 分别表示阳离子、阴离子、非离子乳化沥青。

2. 黏度可选用恩格拉黏度计或沥青标准黏度计之一测定。

3. 表中的破乳速度与集料的黏附性、拌合试验的要求、所使用的石料品种有关，质量检验时应采用工程上实际的石料进行试验，仅进行乳化沥青产品质量评定时可不要求此三项指标。

4. 储存稳定性根据施工实际情况选用试验时间，通常采用 5 d，乳液生产后能在当天使用时也可用 1 d 的稳定性。

5. 当乳化沥青需要在低温冰冻条件下储存或使用时，尚需进行 −5 ℃ 低温储存稳定性试验，要求没有粗颗粒、不结块。

6. 如果乳化沥青是将高浓度产品运到现场经稀释后使用时，表中的蒸发残留物等各项指标指稀释前乳化沥青的要求

4.4.5　乳化沥青在集料表面分裂机理

分裂(俗称破乳)是指从乳液中分裂出来的沥青微滴在集料表面聚结成一层连续的沥青薄膜的过程。乳液产生分裂的外观特征是它的颜色由棕褐色变成黑色。

1. 乳液与集料表面的吸附作用

(1)阴离子乳液(沥青微滴带负电荷)与带正电荷碱性集料(石灰岩、玄武岩等)有较好的黏结性。

(2)阳离子乳液(沥青微滴带正电荷)与带负电荷碱性集料(花岗石、石英岩等)有较好的黏结性。同时，对碱性集料也有较好的亲和力。

2. 水分的蒸发作用

洒布在路上的乳化沥青，水分蒸发速度的快慢与温度、湿度、风速等条件有关。在温度较高、有风的环境中，水分蒸发较快；反之较慢。通常，当沥青乳液中水分蒸发到沥青乳液的 80%~90% 时，乳化沥青即开始凝结。

4.4.6　乳化沥青的应用

乳化沥青按照施工方法分为两大类：一类是喷洒型乳化沥青，代号为 P，主要用于透层、黏层、表面处治或贯入式沥青碎石路面；另一类是拌合型乳化沥青，代号为 B，主要用于沥青碎石或沥青混合料路面。乳化沥青的品种和适用范围宜符合表 4-12 的规定。

表 4-12　乳化沥青的品种及适用范围

分类	品种及代号	适用范围
阳离子乳化沥青	PC-1	表面处治、贯入式路面及下封层用
	PC-2	透层油及基层养生用
	PC-3	黏层油用
	BC-1	稀浆封层或冷拌沥青混合料用
阴离子乳化沥青	PA-1	表面处治、贯入式路面及下封层用
	PA-2	透层油及基层养生用
	PA-3	黏层油用
	BA-1	稀浆封层或冷拌沥青混合料用
非离子乳化沥青	PN-2	透层油用
	BN-1	与水泥稳定集料同时使用(基层路拌或再生)

单元 5　煤沥青的技术性质

煤沥青(俗称柏油)是用煤干馏炼焦和制煤气的副产品煤焦油炼制而成的。根据煤干馏的温度不同,煤焦油可分为高温煤焦油(700 ℃以上)和低温煤焦油(450 ℃~700 ℃)两类。路用煤沥青主要由炼焦或制造煤气得到的高温煤焦油加工而得。

视频:煤沥青的
技术性质

4.5.1　煤沥青的化学组成和结构特点

1. 煤沥青的化学组成

煤沥青的组成主要是芳香族碳氢化合物及其氧、硫和氮的衍生物的混合物。其元素组成主要为 C、H、O、S 和 N。煤沥青的化学结构极其复杂,有环结构上带有侧链,但侧链很短。

煤沥青化学组分的研究方法与石油沥青相同,也是采用选择性溶解等方法将煤沥青划分为几个化学性质相近且与路用性能有一定联系的组。我国采用葛氏法按图 4-20 所列流程划分煤沥青组分。其组分如下。

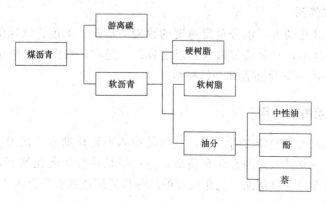

图 4-20　葛式法流程的煤沥青化学组分分析

(1)游离碳。游离碳又称自由碳，是高分子的有机化合物的固态碳质微粒，不溶于任何有机溶剂。在煤沥青中含有游离碳能增加沥青的黏度和提高其热稳定性。随着游离碳含量的增加，低温脆性也随之增加。煤沥青中的游离碳相当于石油沥青中的沥青质。

(2)树脂。

①硬树脂：固态晶体结构，在沥青中能增加其黏滞性，类似石油沥青中的沥青质。

②软树脂：赤褐色黏塑状物质，溶于氯仿能使煤沥青具有塑性，类似石油沥青中的树脂。

(3)油分。油分主要由液体未饱和的芳香族碳氢化合物所组成，使煤沥青具有流动性。油分中包含有萘油、蒽油和菲油等。萘和蒽能溶解于油分中，在含量较高或较低时能呈固态晶状析出，影响煤沥青的低温变形能力。

另外，煤沥青中含有少量碱性物质(吡啶、喹啉等)和酸性物质(酚)，酚有毒且能溶于水。煤沥青中的酸碱物质都属表面活性物质，相当于石油沥青中的沥青酸与沥青酸酐，但其活性物质含量高于石油沥青。所以，煤沥青表面活性比石油沥青高，与矿料的黏附力较好。

2. 煤沥青的结构

煤沥青和石油沥青相类似，也是复杂的胶体分散系，游离碳和硬树脂组成的胶体微粒为分散相，油分为分散介质，而软树脂为保护物质，它吸附于固态分散胶粒周围，逐渐向外扩散，并溶解于油分中，使分散系形成稳定的胶体体系。

4.5.2 煤沥青的技术性质与技术标准

1. 煤沥青的技术性质

煤沥青与石油沥青相比，在技术性质方面有下列差异：

(1)温度稳定性差。由于可溶性树脂含量较多，受热易软化，故温度稳定性差。

(2)气候稳定性差。由于煤沥青中含有较多不饱和碳氢化合物，在热、阳光、氧气等长期综合作用下，煤沥青的组分变化较大，易老化变脆。

(3)塑性较差。由于煤沥青含有较多的游离碳，所以在使用时易因受力变形而开裂。

(4)煤沥青与矿质材料表面黏附性能好。煤沥青组分中含有酸碱等表面活性物质，故与矿质材料表面粘结力较强。

(5)防腐性能好。由于煤沥青中含有酚、蒽、萘油等成分，所以防腐性好，故宜用于地下防水层及防腐材料等。

2. 煤沥青的技术指标

(1)黏度。黏度表示煤沥青的稠度。煤沥青组分中油分含量减少、固态树脂及游离碳量增加时，则煤沥青的黏度增高。煤沥青的黏度测定方法与液体沥青相同，也是用道路沥青标准黏度计测定。

(2)蒸馏试验的馏分含量及残渣性质。煤沥青中含有各沸点的油分，这些油分的蒸发将影响其性质。因而，煤沥青的起始黏度并不能完全表达其在使用过程中黏结性的特征。为了预估煤沥青在路面使用过程中的性质变化，在测定其起始黏度的同时，还必须测定煤沥青在各馏程中所含馏分及其蒸馏后残留物的性质。

煤沥青蒸馏试验是测定试样受热时，在规定温度范围内蒸出的馏分含量，以质量百分率表示。除非有特殊需要，各馏分蒸馏的标准切换温度为 170 ℃、270 ℃、300 ℃。

馏分含量的规定，控制了煤沥青由于蒸发而老化的安全性，残渣性质试验保证了煤沥青残渣具有适宜的黏结性。

（3）煤沥青焦油酸含量。煤沥青的焦油酸（也称酚）含量是通过测定试样总的蒸馏馏分与碱性溶液作用形成水溶性酚盐物质的含量求得，以体积百分率表示。

焦油酸溶解于水，易导致路面强度降低，同时它有毒，因此，对其在沥青中的含量必须加以限制。

（4）含萘量。萘在煤沥青中低温时易结晶析出，使煤沥青产生假黏度而失去塑性，而且常温下易升华，并促使"老化"加速，同时萘也有毒，故应对其含量加以限制。煤沥青的萘含量是试样馏分中萘的含量，以质量百分率表示。

（5）甲苯不溶物含量。煤沥青的甲苯不溶物含量，是试样在规定的甲苯溶剂中不溶物（游离碳）的含量，用质量百分率表示。

（6）水分。与石油沥青一样，在煤沥青中含有过量的水分会使煤沥青在施工加热时产生许多困难，甚至导致材料质量的劣化或造成火灾。煤沥青含水率的测定方法与石油沥青相同。

3. 道路用煤沥青技术要求

道路用煤沥青适用透层，也可用于三级及三级以下的公路铺筑表面处治或贯入式沥青路面，但不能用于热拌热铺沥青混合料。道路用煤沥青的质量应符合表 4-13 要求。

表 4-13　道路用煤沥青的技术要求

试验项目		T-1	T-2	T-3	T-4	T-5	T-6	T-7	T-8	T-9
黏度/s	$C_{30,5}$	5～25	26～70	—	—	—	—	—	—	—
	$C_{30,10}$	—	—	5～25	26～50	51～120	121～200	—	—	—
	$C_{50,10}$	—	—	—	—	—	—	10～75	76～200	—
	$C_{60,10}$	—	—	—	—	—	—	—	—	35～65
蒸馏试验馏出量/%	170 ℃前	3	3	3	2	1.5	1.5	1.0	1.0	1.0
	270 ℃前	20	20	20	15	15	15	10	10	10
	300 ℃≤	15～35	15～35	30	30	25	25	20	20	15
300 ℃蒸馏残渣软化点（环球法）/℃		30～45	30～45	35～65	35～65	35～65	35～65	40～70	40～70	40～70
水分/%　≤		1.0	1.0	1.0	1.0	1.0	0.5	0.5	0.5	0.5
甲苯不溶物/%　≤		20	20	20	20	20	20	20	20	20
含萘量/%　≤		5	5	5	4	4	3.5	3	2	2
焦油酸含量/%　≤		4	4	3	3	2.5	2.5	1.5	1.5	1.5

实训一　沥青针入度试验（JTG E20—2011）

本方法适用测定道路石油沥青、聚合物改性沥青针入度以及液体石油沥青蒸馏或乳化沥青蒸发后残留物的针入度，以 0.1 mm 计。其标准试验条件为温度 25 ℃，荷重 100 g，贯入时间 5 s。

针入度指数 PI 用以描述沥青的温度敏感性，宜在 15 ℃、25 ℃、30 ℃ 3 个或 3 个以上温度条件下测定针入度后按规定的方法计算得到，若 30 ℃ 时的针入度值过大，可采用 5 ℃ 代替。

(1)仪器设备。

①针入度仪：针和针连杆组合件总质量为 50 g ±0.05 g，另附 50 g ±0.05 g 砝码一只，试验时总质量为 100 g±0.05 g。仪器设有放置平底玻璃保温皿的平台，并有调节水平的装置，针连杆应与平台相垂直。针连杆易于装拆，以便检查其质量。仪器悬臂的端部有一面小镜或聚光灯泡，借以观察针尖与试样表面接触情况。当为自动针入度仪时，要求基本相同，应对装置的准确性经常校验。

②标准针：由硬化回火的不锈钢制成，洛氏硬度 HRC54～60，表面粗糙度 Ra 0.2～0.3 μm，针与针连杆总质量 2.5 g ± 0.05 g，针连杆上应打印有号码标志，其尺寸及针头形状如图 4-21 所示。

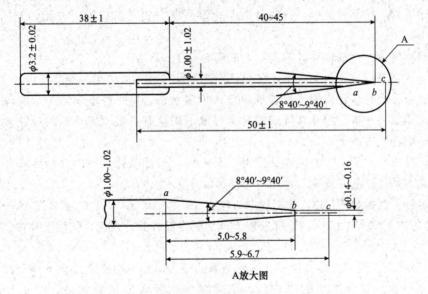

图 4-21 针入度标准针(单位：mm)

③盛样皿：金属制，圆柱形平底。小盛样皿的内径 55 mm，深 35 mm(适用针入度小于 200 的试样)；大盛样皿内径 70 mm，深 45 mm(适用针入度为 200～350)；对针入度大于 350 的试样需使用特殊盛样皿，其深度不小于 60 mm，试样容积不少于 125 mL。

④恒温水槽：容量不少于 10 L，控温的准确度为 0.1 ℃。水槽中应设有一带孔的搁架，位于水面下不得少于 100 mm，距水槽底不得少于 50 mm 处。

⑤平底玻璃皿：容量不少于 1 L，深度不少于 80 mm，内设有一不锈钢三脚支架，能使盛样皿稳定。

⑥其他：温度计、秒表、盛样皿盖、三氯乙烯、电炉或砂浴、石棉网、金属锅或瓷把坩埚等。

(2)试验准备。

①按规定的方法准备试样。

②按试样要求将恒温水槽调节到要求的试验温度 25 ℃ 或 15 ℃、30 ℃(5 ℃),保持稳定。

③将试样注入盛样皿,试样高度应超过预计针入度值 10 mm,并盖上盛样皿盖,以防落入灰尘。盛有试样的盛样皿在 15 ℃~30 ℃室温中冷却不少于 1.5 h(小盛样皿)、2 h(大盛样皿)或 3 h(特殊盛样皿)后,应移入保持规定试验温度±0.1 ℃的恒温水槽中并应保温不少于 1.5 h(小盛样皿)、2 h(大试样皿)或 2.5 h(特殊盛样皿)。

④调平针入度仪。检查针连杆和导轨,以确认无水和其他外来物,无明显摩擦。用三氯乙烯或其他溶剂清洗标准针,并擦干。将标准针插入针连杆,用螺钉固紧。按试验条件,加上附加砝码。

(3)试验步骤。

①取出达到恒温的盛样皿,并移入水温控制在试验温度±0.1 ℃(可用恒温水槽中的水)的平底玻璃皿中的三脚支架上,试样表面以上的水层深度不少于 10 mm。

②将盛有试样的平底玻璃皿置于针入度仪的平台上。慢慢放下针连杆,用适当位置的反光镜或灯光反射观察,使针尖恰好与试样表面接触。将位移计或刻度指针复位。

③开始试验,按下释放键,这时计时与标准针落下贯入试样同时开始,至 5 s 时自动停止。

④读取刻度盘指针或位移计的读数,准确至 0.1 mm。

⑤同一试样平行试验至少 3 次,各测试点之间及与盛样皿边缘的距离不应小于 10 mm。每次试验后应将盛有盛样皿的平底玻璃皿放入恒温水槽,使平底玻璃皿中水温保持试验温度。每次试验应换一根干净标准针或将标准针取下用蘸有三氯乙烯溶剂的棉花或布擦拭干净,再用干棉花或布擦干。

⑥测定针入度大于 200 的沥青试样时,至少用 3 根标准针,每次试验后将针留在试样中,直到 3 次平行试验完成后,才能将标准针取出。

⑦测定针入度指数 PI 时,按同样的方法在 15 ℃、25 ℃、30 ℃(或 5 ℃)3 个或 3 个以上(必要时增加 10 ℃、20 ℃等)温度条件下分别测定沥青的针入度,但用于仲裁试验的温度条件应为 5 个。

(4)结果整理。同一试样 3 次平行试验结果的最大值和最小值之差在下列允许偏差范围内时,计算 3 次。试验结果的平均值,取整数作为针入度试验结果,以 0.1 mm 为单位,见表 4-14。

表 4-14　针入度试验结果

针入度(0.1 mm)	允许差值(0.1 mm)
0~49	2
50~149	4
150~249	12
250~500	20

当试验值不符合此要求时,应重新进行。

①当试验结果小于 50(0.1 mm)时,重复性试验的允许差为 2(0.1 mm),再现性试验

的允许差为 4(0.1 mm)。

②当试验结果等于或大于 50(0.1 mm)时，重复性试验的允许差为平均值的 4%，再现性试验的允许差为平均值的 8%。

实训二　沥青延度试验(JTG E20 —2011)

本方法适用测定道路石油沥青、聚合物体改性沥青、液体沥青蒸馏残留物和乳化沥青蒸发残留物等材料的延度。

沥青延度通常采用的试验温度为 25 ℃、15 ℃、10 ℃或 5 ℃，拉伸速度为 5 cm/min±0.25 cm/min。当低温采用 1 cm/min±0.05 cm/min 拉伸速度时，应在报告中注明。

(1)仪器设备。

①延度仪：延度仪的测量长度不宜大于 150 cm，仪器应有自动控温、控速系统。将试件浸没于水中，能保持规定的试验温度及按照规定拉伸速度拉伸试件且试验时应无明显振动。该仪器如图 4-22 所示。

②试模：黄铜制，由两个端模和两个侧模组成，试模内侧表面粗糙度 Ra 为 0.2 μm，其形状及尺寸如图 4-23 所示。

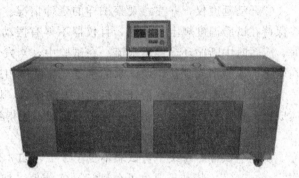

图 4-22　延度仪

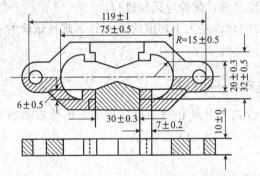

图 4-23　延度仪试模(尺寸单位：mm)

③试模底板：玻璃板或磨光的铜板、不锈钢板(表面粗糙度 Ra 为 0.2 μm)。

④恒温水槽：容量不少于 10 L，控制温度的准确度为 0.1 ℃，水槽中应设有带孔搁架，搁架距水槽底不得少于 50 mm。试件浸入水中深度不小于 100 mm。

⑤其他：温度计、砂浴或其他加热炉具、甘油滑石粉隔离剂(甘油与滑石粉的质量比为 2∶1)、平刮刀、石棉网、酒精、食盐等。

(2)试验准备。

①将隔离剂拌和均匀，涂于清洁干燥的试模底板和两个侧模的内侧表面，并将试模在试模底板上装妥。

②按规定的方法准备试样，然后将试样仔细自试模的一端至另一端往返数次缓缓注入模中，最后略高出试模，灌模时应注意不得使气泡混入。

③试件在室温中冷却不少于 1.5 h，然后用热刮刀刮除高出试模的沥青，使沥青面与试模面齐平。沥青的刮法应自试模的中间刮向两端，且表面应刮得平滑。将试模连同底板再放入规定试验温度的水槽中保温 1.5 h。

④检查延度仪延伸速度是否符合规定要求，然后移动滑板使其指针正对标尺的零点。将延度仪注水，并保温达到试验温度±0.5 ℃。

（3）试验步骤。

①将保温后的试件连同底板移入延度仪的水槽，然后将盛有试样的试模自玻璃板或不锈钢板取下，将试模两端的孔分别套在滑板及槽端固定板的金属柱上，并取下侧模。水面距试件表面应不小于 25 mm。

②开动延度仪，并注意观察试样的延伸情况。此时应注意，在试验过程中，水温应始终保持在试验温度规定范围内，且仪器不得有振动，水面不得有晃动，当水槽采用循环水时，应暂时中断循环，停止水流。在试验中，当发现沥青细丝浮于水面或沉入槽底时，应在水中加入酒精或食盐，调整水的密度至与试样相近后，重新试验。

③试件拉断时，读取指针所指标尺上的读数，以 cm 表示，在正常情况下，试件延伸时应成锥尖状，拉断时实际断面接近于零。如不能得到这种结果，则应在报告中注明。

（4）结果整理。

①同一试样，每次平行试验不少于 3 个，如 3 个测定结果均大于 100 cm，试验结果记作"＞100 cm"；特殊需要也可分别记录实测值。如 3 个测定结果中，有一个以上的测定值小于 100 cm，且最大值或最小值与平均值之差满足重复性试验精密度要求，则取 3 个测定结果的平均值的整数作为延度试验结果，若平均值大于 100 cm，记作"＞100 cm"；若最大值或最小值与平均值之差不符合重复性试验精度要求，试验应重新进行。

②当试验结果小于 100 cm 时，重复性试验的允许差为平均值的 20%；再现性试验的允许差为平均值的 30%。

实训三　沥青软化点试验（环球法）（JTG E20 —2011）

本方法适用测定道路石油沥青、聚合物改性沥青的软化点，也适用测定液体石油沥青经蒸馏或乳化沥青破乳蒸发后残留物的软化点。

（1）仪器设备。

①软化点试验仪：如图 4-24 所示，由下列部件组成：

a. 钢球：直径 9.53 mm，质量 3.5 g±0.05 g。

b. 试样环：黄铜或不锈钢等制成，形状和尺寸如图 4-25 所示。

c. 钢球定位环：黄铜或不锈钢制成，形状和尺寸如图 4-26 所示。

d. 金属支架：由两个主杆和三层平行的金属板组成。上层为一圆盘，直径略大于烧杯直径，中间有一圆孔，用以插放温度计。中层板上有两个孔，各放置金属环，中间有一小孔可支持温度计的测温端部（图 4-27）。一侧立杆距环上面 51 mm 处刻有水高标记。

e. 耐热玻璃烧环：容量为 800～1 000 mL，直径不小于 86 mm，高度不小于 120 mm。

f. 温度计：量程 0 ℃～100 ℃，分度值为 0.5 ℃。

②其他：环夹（图 4-28）、加热炉具、试样底板、恒温水槽、平直刮刀、甘油滑石粉隔离剂、石棉网等。

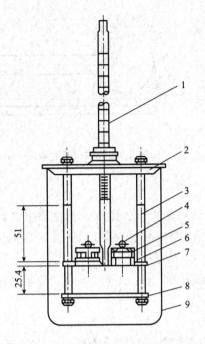

图 4-24　软化点试验仪(尺寸单位:mm)

1—温度计;2—上盖板;3—立杆;4—钢球;5—钢球定位环;
6—金属球;7—中层板;8—下底板;9—烧杯

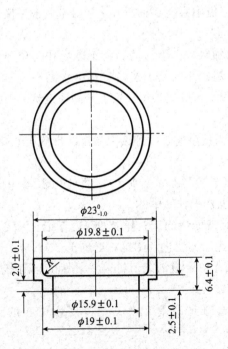

图 4-25　试样环(尺寸单位:mm)

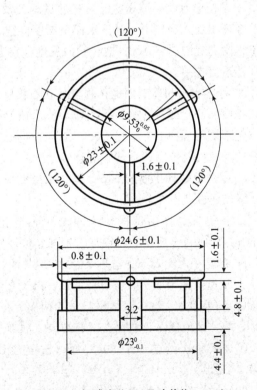

图 4-26　钢球定位环(尺寸单位:mm)

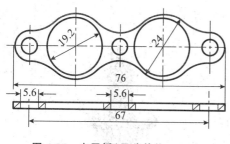

图 4-27　中层板(尺寸单位：mm)

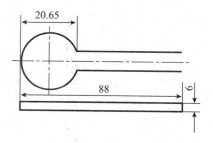

图 4-28　环夹(尺寸单位：mm)

(2)试验准备。

①将试样环置于涂有甘油滑石粉隔离剂的试样底板上。按规定方法将准备好的沥青试样徐徐注入试样环内至略高出环面为止。如估计试样软化点高于 120 ℃，则试样环和试样底板(不用玻璃板)均应预热至 80 ℃～100 ℃。

②试样在室温冷却 30 min 后，用热刮刀刮除环面上的试样，应使其与环面齐平。

(3)试验步骤。

①试样软化点在 80 ℃以下者：

a. 将装有试样的试样环连同试样底板置于 5 ℃±0.5 ℃水的恒温水槽中至少 15 min；同时将金属支架、钢架、钢球定位环等也置于相同水槽中。

b. 烧杯内注入新煮沸并冷却至 5 ℃的蒸馏水或纯净水，水面略低于立杆上的深度标记。

c. 从恒温水槽中取出盛有试样的试样环放置在支架中层板的圆孔，套上定位环；然后将整个环架放入烧杯中，调整水面至深度标记，并保持水温为 5 ℃±0.5 ℃。环架上任何部分不得附有气泡。将 0 ℃～100 ℃的温度计由上层板中心孔垂直插入，使端部测温头底部与试样环下面齐平。

d. 将盛有水和环架的烧杯移至放在石棉网的加热炉具上，然后将钢球放在定位环中间的试样中央，立即开动振荡搅拌器，使水微微振荡，并开始加热，使杯中水温在 3 min 内调节至维持每分钟上升 5 ℃±0.5 ℃。在加热过程中，应记录每分钟上升的温度值。如温度上升速度超出此范围，则试验应重做。

e. 试样受热软化逐渐下坠，至与下层底板表面接触时，立即读取温度，准确至 0.5 ℃。

②试样软化点在 80 ℃以上者：

a. 将装有试样的试样环连同试样底板置于装有 32 ℃±1 ℃甘油的恒温槽中至少 15 min；同时将金属支架、钢球、钢球定位环等也置于甘油中。

b. 在烧杯内注入预先加热至 32 ℃的甘油，其液面略低于立杆上的深度标记。

c. 从恒温槽中取出装有试样的试样环，按上述的方法进行测定，准确至 1 ℃。

(4)结果整理。同一试样平行试验两次，当两次测定值的差值符合重复性试验精密度要求时，取其平均值作为软化点试验结果，准确至 0.5 ℃。

①当试样软化点小于 80 ℃时，重复性试验的允许差为 1 ℃，再现性试验的允许差为 4 ℃。

②当试样软化点等于或大于 80 ℃时，重复性试验的允许差为 2 ℃，再现性试验的允许差为 8 ℃。

➤ 模块测评和成果检测

1. 知识测评

确定本模块关键词，按重要程度进行关键词排序并举例解读。学生根据自己对本模块重要信息捕捉、排序、表达、创新和划分权重能力进行自评，满分 100 分（表 4-15）。

表 4-15　沥青材料知识测评表

序号	关键词	举例解读	评分
1			
2			
3			
4			
5			
	总分		

2. 能力测评

对表 4-16 所列作业内容，操作规范即得分，操作错误或未操作即零分。

表 4-16　沥青材料组成设计测评表

序号	技能点	配分	得分
1	描述沥青材料的组成及种类	20	
2	检测沥青材料的技术性质	30	
3	描述沥青材料的应用	30	
4	根据不同环境合理选择沥青材料	20	
	总分	100	

3. 素质测评

对表 4-17 所列素养点，做到即得分，未做到即零分。

表 4-17　沥青材料素质测评表

序号	素养点	配分	得分
1	试验前检测仪器、设备及工具是否能正常使用	20	
2	小组间能查阅学习资料，分享学习成果	20	
3	具有节约意识，按试验要求选取原材料	20	
4	仪器、工具、试验台清洁及整理	20	
5	按试验真实结果记录原始数据	20	
	总分	100	

4. 学习成果

考核内容及评价标准见表 4-18。

表 4-18　考核内容及评分标准

序号	评分项	得分条件	评分标准	配分	扣分
1	安全意识/态度	□1. 能进行自身安全防护 □2. 能进行仪器设备安全检查 □3. 能进行工具安全检查 □4. 能进行仪器工具清洁存放操作 □5. 能进行合理的时间控制	未完成 1 项扣 3 分，扣分不得超过 15 分	15	
2	专业技术能力	□1. 能正确选用石油沥青的种类 □2. 能正确检测石油沥青的性质 □3. 能正确判别改性沥青、乳化沥青、煤沥青的异同 □4. 能正确描述沥青的应用	未完成 1 项扣 12.5 分，扣分不得超过 50 分	50	
3	工具设备使用能力	□1. 能正确选用称量工具 □2. 能正确使用称量工具 □3. 能正确使用专用工具 □4. 能熟练使用办公软件	未完成 1 项扣 2.5 分，扣分不得超过 10 分	10	
4	资料信息查询能力	□1. 能在规定时间内查询所需资料 □2. 能正确查询胶凝材料依据标准 □3. 能正确记录所需资料编号 □4. 能正确记录试验过程存在问题	未完成 1 项扣 2.5 分，扣分不得超过 10 分	10	
5	数据判读分析能力	□1. 能正确读取数据 □2. 能正确记录试验过程中数据 □3. 能正确进行数据计算 □4. 能正确进行数据分析 □5. 能根据数据完成取样单	未完成 1 项扣 2 分，扣分不得超过 10 分	10	
6	方案制订与报告撰写能力	□1. 字迹清晰 □2. 语句通顺 □3. 无错别字 □4. 无涂改 □5. 无抄袭	未完成 1 项扣 1 分，扣分不得超过 5 分	5	
合计				100	

──────── 模块小结 ────────

石油沥青是以石油为原料经炼制加工后得到的一种有机胶凝材料，广泛地应用在道路路面结构工程中。

石油沥青是复杂的高分子化合物，其组分有沥青质、饱和分、芳香分、胶质等，根据这些组分结构和含量的不同，可将沥青分为溶胶、溶凝胶、凝胶三种胶体结构。沥青的胶体结构与沥青的路用性能有密切关系。

沥青具有黏滞性、塑性、温度稳定性、老化性、黏—弹性及黏附性等一系列特性。通过学习，应掌握这些特性及其测试方法，更好地应用沥青材料。

随着交通运输的发展，对沥青的性能提出了更高的要求，因此，改性沥青得到较大的发展。改性沥青具有不同于石油沥青的良好的使用性能，本模块介绍了几种常用的改性沥青的性能和测试方法，明确了其发展方向。

乳化沥青也是沥青路面中广泛采用的材料，具有冷态施工的特点，应掌握其组成、形成机理和用途。

课后思考与实训

1. 选择题

(1)黏滞性用(　　)表示。

A. 含蜡量　　　　　　B. 针入度　　　　　　C. 软化点　　　　　　D. 延度

(2)塑性用(　　)表示。

A. 含蜡量　　　　　　B. 针入度　　　　　　C. 软化点　　　　　　D. 延度

(3)沥青感温性用(　　)指数表示。

A. 含蜡量　　　　　　B. 针入度　　　　　　C. 软化点　　　　　　D. 延度

(4)老化指标的变化:针入度(　　)、软化点(　　)、延度(　　)、脆点(　　)。

A. 增大,减小,减小,上升　　　　　　　　　B. 减小,增大,减小,上升

C. 增大,增大,减小,上升　　　　　　　　　D. 减小,减小,减小,上升

(5)沥青的针入度是在规定温度和时间内附加一定质量的标准针垂直贯入试样的深度,以(　　)表示。

A. 0.1 mm　　　　　B. 0.1 cm　　　　　D. 0.1 m　　　　　C. 0.1 nm

(6)我国道路石油沥青的标号是按针入度划分的,90号沥青的针入度要求范围为(　　)(0.1 mm)。

A. 80～100　　　　　B. 70～110　　　　　C. 60～120　　　　　D. 100～120

(7)我国道路石油沥青的标号是按针入度划分的,110号沥青的针入度要求范围为(　　)(0.1 mm)。

A. 80～100　　　　　B. 70～110　　　　　C. 60～120　　　　　D. 100～120

(8)针入度试验预热温度为(　　)℃。

A. 60　　　　　　　　B. 70　　　　　　　　C. 80　　　　　　　　D. 90

(9)沥青针入度值的对数与温度具有线性关系,表达式为(　　)。

A. $\lg P = AT + K$　　　B. $\ln P = AT + K$　　　C. $\lg P = AT \pm K$　　　D. $\ln P = AT \pm K$

2. 简答题

(1)试说明石油沥青的主要组分与技术性质之间的关系。

(2)我国现行的石油沥青化学组分分析方法可将石油沥青分离为哪几个组分?国产石油沥青在化学组分上有什么特点?

(3)按流变学观点,石油沥青可划分为哪几种胶体结构?各种胶体结构的石油沥青有何特点?

(4)道路石油沥青的"三大指标"表征沥青哪些特征?

(5)什么是沥青的"老化"?老化后沥青的性质有哪些变化?

(6)煤沥青与石油沥青在性质和应用上的差别有哪些?

(7)试述乳化沥青的形成和分裂的机理。

(8)沥青的劲度模量表征沥青的什么性质?根据哪些参数可从范·德·波尔诺模图中求得劲度模量?

3. 实训案例

某公司生产的A、B两种建筑石油沥青的针入度、延度及软化点的测定值见表4-19,对于南方夏季炎热地区屋面,选用哪种沥青较合适?

表4-19　A、B两种石油沥青的技术指标

编号	针入度/0.01 mm (25 ℃,100 g,5 s)	延度/cm (25 ℃,5 cm/min)	软化点 (环球法)/℃
A	31	5.5	72
B	23	2.5	102

模块 5　沥青混合料

模块描述

　　本模块介绍沥青混合料的分类和基础知识，重点阐述沥青混合料的组成结构、强度理论及强度影响因素，沥青混合料的技术性能、评价指标和标准，介绍热拌沥青混合料的组成设计方法。在此基础上，讲述了沥青玛蹄脂碎石混合料、开级配沥青磨耗层混合料、环氧沥青混凝土混合料、橡胶沥青混合料、浇筑式沥青混凝土混合料及再生沥青混合料的基础知识。

模块要求

　　了解沥青混合料的基础知识；掌握沥青混合料的技术性能和评价指标；掌握沥青混合料的组成设计方法；了解其他沥青混合料的基本知识。

学习目标

1. 知识目标

(1)了解沥青混合料的类型、组成结构、强度理论及强度影响因素；

(2)掌握沥青混合料的技术性能；

(3)掌握沥青混合料的组成设计方法；

(4)了解其他类型沥青混合料的基本知识。

2. 能力目标

(1)能够运用沥青混合料强度理论分析影响强度影响的因素；

(2)能够结合沥青混合料的技术性能进行简单的组成设计。

3. 素质目标

(1)具有崇德向善、诚实守信、爱岗敬业的职业精神，培养在沥青混合料检测中吃苦耐劳的干劲儿；

(2)具有查阅沥青混合料相关技术标准和规范的能力，规范试验操作，保证原始数据真实准确。

模块导学

　　沥青混合料是由矿质混合料(简称矿料)与沥青结合料拌和而成的混合料的总称。沥青结合料是指沥青混合料中起胶结作用的沥青类材料的总称。沥青混合料是我国高等级公路最主要的路面材料，它具有许多其他建筑材料无法比拟的优越性，沥青混合料的特点如下：

　　(1)沥青混合料是一种弹塑性材料，具有一定的高温稳定性和低温抗裂性。优良的塑性使它不需设置施工缝和伸缩缝，铺筑的路面平整且有弹性，车辆行驶在上面比较舒适。

（2）沥青混合料路面在保证平整度（达 1.0 mm 以下）的情况下，还有一定的粗糙度，雨天具有良好的抗滑性。而且沥青混合料路面为黑色，无强烈反光，有利于行车安全。

（3）相较于水泥混凝土路面，沥青混合料的施工方便，速度快，养护周期短，有助于及时开放交通。

（4）沥青混合料路面可分期改造，随着道路交通量的增大，可以对原有的路面拓宽和加厚。对旧有的沥青混合料，可以运用现代技术，再生利用，以节约原材料。

沥青混合料也存在一些问题，如高温稳定性不足，在夏季高温时易软化，路面易产生车辙、波浪等现象。低温抗裂性差，冬季低温时易脆裂，在车辆重复荷载作用下易产生裂缝。同时，沥青在阳光紫外线照射下容易老化，会使路面表层松散开裂，引起路面破坏。

单元 1　沥青混合料的分类

依据《公路沥青路面施工技术规范》（JTG F40—2004）的规定，沥青混合料有如下几种分类方法。

1. 按材料组成及结构

沥青混合料按材料组成及结构可分为连续级配沥青混合料和间断级配沥青混合料。连续级配沥青混合料是指从大到小各级粒径都有，按比例相互搭配组成的沥青混合料；间断级配沥青混合料是指级配组成中缺少一个或几个粒径档次（或用量很少）而形成的沥青混合料。其典型类型是沥青玛琋脂碎石混合料，用 SMA 表示。由沥青结合料与少量的纤维稳定剂、细集料及较多量的填料（矿粉）组成的沥青玛琋脂填充于间断级配的粗集料骨架的间隙，组成一体的沥青混合料。

2. 按矿料级配组成及空隙率大小

沥青混合料按矿料级配组成及空隙率大小，可分为密级配沥青混合料、半开级配沥青碎石混合料、开级配沥青混合料。

（1）密级配沥青混合料。按密实级配原理设计组成的各种粒径颗粒的矿料与沥青结合料拌和而成，设计空隙率较小（对不同交通及气候情况，层位可做适当调整）的密实式沥青混凝土混合料（以 AC 表示）和密实式沥青稳定碎石混合料（以 ATB 表示）。按关键性筛孔通过率的不同，又可分为细型、粗型密级配沥青混合料等。粗集料嵌挤作用较好的也称嵌挤密实型沥青混合料。

（2）半开级配沥青碎石混合料。由适当比例的粗集料、细集料及少量填料（或不加填料）与沥青结合料拌和而成，经马歇尔标准击实成型试件的剩余空隙率在 6%～12% 的半开式沥青碎石混合料（以 AM 表示）。

（3）开级配沥青混合料。矿料级配主要由粗集料嵌挤组成，细集料及填料较少，与高黏度沥青结合料拌和而成，设计空隙率为 18% 的混合料。该类混合料具有较大的内部连通空隙，可供水和空气流动，具有排水、降噪功能。其典型类型有开级配沥青磨耗层混合料（以 OGFC 表示）和沥青稳定透水基层混合料（以 ATPB 表示）。

3. 按公称最大粒径的大小

集料的最大粒径是指通过百分率为 100% 的最小标准筛的筛孔尺寸；集料的公称最大粒

径是指全部通过或允许少量不通过(一般允许筛余不超过 10%)的最小标准筛的筛孔尺寸,通常公称最大粒径比最大粒径小一粒级。例如,某集料在 16 mm 筛孔的通过率为100%,在 13.2 mm 筛孔上的筛余量小于 10%,则此集料的最大粒径为 16 mm,而公称最大粒径为 13.2 mm。按公称最大粒径可分为以下几种:

(1)特粗式:公称最大粒径大于 31.5 mm 的沥青混合料;

(2)粗粒式:公称最大粒径等于或大于 26.5 mm 的沥青混合料;

(3)中粒式:公称最大粒径等于 16 mm 或 19 mm 的沥青混合料;

(4)细粒式:公称最大粒径等于 9.5 mm 或 13.2 mm 的沥青混合料;

(5)砂粒式:公称最大粒径小于 9.5 mm 的沥青混合料。

4. 按制造工艺

沥青混合料按制造工艺可分为热拌沥青混合料、冷拌沥青混合料、温拌沥青混合料等。

(1)热拌沥青混合料。热拌沥青混合料是由矿料、沥青胶结料及添加剂等在较高的温度条件下拌和而成的混合物,将黏稠道路沥青或改性沥青加热至 150 ℃～170 ℃,矿料加热至170 ℃～190 ℃,在热态下进行拌和,并在热态下进行铺筑施工。热拌沥青混合料的强度高、路用性能优良,适用高等级道路沥青路面结构的各个层次。

(2)冷拌沥青混合料。冷拌沥青混合料是由矿料、沥青胶结料及添加剂等在常温下拌和而成的混合料。冷拌沥青混合料也称为常温混合料,是采用乳化沥青、泡沫沥青、液体沥青或低黏度沥青作为结合料,在常温状态下与集料进行拌和而成的混合料,并在常温下进行摊铺、碾压成型。由于沥青的黏度较低,路面成型时间较长,且强度不高,主要用于低等级道路和路面修补。

(3)温拌沥青混合料。温拌沥青混合料是采用特定的技术或添加剂,使沥青混合料的拌和、摊铺和压实温度介于热拌沥青混合料和常温沥青混合料之间的沥青混合料的统称。这是一种具有节能环保作用的新型沥青混合料生产技术,可以在降低沥青混合料施工温度、减少有害气体排放的同时,保证沥青混合料具有与热拌沥青混合料基本相同的路用性能和施工和易性。

单元 2　热拌沥青混合料

热拌沥青混合料是经人工组配的矿质混合料与沥青在专门设备中加热拌和而成,在热态下进行摊铺和压实的混合料。它是沥青混合料中最典型的品种,其他各种沥青混合料均由其发展而来。

5.2.1　组成结构和强度理论

1. 组成结构

热拌沥青混合料是由级配良好的矿质集料(粗集料、细集料、矿粉)和适宜用量的沥青胶结物及外掺材料(外加剂)所组成的一种复合材料,具有空间网络结构的一种多相分散体系。其结构可以看作粗集料分布在沥青与细集料形成的沥青砂浆中,细集料又分布在沥青与矿粉构成的沥青胶浆中,形成具有一定内摩阻力和粘结力的多级网络结构。由于各组成材料用量比例的不同，压实后沥青混合料内部的矿料颗粒的分布状态、剩余空隙率也呈现出不同的特征，形成不同的组成结构，在使用时则表现出不同的性能。

按照沥青混合料的矿料级配组成特点，沥青混合料结构可分为悬浮密实结构、骨架空隙结构及骨架密实结构。

(1)悬浮密实结构。悬浮密实结构是指沥青混合料中矿质集料由大到小呈一定的比例关系，组成连续型密级配的混合料结构，如图5-1(a)所示。混合料中粗集料数量较少，不能直接接触形成嵌挤骨架结构。这种沥青混合料经压实后，密实度大，水稳定性、低温抗裂性和耐久性好，同时由于黏聚力较大，内摩阻角较小，因而高温稳定性差。按照连续密级配原理设计的AC型沥青混合料是典型的悬浮密实结构。

视频：沥青混合料的结构

(2)骨架空隙结构。骨架空隙结构是指矿质集料属于连续型开级配的混合料结构，如图5-1(b)所示。矿质集料中粗集料较多，可形成互相嵌挤的骨架结构，但细集料较少，不足以填满空隙。所以，此结构沥青混合料空隙率大，耐久性差，透水性较大，沥青与矿料的黏聚力小。但由于集料之间的嵌挤力使结构强度受沥青性质影响小，因而高温稳定性较好，这种结构沥青混合料的强度主要取决于内摩阻角。半开式沥青碎石混合料(AM)和开级配沥青磨耗层混合料(OGFC)是典型的骨架空隙结构。

(3)骨架密实结构。骨架密实结构是指具有较多数量的粗集料形成空间骨架，同时又有足够的细集料和沥青胶浆填满骨架的空隙，如图5-1(c)所示。这种结构密实度大，具有较大的黏聚力和内摩阻角，是沥青混合料中最理想的一种结构类型。沥青玛琦脂碎石混合料(SMA)是典型的骨架密实结构。

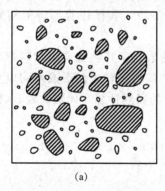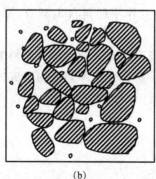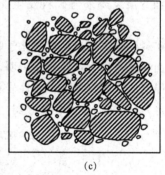

| (a) | (b) | (c) |

图5-1 沥青混合料的典型组成结构

(a)悬浮密实结构；(b)骨架空隙结构；(c)骨架密实结构

2. 强度理论

沥青路面结构破坏的原因，主要是高温时抗剪强度降低、塑性变形增大而产生推挤波浪、壅包等现象。低温时，塑性能力变差，使沥青路面易产生裂缝现象，降低了抗拉强度。因而要求沥青混合料在高温时，必须具备足够的抗剪强度和抵抗变形的能力，称为高温强度和稳定性。

为了防止沥青路面产生高温剪切破坏，我国城市道路沥青路面设计方法对沥青路面抗剪强度的验算，要求在沥青路面面层破裂面上可能产生的剪应力不大于沥青混合料的许用剪应力。而沥青混合料的许用剪应力取决于沥青混合料的抗剪强度。沥青混合料的抗剪强度用式(5-1)进行计算：

$$\tau = c + \sigma \tan\varphi \tag{5-1}$$

式中 τ——沥青混合料的抗剪强度（MPa）；

c——沥青混合料的黏聚力（MPa）；

σ——试验时的轴向正应力（MPa）；

φ——沥青混合料的内摩阻角。

3. 影响沥青混合料抗剪强度的因素

依据沥青混合料的强度理论，抗剪强度主要取决于黏聚力和内摩阻角两个参数，其值越大，抗剪强度越大，沥青混合料的性能越稳定。沥青混合料抗剪强度主要受以下几个因素的影响：

（1）沥青的黏度。矿质集料是分散在沥青中的分散系，因此，沥青混合料的抗剪强度与分散相的浓度和分散介质黏度有着密切的关系。在其他因素不变的条件下，随着沥青黏度的提高，沥青混合料的黏聚力 c 增大。这是因为沥青黏度大，表示沥青内部胶团相互位移时，分散介质抵抗剪切作用力大，使沥青混合料的黏滞阻力增大，因而具有较高抗剪强度。另外，内摩阻角 φ 随着沥青黏度的提高稍有增大。

（2）沥青与矿料在界面上的交互作用。沥青混合料的黏聚力除与沥青材料自身的内聚力有关外，还取决于沥青与矿料的交互作用。矿质集料颗粒对于包裹在表面的沥青分子具有一定的化学吸附作用，这种化学吸附比矿料与沥青间的分子力吸附（物理吸附）要强得多，并使矿料表面吸附沥青组分重新分布，形成一层吸附溶化膜，即结构沥青。结构沥青包裹在矿料表面（图 5-2），膜层较薄，但黏度较高，与矿料之间有着较强的黏聚力。在结构沥青层之外未与矿料发生交互作用的是自由沥青（图 5-2），其保持着沥青的初始内聚力。

矿料颗粒表面对沥青的化学吸附是有选择性的，矿料的岩石学特性也会影响沥青与矿料表面交互作用。试验研究表明，沥青会在不同矿物组成的矿料颗粒表面形成不同成分和不同厚度的吸附溶化膜，碱性岩石（如石灰岩等）对石油沥青的吸附性强，而酸性岩石（如石英岩等）对石油沥青的吸附性弱。

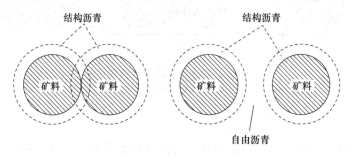

图 5-2 沥青与矿料交互作用示意

（3）沥青与矿粉的比例。沥青与矿粉的比例对黏聚力 c 和内摩擦角 φ 也有影响。根据沥青与矿料交互作用原理，沥青混合料的黏聚力既取决于结构沥青比例，也取决于矿料颗粒之间的距离。

若沥青用量过少，则沥青不足以形成薄膜黏结矿料颗粒表面，随着沥青用量的增加，沥青能完全地包裹在矿料表面，逐步形成结构沥青，使沥青与矿料间的黏聚力随沥青用量的增加而增加。当沥青用量为最适宜时，沥青胶结物的黏聚力最大。随后如沥青用量继续增加，则由于沥青用量过多，逐渐将矿料颗粒推开，在颗粒间形成未与矿粉相互作用的自由沥青（图 5-2），则沥青胶结物的黏聚力随着自由沥青的增加而降低。当沥青用量增加至某一用量后，沥青混合料的黏聚力主要取决于自由沥青，所以抗剪强度 τ 几乎不变。随着沥青用量的增加，此时沥青不仅是胶粘剂，而且起着润滑剂的作用，降低了粗集料的相互密挤作用。图 5-3 所示为沥青含量对黏聚力 c 和内摩阻角 φ 的影响关系。

在密实型的沥青混合料中，矿粉的表面积通常占到矿质混合料总面积的 80% 以上，所以，矿粉的性质及数量对沥青混合料强度影响非常大。在沥青混合料中保持一定的矿粉数量，对于减薄沥青膜厚度、增加结构沥青的比例有着重要的作用。

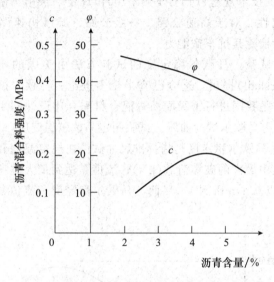

图 5-3　沥青含量对黏聚力 c 和内摩阻角 φ 的影响

（4）矿料的性能。矿料的岩石种类、级配构成、颗粒形状、表面状态和分布情况等都与沥青混合料的抗剪强度有密切关系。沥青混合料的级配类型是影响沥青混合料抗剪强度的因素之一。

矿质集料的粗糙度、形状对沥青混合料的抗剪强度也有明显的影响。通常，集料颗粒具有棱角，近似正立方体，表面有明显的粗糙度，铺筑路面具有很大的内摩阻角，提高了混合料的抗剪强度。所以，在沥青混合料中，矿质集料越粗，配制成的沥青混合料的内摩阻角就越大。与采用粒径较小且不均匀的矿料所组成的沥青混合料相比，粒径较大且均匀的矿料可以增大沥青混合料的嵌锁力与内摩阻角。通常砂粒式、细粒式、中粒式和粗粒式沥青混凝土的内摩阻角依次递增。

（5）温度及形变速率。随温度升高，沥青的黏聚力 c 值减小，而变形能力增强。当温度降低，可使混合料黏聚力增大、强度增加、变形能力降低。但温度过低会使沥青混合料路面开裂。加荷频率高，可使沥青混合料产生过大的应力和塑性变形，弹性变形恢复很慢，并产生不可恢复的永久变形。

同时，沥青混合料的抗剪强度与形变速率也有关。在其他条件相同的情况下，黏聚力 c 值随形变速率的提高而显著增加，而内摩阻角随形变速率的变化很小。形变速率对内摩阻角 φ 影响不大。

5.2.2 沥青混合料的技术性能

1. 高温稳定性

沥青混合料的高温稳定性是指混合料在高温的条件下，经车辆荷载长期重复作用后，不产生显著的永久性变形，保持路面平整度的性能。沥青混合料在高温条件下或长时间承受荷载作用时会产生变形，其中不能恢复的部分称为永久变形，这种特性是导致沥青路面产生车辙、波浪及壅包等的主要原因。在交通量大、重车比例高和经常变速路段的沥青路面上，车辙是最严重、最有危害的破坏形式之一。

《公路沥青路面施工技术规范》(JTG F40—2004)规定，采用马歇尔稳定度试验来评价沥青混合料的高温稳定性。对于高速公路、一级公路、城市快速路、主干路用沥青混合料，还应通过车辙试验检验其抗车辙能力。

(1)马歇尔稳定度试验。马歇尔稳定度的试验方法由美国的布鲁斯·马歇尔(Bruce Marshall)提出，迄今已有半个多世纪。马歇尔试验设备简单、操作方便，是我国进行密级配沥青混合料配合比设计的主要试验方法。图 5-4 所示为马歇尔试验曲线。试验测定马歇尔稳定度(MS)和流值(FL)两项指标。马歇尔稳定度是指标准尺寸试件在规定温度和加荷速度下，在马歇尔仪中最大的破坏荷载(kN)；流值是达到最大破坏荷载时试件的垂直变形(以 0.1 mm 计)。目前，马歇尔稳定度和流值是沥青路面施工质量控制的主要指标。

视频：沥青混合料
马歇尔稳定度

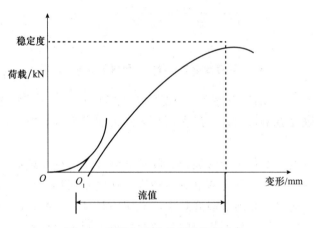

图 5-4 马歇尔试验结果的修正方法

(2)车辙试验。车辙试验是一种模拟车辆在路面上滚动形成车辙的试验方法，首先由英国道路研究所(TRRL)提出，后来经过了许多国家道路工作者的研究改进，可用于测定沥青混合料的高温抗车辙能力，供沥青混合料配合比设计时的高温稳定性检验；也可用于现场沥青混合料的高温稳定性检验。

我国的试验方法是用标准成型方法，制成 300 mm × 300 mm × 50 mm 的沥青混合料试件，在 60 ℃ 的温度条件下，以一定荷载的轮子在同一轨迹上作一定时间的反复行走，走动频率为 42 次/min±1 次/min(往返 21 次/min)，时间约 1 h 或最大变形达到 25 mm 为止，记录

视频：沥青混合料
车辙试验

试件表面在试验轮反复作用下产生的车辙深度。车辙试验的评价标准为动稳定度,即试件产生 1 mm 变形所需试验车轮行车次数,用 DS 表示。

$$DS = \frac{(t_2 - t_1) \times N}{d_2 - d_1} \times C_1 \times C_2 \tag{5-2}$$

式中 DS——沥青混合料的动稳定度(次/mm);

t_1、t_2——马歇尔试验时间,通常为 45 min 和 60 min;

d_1、d_2——与试验时间 t_1 和 t_2 对应的试件表面的变形量(mm);

N——试验轮往返行走速度,通常为 42 次/min;

C_1——试验机类型系数,曲柄连杆驱动加载轮往返运动方式为 1.0;

C_2——试件系数,实验室制备宽 300 mm 的试件为 1.0。

我国现行行业标准《公路沥青路面施工技术规范》(JTG F40—2004)规定,对于高速公路和一级公路的公称最大粒径等于或小于 19 mm 的 AC,以及 SMA、OGFC 混合料,必须在规定的试验条件下进行车辙试验,并应符合表 5-1 的要求。

表 5-1 沥青混合料车辙试验动稳定度技术要求

气候条件与技术指标		相应于下列气候分区所要求的动稳定度/(次·mm^{-1})								
七月平均最高气温及气候分区		>30				20~30				<20
		1. 夏炎热区				2. 夏热区				3. 夏凉区
		1—1	1—2	1—3	1—4	2—1	2—2	2—3	2—4	3—2
普通沥青混合料,不小于		800		1 000		600		800		600
改性沥青混合料,不小于		2 400		2 800		2 000		2 400		1 800
SMA 混合料	非改性,不小于	1 500								
	改性,不小于	3 000								
OGFC 混合料		1 500(一般交通量路段)、3 000(重交通量路段)								

影响沥青混合料高温稳定性的主要因素有矿料的性质、沥青的黏度、沥青的用量等。矿料性质包括颗粒形状、表面状态等,采用表面粗糙、多棱角、颗粒接近立方体的碎石集料,经压实后集料颗粒间能够形成紧密的嵌锁作用,增大沥青混合料的内摩阻角,有利于增强沥青混合料的高温稳定性。表面光滑的砾石集料拌制的沥青混合料颗粒间缺乏嵌锁力,在荷载作用下容易产生滑移,使路面出现车辙。

沥青的高温黏度越大,与集料的黏附性越好,相应地,沥青混合料的抗高温变形能力就越强。可以使用合适的改性剂来提高沥青的高温黏度,降低感温性,提高沥青混合料的黏聚力,从而改善沥青混合料的高温稳定性。

随着沥青用量的增加,矿料表面的沥青膜增厚,自由沥青比例增加,在高温条件下,这部分沥青在荷载作用下发生明显的流动变形,从而导致沥青混合料抗高温变形能力降低。对于细粒式和中粒式密级配沥青混合料,适当减少沥青用量有利于提高抗车辙能力,但对于粗粒式或开级配沥青混合料,不能简单地靠减少沥青用量来提高抗车辙能力。

2. 低温抗裂性

冬季气温降低,沥青混合料随着温度的降低,变形能力下降。沥青具有一定的应力松弛能力,当降温速度比较慢时,所产生的温度应力会随着时间松弛的减小而减小。若气温骤降，路面由于低温而收缩应力来不及松弛，在薄弱部位产生裂缝，从而影响道路的正常使用。因此，要求沥青混合料具有一定的低温抗裂性。

沥青混合料的低温裂缝是由混合料的低温脆化、低温缩裂和温度疲劳引起的。混合料的低温脆化是指其在低温条件下，变形能力降低；低温缩裂通常是由材料本身的抗拉强度不足而造成的；对于温度疲劳，可以模拟温度循环进行疲劳破坏。因此，在沥青混合料组成设计中，应选用稠度较低、温度敏感性低、抗老化能力强的沥青。评价沥青混合料低温变形能力的常用方法之一是低温弯曲试验。

沥青的针入度越大、温度敏感性越低，则低温抗裂能力较强。所以，在寒冷地区，可采用稠度较低的沥青或选择松弛性能较好的橡胶类改性沥青来提高沥青混合料的低温抗裂性。

3. 耐久性

沥青混合料的耐久性是指其在长期的荷载作用和自然因素影响下，保持正常使用状态而不出现剥落和松散等损坏的能力。其主要包括沥青混合料的抗老化性、水稳定性等方面。

(1)抗老化性。沥青混合料在使用过程中受到氧气、水、紫外线等介质的作用，使沥青发生许多复杂的物理化学变化，即逐渐硬化、变脆易开裂的现象，称为老化。

沥青混合料老化取决于内部沥青的老化程度，与外界环境因素和压实空隙率有关。在气候温暖、日照时间较长的地区，沥青的老化速率快；而在气温较低、日照时间短的地区，沥青的老化速率相对较慢。沥青混合料的空隙率越大，环境介质对沥青的作用就越强烈，其老化程度也越高。除此之外，沥青混合料含有足量的沥青也可以减缓沥青的老化速度和程度。在施工过程中，应控制拌合加热温度，并保证沥青路面的压实密度，以降低沥青在施工和使用过程中的老化速率。

(2)水稳定性。沥青混合料受到水或水汽的作用，促使沥青从集料颗粒表面剥离，降低混合料的黏结强度，松散的集料颗粒被滚动的车轮带走，在路面形成独立的、大小不等的坑槽，沥青路面发生水损坏，称为水稳定性不足。当沥青混合料的压实空隙率较大、沥青路面排水系统不完善时，滞留于路面结构中的水长期浸泡沥青混合料，加上行车引起的动水压力对沥青产生剥离作用，将加剧沥青路面的水损坏程度。

沥青混合料的水稳定性与沥青与集料的黏附性、混合料压实空隙率等有关。试验研究表明，SiO_2含量较高的花岗石集料与沥青的黏附性明显低于碱性集料石灰岩与沥青的黏附性，也明显低于中性集料玄武岩与沥青的黏附性，通过掺加抗剥落剂可以显著改善酸性集料或中性集料与沥青的黏附性。

混合料的压实空隙率大时，外界水分容易进入沥青混合料内部，在行车造成的动水压力作用下，易发生剥落，引起路面损坏。当沥青混合料中沥青较薄时，水可能穿透沥青膜层导致沥青从集料表面剥落，使沥青混合料松散。

我国现行规范采用空隙率、沥青饱和度和残留稳定度等指标来评价沥青混合料的耐久性。

4. 抗滑性

公路沥青路面表面应具有一定的抗滑性，才能保证汽车高速行驶的安全性。沥青混合料路面的抗滑性与矿质集料的表面性质、混合料的级配组成及沥青用量等因素有关。

为提高沥青路面抗滑性，配料时应选择硬质有棱角的矿料，以提高矿料的抗磨光性。抗滑性对混合料的沥青用量也非常敏感，沥青用量超过最佳用量的 0.5%，即可使摩阻系数明显降低。另外，含蜡量对沥青混合料抗滑性有明显影响，应选用含蜡量低的沥青，以免沥青表层出现"滑溜"现象。我国现行行业标准《公路沥青路面施工技术规范》(JTG F40—2004)的道路石油沥青技术要求中对沥青含蜡量做出明确规定，采用蒸馏法检验蜡含量时，A级沥青不大于2.2%，B级沥青不大于3.0%，C级沥青不大于4.5%。

5. 施工和易性

沥青混合料的施工和易性是指沥青混合料在施工过程中是否容易拌和、摊铺和压实的性能，是保证沥青路面质量的必要条件。影响施工和易性的因素主要有矿料的级配、沥青的用量及施工环境条件等。

当组成材料确定后，影响施工和易性的主要因素是混合料的级配情况和沥青用量。如粗细粒料的颗粒大小相差过大，缺乏中间尺寸颗粒，混合料容易分层离析，粗颗粒集中表面，细颗粒集中底部；如细颗粒太少，沥青层就不容易均匀地留在粗颗粒表面；如细颗粒过多，则使拌和困难。另外，当沥青用量过少或矿粉用量过多时，混合料容易疏松，不易压实；反之，如沥青用量过多，或矿粉质量不好，则容易使混合料黏结成块，不易摊铺。

适宜的温度能使沥青结合料达到要求的流动性，在拌和过程中能够充分均匀地黏附在矿料颗粒表面，并容易达到规定的压实密度。施工温度过高，既会引起沥青老化，也会严重影响沥青混合料的使用性能。充足的拌合时间可以保证各种组成材料在混合料中均匀分布，并使所有矿料颗粒全部被沥青裹覆，无花白颗粒，颜色均匀一致，无结团成块和粗细颗粒离析现象。

5.2.3 热拌沥青混合料的组成设计

1. 组成材料的技术要求

为了保证沥青混合料的技术性能和使用要求，各组成材料要选择符合规定的质量。

(1)沥青。沥青是混合料的重要组成材料，对沥青混合料的技术性能影响最大。在选择沥青标号时，宜按照道路等级、气候条件、交通荷载、路面类型及在结构层中的层位及受力特点、施工方法等，结合当地的施工经验，经技术论证后确定。

对高速公路、一级公路，夏季温度高、高温持续时间长、重载交通、山区及丘陵区上坡路段、服务区、停车场等行车速度慢的路段，尤其是汽车荷载剪应力大的层次，宜采用稠度大、60 ℃黏度大的沥青，也可提高高温气候分区的温度水平选用沥青等级；对冬季寒冷的地区或交通量小的公路，旅游公路宜选用稠度小、低温延度大的沥青；对温度日温差、年温差大的地区，宜注意选用针入度指数大的沥青。当高温要求与低温要求发生矛盾时，应优先考虑满足高温性能的要求。

当缺乏所需标号的沥青时，可采用不同标号掺配的调和沥青，其掺配比例由试验决定。掺配后的沥青质量应符合《公路沥青路面施工技术规范》(JTG F40—2004)中有关道路石油沥青的技术要求。

(2)粗集料。沥青层用粗集料包括碎石、破碎砾石、筛选砾石、钢渣、矿渣等，但高速公路和一级公路不得使用筛选砾石和矿渣。粗集料应该洁净、干燥、表面粗糙，质量应符合表5-2的规定。当单一规格集料的质量指标达不到表中要求，而按照集料配合比计算的质量指标符合要求时，工程上允许使用。对受热易变质的集料，宜采用经拌合机烘干后的集料进行检验。

表 5-2　沥青混合料用粗集料质量技术要求

指标	高速公路及一级公路		其他等级公路
	表面层	其他层次	
石料压碎值/%，不大于	26	28	30
洛杉矶磨耗损失/%，不大于	28	30	35
表观相对密度，不小于	2.60	2.50	2.45
吸水率/%，不大于	2.0	3.0	3.0
坚固性/%，不大于	12	12	—
针片状颗粒含量（混合料）/%，不大于	15	18	20
其中粒径大于 9.5 mm/%，不大于	12	15	
其中粒径小于 9.5 mm/%，不大于	18	20	
水洗法＜0.075 mm 颗粒含量/%，不大于	1	1	1
软石含量/%，不大于	3	5	5

注：1. 坚固性试验可根据需要进行。

2. 用于高速公路、一级公路时，多孔玄武岩的视密度可放宽至 2.45 t/m³，吸水率可放宽至 3%，但必须得到建设单位的批准，且不得用于 SMA 路面。

3. 对 S14 即 3～5 mm 规格的粗集料，针片状颗粒含量可不予要求，小于 0.075 mm 含量可放宽到 3%

粗集料的粒径规格应按表 5-3 的规定生产和使用。

表 5-3　沥青混合料用粗集料规格

规格名称	公称粒径/mm	通过下列筛孔/mm 质量百分率/%											
		106	75	63	53	37.5	31.5	26.5	19.0	13.2	9.5	4.75	2.36	0.6
S1	40～75	100	90～100	—	—	0～15	—	0～5						
S2	40～60		100	90～100	—	0～15	—	0～5						
S3	30～60		100	90～100	—	—	0～15	—	0～5					
S4	25～50			100	90～100	—	—	0～15	—	0～5				
S5	20～40				100	90～100	—	0～15	—	0～5				
S6	15～30					100	90～100	—	0～15	—	0～5			
S7	10～30					100	90～100	—	—	0～15	0～5			
S8	10～25						100	90～100	—	0～15	0～5			
S9	10～20							100	90～100	—	0～15	0～5		
S10	10～15								100	90～100	0～15	0～5		
S11	5～15								100	90～100	40～70	0～15	0～5	
S12	5～10									100	90～100	0～15	0～5	
S13	3～10									100	90～100	40～70	0～20	0～5
S14	3～5										100	90～100	0～15	0～5

高速公路、一级公路沥青路面的表面层(或磨耗层)的粗集料的磨光值应符合表 5-4 的要求。除 SMA、OGFC 路面外,允许在硬质粗集料中掺加部分较小粒径的磨光值达不到要求的粗集料,其最大掺加比例由磨光值试验确定。

表 5-4　粗集料与沥青的黏附性、磨光值的技术要求

雨量气候区		1(潮湿区)	2(湿润区)	3(半干区)	4(干旱区)
年降雨量/mm		>1 000	1 000～500	500～250	<250
粗集料的磨光值 PSV,不小于高速公路、一级公路表面层		42	40	38	36
粗集料与沥青的黏附性,不小于	高速公路、一级公路表面层	5	4	4	3
	高速公路、一级公路的其他层次及其他等级公路的各个层次	4	4	3	3

粗集料与沥青的黏附性应符合表 5-4 的要求,当使用不符合要求的粗集料时,宜掺加消石灰、水泥或用饱和石灰水处理后使用,必要时可同时在沥青中掺加耐热、耐水、长期性能好的抗剥落剂,也可采取改性沥青的措施,使沥青混合料的水稳定性检验达到要求。

破碎砾石应采用粒径大于 50 mm、含泥量不大于 1% 的砾石轧制。筛选砾石仅适用三级及三级以下公路的沥青表面处治路面。破碎且存放期超过 6 个月以上的钢渣可作为粗集料使用。

(3)细集料。沥青路面的细集料包括天然砂、机制砂、石屑。细集料应洁净、干燥、无风化、无杂质,并有适当的颗粒级配。其质量应符合表 5-5 的规定。细集料的洁净程度,天然砂以小于 0.075 mm 含量的百分数表示,石屑和机制砂以砂当量(适用 0～4.75 mm)或亚甲蓝值(适用 0～2.36 mm 或 0～0.15 mm)表示。

表 5-5　沥青混合料用细集料质量要求

项目	高速公路、一级公路	其他等级公路
表观相对密度,不小于	2.50	2.45
坚固性(>0.3 mm 部分)/%,不小于	12	—
含泥量(小于 0.075 mm 的含量)/%,不大于	3	5
砂当量/%,不小于	60	50
亚甲蓝值/(g·kg^{-1}),不大于	25	—
棱角性(流动时间)/s,不小于	30	—
注:坚固性试验可根据需要进行		

天然砂可采用河砂或海砂,通常宜采用粗砂、中砂。其规格应符合表 5-6 的规定。砂的含泥量超过规定时应水洗后使用,海砂中的贝壳类材料必须筛除。热拌密级配沥青混合料中天然砂的用量通常不宜超过集料总量的 20%,SMA 和 OGFC 混合料不宜使用天然砂。

表 5-6　沥青混合料用天然砂规格

筛孔尺寸/mm	通过各筛孔的质量百分率/%		
	粗砂	中砂	细砂
9.5	100	100	100
4.75	90~100	90~100	90~100
2.36	65~95	75~90	85~100
1.18	35~65	50~90	75~100
0.60	15~30	30~60	60~84
0.30	5~20	8~30	15~45
0.15	0~10	0~10	0~10
0.075	0~5	0~5	0~5

石屑是采石场破碎石料时通过 4.75 mm 或 2.36 mm 筛孔筛下的部分，其规格应符合表 5-7 的要求。高速公路和一级公路的沥青混合料，宜将 S14 与 S16 组合使用，S15 可在沥青稳定碎石基层或其他等级公路中使用。

表 5-7　沥青混合料用机制砂或石屑砂规格

规格	公称粒径/mm	水洗法通过各筛孔的质量百分率/%							
		9.5	4.75	2.36	1.18	0.6	0.3	0.15	0.075
S15	0~5	100	90~100	60~90	40~75	20~55	7~40	2~20	0~10
S16	0~3	—	100	80~100	50~80	25~60	8~45	0~25	0~15

（4）填料。沥青混合料的矿粉必须采用石灰岩或岩浆岩中的强基性岩石等憎水性石料经磨细得到的矿粉，原石料中的泥土杂质应除净。矿粉应干燥、洁净，能自由地从矿粉仓流出。其质量应符合表 5-8 的要求。

表 5-8　沥青混合料用矿粉质量要求

项目		高速公路、一级公路	其他等级公路
表观密度/(t·m⁻³)，不小于		2.50	2.45
含水量/%，不大于		1	1
粒度范围	<0.6 mm	100	100
	<0.15 mm	90~100	90~100
	<0.075 mm	75~100	70~100
外观		无团粒结块	
亲水系数		<1	
塑性指数/%		<4	
加热安定性		实测记录	

拌合机的粉尘可作为矿粉的一部分回收使用，但每盘用量不得超过填料总量的25%，掺有粉尘填料的塑性指数不得大于4%。粉煤灰作为填料使用时，用量不得超过填料总量的50%，粉煤灰的烧失量应小于12%，与矿粉混合后的塑性指数应小于4%，其余质量要求与矿粉相同。高速公路、一级公路的沥青面层不宜采用粉煤灰做填料。

2. 配合比设计

热拌沥青混合料的配合比设计应通过目标配合比设计、生产配合比设计及生产配合比验证三个阶段，确定沥青混合料的材料品种及配合比，矿料级配、最佳沥青用量。本部分主要采用马歇尔试验配合比设计方法。热拌沥青混合料的目标配合比设计宜按图 5-5 所示的步骤进行。

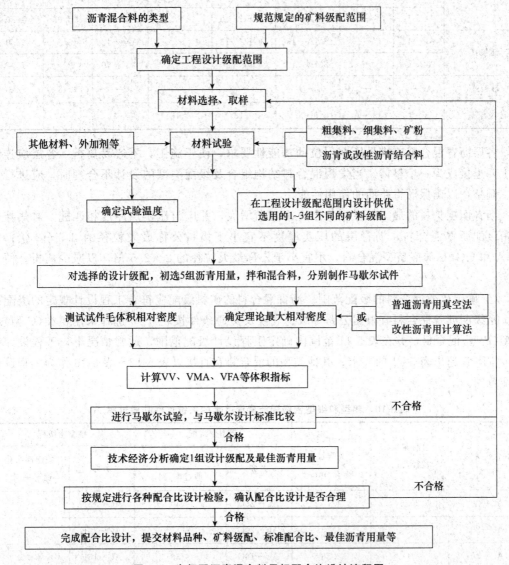

图 5-5 密级配沥青混合料目标配合比设计流程图

(1)确定沥青混合料类型。热拌沥青混合料(HMA)适用各种等级公路的沥青路面。其种类按集料公称最大粒径、矿料级配、空隙率划分，分类见表 5-9。

表 5-9　热拌沥青混合料种类

混合料类型	密级配		开级配			半开级配	公称最大粒径/mm	最大粒径/mm
	连续级配		间断级配	间断级配				
	沥青混凝土	沥青稳定碎石	沥青玛琋脂碎石	排水式沥青磨耗层	排水式沥青碎石基层	沥青碎石		
特粗式	—	ATB—40	—	—	ATPB—40	—	37.5	53.0
粗粒式	—	ATB—30	—	—	ATPB—30	—	31.5	37.5
	AC—25	ATB—25	—	—	ATPB—25	—	26.5	31.5
中粒式	AC—20	—	SMA—20	—	—	AM—20	19.0	26.5
	AC—16	—	SMA—16	OGFC—16	—	AM—16	16.0	19.0
细粒式	AC—13	—	SMA—13	OGFC—13	—	AM—13	13.2	16.0
	AC—10	—	SMA—10	OGFC—10	—	AM—10	9.5	13.2
砂粒式	AC—5	—	—	—	—	—	4.75	9.5
设计空隙率/%	3～5	3～6	3～4	>18	>18	6～12	—	—

各层沥青混合料应满足所在层位的功能性要求，便于施工，不容易离析。各层应连续施工并连接成为一个整体。当发现混合料结构组合及级配类型的设计不合理时，应进行修改、调整，以确保沥青路面的使用性能。

沥青面层集料的最大粒径宜从上至下逐渐增大，并应与压实层厚度相匹配。对热拌热铺密级配沥青混合料，沥青层的压实厚度不宜小于集料公称最大粒径的 2.5～3 倍；对 SMA 和 OGFC 等嵌挤型混合料，不宜小于公称最大粒径的 2～2.5 倍，以减少离析，便于压实。

(2)确定矿质混合料的级配范围。沥青混合料的矿料级配应符合工程设计规定的级配范围。密级配沥青混合料宜根据公路等级、气候及交通条件按表 5-10 选择采用粗型(C 型)或细型(F 型)混合料，并在表 5-11 范围内确定工程设计级配范围，通常情况下，工程设计级配范围不宜超出表 5-11 的要求。其他类型的混合料宜直接以表 5-12～表 5-16 作为工程设计级配范围。

表 5-10　粗型和细型密级配沥青混凝土的关键性筛孔通过率

混合料类型	公称最大粒径/mm	用以分类的关键性筛孔/mm	粗型密级配		细型密级配	
			名称	关键性筛孔通过率/%	名称	关键性筛孔通过率/%
AC—25	26.5	4.75	AC—25C	<40	AC—25F	>40
AC—20	19	4.75	AC—20C	<45	AC—20F	>45
AC—16	16	2.36	AC—16C	<38	AC—16F	>38
AC—13	13.2	2.36	AC—13C	<40	AC—13F	>40
AC—10	9.5	2.36	AC—10C	<45	AC—10F	>45

表 5-11　密级配沥青混凝土混合料矿料级配范围

级配类型		通过下列筛孔/mm 的质量百分率/%												
		31.5	26.5	19	16	13.2	9.5	4.75	2.36	1.18	0.6	0.3	0.15	0.075
粗粒式	AC—25	100	90～100	75～90	65～83	57～76	45～65	24～52	16～42	12～33	8～24	5～17	4～13	3～7
中粒式	AC—20		100	90～100	78～92	62～80	50～72	26～56	16～44	12～33	8～24	5～17	4～13	3～7
	AC—16			100	90～100	76～92	60～80	34～62	20～48	13～36	9～26	7～18	5～14	4～8
细粒式	AC—13				100	90～100	68～85	38～68	24～50	15～38	10～28	7～20	5～15	4～8
	AC—10					100	90～100	45～75	30～58	20～44	13～32	9～23	6～16	4～8
砂粒式	AC—5						100	90～100	55～75	35～55	20～40	12～28	7～18	5～10

表 5-12　沥青玛琋脂碎石混合料矿料级配范围

级配类型		通过下列筛孔/mm 的质量百分率/%											
		26.5	19	16	13.2	9.5	4.75	2.36	1.18	0.6	0.3	0.15	0.075
中粒式	SMA—20	100	90～100	72～92	62～82	40～55	18～30	13～22	12～20	10～16	9～14	8～13	8～12
	SMA—16		100	90～100	65～85	45～65	20～32	15～24	14～22	12～18	10～15	9～14	8～12
细粒式	SMA—13			100	90～100	50～75	20～34	15～26	14～24	12～20	10～16	9～15	8～12
	SMA—10				100	90～100	28～60	20～32	14～26	12～22	10～18	9～16	8～13

表 5-13　开级配排水式磨耗层混合料矿料级配范围

级配类型		通过下列筛孔/mm 的质量百分率/%										
		19	16	13.2	9.5	4.75	2.36	1.18	0.6	0.3	0.15	0.075
中粒式	OGFC—16	100	90～100	70～90	45～70	12～30	10～22	6～18	4～15	3～12	3～8	2～6
	OGFC—13		100	90～100	60～80	12～30	10～22	6～18	4～15	3～12	3～8	2～6
细粒式	OGFC—10			100	90～100	50～70	10～22	6～18	4～15	3～12	3～8	2～6

表 5-14　密级配沥青稳定碎石混合料矿料级配范围

级配类型		通过下列筛孔/mm 的质量百分率/%													
		53	37.5	31.5	26.5	19	16	13.2	9.5	4.75	2.36	1.18	0.6	0.3	0.15	0.075
特粗式	ATB—40	100	90～100	75～92	65～85	49～71	43～63	37～57	30～50	20～40	15～32	10～25	8～18	5～14	3～10	2～6
	ATB—30		100	90～100	70～90	53～72	44～66	39～60	31～51	20～40	15～32	10～25	8～18	5～14	3～10	2～6
粗粒式	ATB—25			100	90～100	60～80	48～68	42～62	32～52	20～40	15～32	10～25	8～18	5～14	3～10	2～6

表 5-15　半开级配沥青碎石混合料矿料级配范围

级配类型		通过下列筛孔/mm 的质量百分率/%											
		26.5	19	16	13.2	9.5	4.75	2.36	1.18	0.6	0.3	0.15	0.075
中粒式	AM—20	100	90～100	60～85	50～75	40～65	15～40	5～22	2～16	1～12	0～10	0～8	0～5
	AM—16		100	90～100	60～85	45～68	18～40	6～25	3～18	1～14	0～10	0～8	0～5
细粒式	AM—13			100	90～100	50～80	20～45	8～28	4～20	2～16	0～10	0～8	0～6
	AM—10				100	90～100	35～65	10～35	5～22	2～16	0～12	0～9	0～6

表 5-16　开级配沥青稳定碎石混合料矿料级配范围

级配类型		通过下列筛孔/mm 的质量百分率/%														
		53	37.5	31.5	26.5	19	16	13.2	9.5	4.75	2.36	1.18	0.6	0.3	0.15	0.075
特粗式	ATPB—40	100	70~100	66~90	55~85	43~75	32~70	20~65	12~50	0~3	0~3	0~3	0~3	0~3	0~3	0~3
	ATPB—30		100	80~100	70~95	53~85	36~80	26~75	14~60	0~3	0~3	0~3	0~3	0~3	0~3	0~3
粗粒式	ATPB—25			100	80~100	60~100	45~90	30~82	16~70	0~3	0~3	0~3	0~3	0~3	0~3	0~3

（3）矿质混合料配合比设计。

①对粗集料、细集料和矿粉等工程中使用的矿质材料现场取样，进行筛分试验，确定级配组成，按筛分结果分别绘制出各组成材料的筛分曲线。同时，测出各组成材料的相对密度备用。

②根据各组成材料的筛分试验资料，采用图解法或试算法（参考本书中有关矿质材料组成设计方法），确定符合级配范围的各组成材料用量比例。

③合成级配的各材料用量比例应根据下列要求做必要的调整：

a. 通常情况下，合成级配曲线宜尽量接近设计级配范围的中值，尤其应使0.075 mm、2.36 mm 和 4.75 mm 筛孔的通过量尽量接近设计级配范围的中值。

视频：图解法确定矿质集料的用量

b. 对高速公路、一级公路、城市快速路、主干路等交通量大、轴载重的道路，宜偏向级配范围的下限。对一般道路、中小交通量或人行道路等，宜偏向级配范围的上限。

c. 设计合成级配不得有太多的锯齿形交错，且在 0.3~0.6 mm 范围内不出现"驼峰"。当经过再三调整，仍有两个以上的筛孔超出级配范围时，必须对原材料进行调整或更换原材料重新试验。

④对高速公路和一级公路宜在工程设计级配范围内计算 1~3 组粗细不同的配合比，绘制设计级配曲线，分别位于工程设计级配范围的上方、中值及下方。根据当地的实践经验选择适宜的沥青用量，分别制作几组级配的马歇尔试件，测定试件的马歇尔体积参数指标，根据结果确定矿料的设计配合比。

（4）确定最佳沥青用量。沥青混合料的最佳沥青用量（OAC）可以通过各种理论计算方法求得。但是由于实际材料性质的差异，按理论公式计算得到的最佳沥青用量，仍然要通过试验方法修正。《公路沥青路面施工技术规范》（JTG F40—2004）规定的方法是采用马歇尔试验法确定最佳沥青用量，具体步骤如下：

①制备试样。按确定的矿质混合料配合比，计算各种矿质材料的用量，称量集料和矿粉。根据经验估计适宜的沥青用量（或油石比），按一定间隔（对密级配沥青混合料通常为 0.5%，对沥青碎石混合料可适当缩小间隔为 0.3%~0.4%），取 5 个或 5 个以上不同的油石比分别成型马歇尔试件。每一组试件的试样数按现行试验规程的要求确定，对粒径较大的沥青混合料，宜增加试件数量。5 个不同油石比不一定选整数，如预估油石比为 4.8%，可选 3.8%、4.3%、4.8%、5.3%、5.8%等。

视频：马歇尔试验法确定最佳沥青用量

②测定物理指标。按规定的试验方法测定试件的毛体积相对密度 γ_f、最大理论相对密度 γ_{ti} 等，并计算空隙率 VV、矿料间隙率 VMA 及有效沥青饱和度 VFA 等。

③测定力学指标。为确定沥青混合料的最佳沥青用量,应用马歇尔稳定度仪测定沥青混合料的力学指标,如马歇尔稳定度 MS、流值 FL。

④确定最佳沥青用量。

a. 按图 5-6 所示的方法,以油石比或沥青用量为横坐标,以马歇尔试验的各项指标为纵坐标,将试验结果点绘人图中,连成圆滑的曲线。确定符合《公路沥青路面施工技术规范》(JTG F40—2004)规定的沥青混合料技术标准的沥青用量范围 $OAC_{min} \sim OAC_{max}$。选择的沥青用量范围必须涵盖设计空隙率的全部范围,并尽可能涵盖沥青饱和度的要求范围,并使密度及稳定度曲线出现峰值。绘制曲线时含 VMA 指标,且应为下凹型曲线,但确定 $OAC_{min} \sim OAC_{max}$ 时不包括 VMA。

b. 根据试验曲线的走势,在曲线图 5-6 上求取相应于毛体积密度最大值、稳定度最大值、目标空隙率(或中值)、沥青饱和度范围的中值的沥青用量 a_1、a_2、a_3、a_4,按式(5-3)取平均值作为 OAC_1:

$$OAC_1 = (a_1 + a_2 + a_3 + a_4)/4 \qquad (5-3)$$

如果在所选择的沥青用量范围未能涵盖沥青饱和度的要求范围,按式(5-4)求取三者的平均值作为 OAC_1:

$$OAC_1 = (a_1 + a_2 + a_3)/3 \qquad (5-4)$$

当所选择试验的沥青用量范围、密度或稳定度没有出现峰值(最大值经常在曲线的两端)时,可直接以目标空隙率所对应的沥青用量 a_3 作为 OAC_1,但 OAC_1 必须介于 $OAC_{min} \sim OAC_{max}$ 的范围内,否则应重新进行配合比设计。

c. 以各项指标均符合技术标准(不含 VMA)的沥青用量范围 $OAC_{min} \sim OAC_{max}$ 的中值作为 OAC_2。

$$OAC_2 = (OAC_{min} + OAC_{max})/2 \qquad (5-5)$$

d. 通常情况下取 OAC_1 及 OAC_2 的中值作为计算的最佳沥青用量 OAC。

$$OAC = (OAC_1 + OAC_2)/2 \qquad (5-6)$$

e. 按式(5-6)计算的最佳油石比 OAC,从图 5-6 中得出所对应的空隙率和 VMA 值,检验是否能满足表 5-17 或表 5-18 关于最小 VMA 值的要求。OAC 宜位于 VMA 凹形曲线最小值的贫油一侧。当空隙率不是整数时,最小 VMA 按内插法确定,并将其画入图 5-6。

f. 检查图 5-6 中相应于此 OAC 的各项指标是否均符合马歇尔试验技术标准。

g. 根据实践经验和公路等级、气候条件、交通情况,调整、确定最佳沥青用量 OAC。

调查当地各项条件相接近的工程的沥青用量及使用效果,确定适宜的最佳沥青用量。对炎热地区公路及高速公路、一级公路的重载交通路段,山区公路的长大坡度路段,预计有可能产生较大车辙时,宜在空隙率符合要求的范围内将计算的最佳沥青用量减小 0.1%~0.5% 作为设计沥青用量。对寒区公路、旅游公路、交通量很少的公路,最佳沥青用量可以在 OAC 的基础上增加 0.1%~0.3%,以适当减小设计空隙率,但不得降低压实度要求。

⑤配合比设计检验。对用于高速公路和一级公路的密级配沥青混合料,需在配合比设计的基础上按要求进行各种使用性能(包括高温稳定性、水稳定性、低温抗裂性能、渗水系数等)的检验,不符合要求的沥青混合料,必须更换材料或重新进行配合比设计。配合比设计检验按计算确定的设计最佳沥青用量在标准条件下进行。

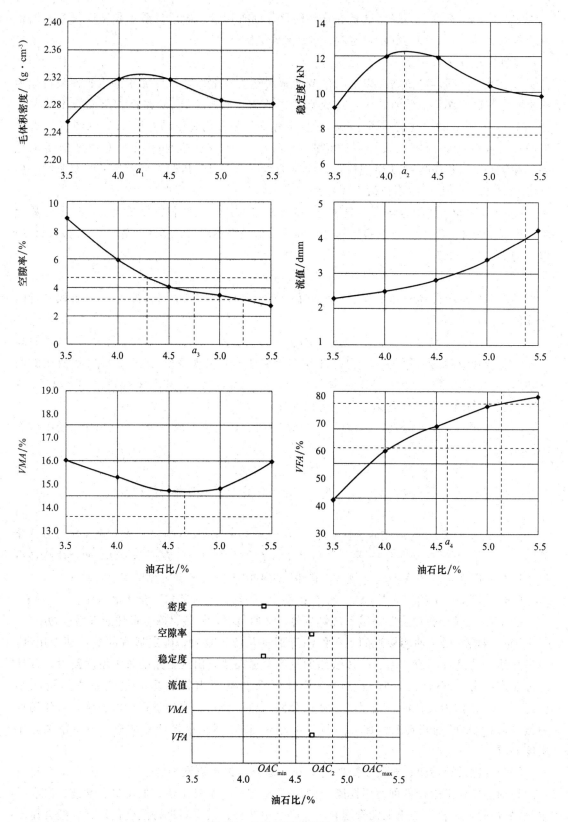

图 5-6 马歇尔试验结果示例

表 5-17　密级配沥青混凝土混合料马歇尔试验技术标准

试验指标		单位	高速公路、一级公路				其他等级公路	行人道路
			夏炎热区 (1-1、1-2、1-3、1-4 区)		夏热区及夏凉区 (2-1、2-2、2-3、2-4、3-2 区)			
			中轻交通	重载交通	中轻交通	重载交通		
击实次数(双面)		次	75				50	50
试件尺寸		mm	$\phi101.6\times63.5$					
空隙率 VV	深约 90 mm 以内	%	3～5	4～6	2～4	3～5	3～6	2～4
	深约 90 mm 以下	%	3～6		2～4	3～6	3～6	—
稳定度 MS,不小于		kN	8				5	3
流值 FL		mm	2～4	1.5～4	2～4.5	2～4	2～4.5	2～5
矿料间隙率 VMA/%,不小于	设计空隙率/%		相应于以下公称最大粒径/(mm)的最小 VMA 及 VFA 技术要求/%					
			26.5	19	16	13.2	9.5	4.75
	2		10	11	11.5	12	13	15
	3		11	12	12.5	13	14	16
	4		12	13	13.5	14	15	17
	5		13	14	14.5	15	16	18
	6		14	15	15.5	16	17	19
沥青饱和度 VFA/%			55～70		65～75		70～85	

表 5-18　沥青稳定碎石混合料马歇尔试验配合比设计技术标准

试验指标	单位	密级配基层(ATB)		半开级配面层 (AM)	排水式开级配磨耗层(OGFC)	排水式开级配基层(ATPB)
公称最大粒径	mm	26.5	≥31.5	≤26.5	≤26.5	所有尺寸
马歇尔试件尺寸	mm	$\phi101.6\times63.5$	$\phi152.4\times95.3$	$\phi101.6\times63.5$	$\phi101.6\times63.5$	$\phi152.4\times95.3$
击实次数(双面)	次	75	112	50	50	75
空隙率 VV	%	3～6		6～10	不小于 18	不小于 18
稳定度,不小于	kN	7.5	15	3.5	3.5	—
流值	mm	1.5～4	实测	—	—	—
沥青饱和度 VFA	%	55～70		40～70	—	—
密级配基层 ATB 的矿料间隙率 VMA/%,不小于		设计空隙率/%		ATB－40	ATB－30	ATB－25
		4		11	11.5	12
		5		12	12.5	13
		6		13	13.5	14

3. 沥青混合料配合比设计实例

【例 5-1】　设计某一级公路(重载交通)沥青路面的上面层用沥青混合料配合比。

气候条件：最高月平均最高气温 32 ℃，最低月平均气温－7 ℃，年降雨量 1 500 mm。

沥青：可供选择的不同标号的道路石油沥青，经检验各项技术性能均符合要求。

矿质材料：采用碎石、石屑、砂，矿粉为石灰石磨制成的石粉，粒度范围均符合技术要求。各档集料与矿粉的筛分试验结果见表 5-19。

表 5-19　各档集料和矿粉的筛分试验结果

集料及矿粉	通过下列筛孔/mm 的质量百分率/%									
	16	13.2	9.5	4.75	2.36	1.18	0.6	0.3	0.15	0.075
碎石	100	93	17	0	—	—	—	—	—	—
石屑	100	100	100	84	14	8	4	0	—	—
砂	100	100	100	100	92	82	42	21	11	4
矿粉	100	100	100	100	100	100	100	100	96	87

根据给定条件，确定沥青混合料类型，进行矿质混合料配合比设计。通过马歇尔试验确定最佳沥青用量。根据高速公路用沥青混合料要求，检验沥青混合料的水稳定性和抗车辙能力。

解：（1）确定沥青混合料类型及矿质混合料的级配范围。

根据设计资料，选用连续密级配 AC—13 型沥青混合料。AC—13 混合料的设计级配范围及中值见表 5-20，设计级配范围如图 5-7 所示。

表 5-20　矿质混合料级配范围

级配类型	通过下列筛孔/mm 的质量百分率/%									
	16	13.2	9.5	4.75	2.36	1.18	0.6	0.3	0.15	0.075
AC—13	100	90～100	68～85	38～68	24～50	15～38	10～28	7～20	5～15	4～8
中值	100	95	76.5	53	37	26.5	19	13.5	10	6

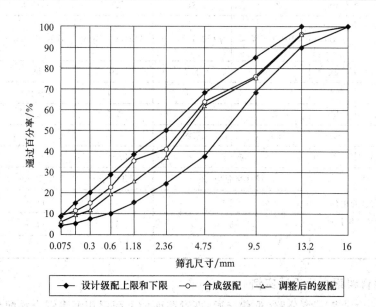

图 5-7　矿质混合料级配范围和合成级配图

（2）矿质混合料设计配合比的确定。用图解法计算组成材料配合比，如图 5-7 所示。由图解法确定各种材料用量为碎石：石屑：砂：矿粉＝31％：30％：31％：8％。各种组成材料配合比计算见表 5-21。由表 5-21 可知，合成级配偏向上限，且在筛孔 0.075 mm 的通过百分率为 8.2％，超出了设计级配范围的要求，需要对集料比例进行调整。

通过计算，调整后的比例为碎石：石屑：砂：矿粉＝31％：35％：28％：6％。调整后矿质混合料的合成级配见表 5-21 中括号内的数值，可以看出合成级配曲线完全在设计要求的级配范围之内，并且接近中值。将表 5-21 中调整后的合成级配曲线绘制于矿质混合料级配范围（图 5-7）中。从图 5-7 中可以看出，调整后的级配曲线接近级配范围中值。

因此，本例题配合比设计结果为：碎石用量 31％，石屑用量 35％，砂用量 28％，矿粉用量 6％。

表 5-21　矿质混合料级配范围

级配类型		通过下列筛孔/mm 的质量百分率/%									
		16	13.2	9.5	4.75	2.36	1.18	0.6	0.3	0.15	0.075
AC—13 中值	碎石 31%	31.0 (31.0)	28.8 (28.8)	5.3 (5.3)	0 (0)						
	石屑 30%	30.0 (35.0)	30.0 (35.0)	30.0 (35.0)	25.2 (29.4)	4.2 (4.9)	1.4 (2.8)	1.2 (1.4)	0 (0)		
	砂 31%	31.0 (28.0)	31.0 (28.0)	31.0 (28.0)	31.0 (28.0)	28.5 (25.8)	25.4 (23.0)	13.0 (11.8)	6.5 (5.9)	3.4 (3.1)	1.2 (1.1)
	矿粉 8%	8.0 (6.0)	8.0 (6.0)	8.0 (6.0)	8.0 (6.0)	8.0 (6.0)	8.0 (6.0)	8.0 (6.0)	8.0 (6.0)	7.7 (5.8)	7.0 (5.2)
合成级配		100(100)	97.8 (97.8)	74.3 (74.3)	64.2 (63.4)	40.7 (36.7)	34.8 (31.8)	22.2 (19.2)	14.5 (11.9)	11.1 (8.9)	8.2 (6.3)
设计级配范围		100	90~100	68~85	38~68	24~50	15~38	10~28	7~20	5~15	4~8
级配中值		100	95	76.5	53	37	26.5	19	13.5	10	6

（3）最佳沥青用量确定。

①试件成型。当地属于 1—4 夏炎热冬温区，采用 70 号沥青。以预估沥青用量为中值，采用 0.5％间隔变化，以之前计算的矿质混合料配合比制备 5 组试件，按表 5-17 规定双面击实 75 次的方法成型。

②马歇尔试验。

a. 物理指标测定。按上述方法成型的试件，经 24 h 后测定其毛体积密度、空隙率、矿料间隙率、沥青饱和度等物理指标。

b. 力学指标测定。测定物理指标后的试件，在 60 ℃温度下测定其马歇尔稳定度和流值。马歇尔试验结果见表 5-22，并按表 5-17 规定，将规范要求的高速公路用细粒式热拌沥青混合料的各项指标技术标准列于表 5-22 中供对照评定。

表 5-22　马歇尔试验物理-力学指标测定结果

试件组号	沥青用量/%	技术性质					
		毛体积密度 $\rho_1/$ (g·cm^{-3})	空隙率 VV/%	矿料间隙率 VMA/%	沥青饱和度 VFA/%	稳定度 MS/kN	流值 FL (0.1 mm)
1	4.5	2.360	6.3	16.4	62.1	7.9	22
2	5.0	2.377	4.5	16.2	72.3	8.5	25
3	5.5	2.389	3.2	16.1	80.0	8.6	32
4	6.0	2.400	2.1	16.3	86.1	8.2	37
5	6.5	2.395	1.7	16.7	89.5	7.3	43
技术标准 (JTG F40—2004)		—	3~6	≥15	65~75	≥8	15~40

③马歇尔试验结果分析。

a. 绘制沥青用量与物理-力学指标关系图。根据表 5-22，绘制沥青用量与毛体积密度、稳定度、空隙率、流值、矿料间隙率 VMA、沥青饱和度 VFA 的关系图，如图 5-8 所示。

b. 确定沥青用量初始值 OAC_1。从图 5-8 可知，相应于毛体积密度最大值的沥青用量 $a_1=6.08\%$，相应于稳定度最大值的沥青用量 $a_2=5.37\%$，相应于规定空隙率范围的中值的沥青用量 $a_3=5.06\%$，相应于沥青饱和度范围的中值的沥青用量 $a_4=4.92\%$。

$$OAC_1=(a_1+a_2+a_3+a_4)/4=(6.08\%+5.37\%+5.06\%+4.92\%)/4=5.36\%$$

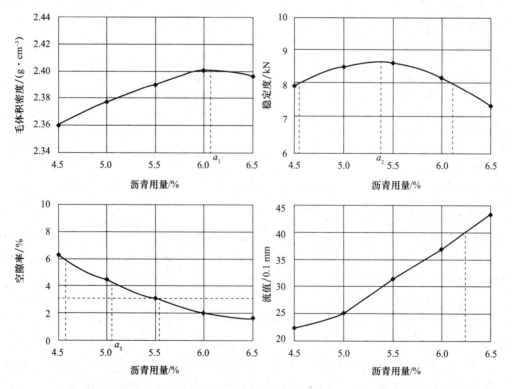

图 5-8　沥青用量与马歇尔试验物理-力学指标关系图

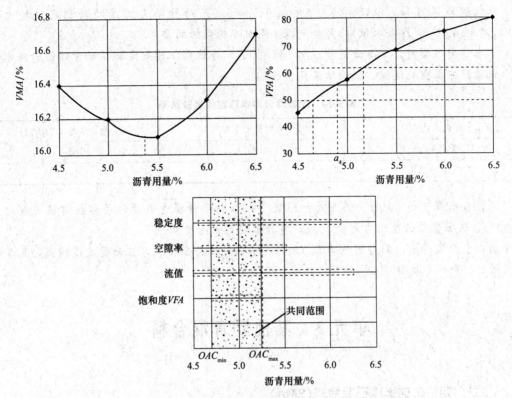

图 5-8 沥青用量与马歇尔试验物理－力学指标关系图(续)

c. 确定沥青用量初始值 OAC_2。由图 5-8 可知,各指标符合沥青混合料技术指标的沥青用量范围:

$$OAC_{min} = 4.69\% \qquad OAC_{max} = 5.25\%$$

$$OAC_2 = (OAC_{min} + OAC_{max})/2 = (4.69\% + 5.25\%) = 4.97\%$$

d. 通常情况下取 OAC_1 及 OAC_2 的平均值作为计算的最佳沥青用量 OAC。

$$OAC = (OAC_1 + OAC_2)/2 = (5.36\% + 4.97\%)/2 = 5.2\%$$

e. 按公式计算的最佳沥青用量 OAC。从图 5-8 中得出所对应的空隙率和 VMA 值,满足表 5-22 关于最小 VMA 值的要求。

f. 调整、确定最佳沥青用量 OAC。

炎热地区的一级公路的重载交通路段,按照规定宜在空隙率符合要求的范围内将计算的最佳沥青用量减小 $0.1\% \sim 0.5\%$,作为设计沥青用量,则调整后的最佳沥青用量为 $OAC' = 5.0\%$。

④抗车辙能力检验。以沥青用量 5.2% 和 5.0% 分别制备试件,进行抗车辙能力试验,试验结果见表 5-23。

表 5-23 沥青混合料抗车辙试验结果

沥青用量/%	试验温度 $T/℃$	试验轮压 P/MPa	试验条件	动稳定度 $DS/(\text{次} \cdot \text{mm}^{-1})$
$OAC = 5.2$	60	0.7	不浸水	1 240
$OAC' = 5.0$	60	0.7	不浸水	1 350

从试验结果可知，$OAC=5.2\%$ 和 $OAC'=5.0\%$ 两种沥青用量的动稳定度均大于 1 000 次/mm（1-4区要求值），符合一级公路抗车辙能力的要求。

⑤水稳定性检验。以沥青用量5.2%和5.0%制备试件，按规定的试验方法进行浸水马歇尔试验和冻融劈裂试验，试验结果见表5-24。

表5-24 沥青混合料水稳定性试验结果

沥青用量/%	浸水残留稳定度 MS/%	冻融劈裂强度比 TSR/%
$OAC=5.2$	88	80
$OAC'=5.0$	83	79

从试验结果可知，$OAC=5.2\%$ 和 $OAC'=5.0\%$ 两种沥青用量的浸水残留稳定度均大于80%，冻融劈裂强度比均大于75%，符合水稳定性的要求。

由以上结果得出，沥青用量为5.0%时，水稳定性符合要求，且动稳定度较高，抗车辙能力较强。所以，选择5.0%为最佳沥青用量。

单元3　其他沥青混合料

5.3.1　沥青玛琋脂碎石混合料(SMA)

沥青玛琋脂碎石混合料是由沥青结合料与少量的纤维稳定剂、细集料以及较多量的填料(矿粉)组成的沥青玛琋脂，填充于间断级配的粗集料骨架的间隙中，组成一体的沥青混合料，简称SMA。它属于骨架密实结构，具有抗滑耐磨、抗疲劳、抗高温车辙、抗低温开裂等优良的性能，广泛地应用于高速公路、重交通道路、机场跑道、桥面铺装等工程。

1. 组成材料的技术要求

SMA混合料的组成材料除应满足普通热拌沥青混合料组成材料的基本要求外，还应该满足一些特殊要求。

(1)沥青。SMA混合料要求沥青具有较高的黏度，与集料有良好的黏附性，以保证混合料具有足够的高温稳定性和低温韧性。当不使用改性沥青时，SMA混合料所用沥青应采用比当地常用普通热拌沥青混合料所用沥青硬一级或两级的沥青。对于高速公路、承受繁重交通的重大工程道路、夏季特别炎热或冬季特别寒冷地区的道路，应采用改性沥青配制SMA混合料，改性沥青的软化点宜高于当地年最高路面温度，以提高沥青路面的抗车辙能力。

(2)矿质材料。用于SMA混合料的粗集料应是高质量的轧制碎石，为不吸水的硬质石料，如玄武岩、砂岩、花岗石等。集料应表面粗糙，以便更好地发挥其骨架间的锁结摩擦作用及增强沥青与集料的黏结作用。颗粒形状应接近正立方体，针片状颗粒含量尽可能低。集料的力学性质如耐磨耗性、压碎性、耐磨光性等要高于沥青混凝土的要求，还要尽量选择碱性集料，若不能满足要求，必须采取有效的抗剥落措施。

细集料最好选用机制砂。当采用普通石屑作为细集料时，宜采用石灰石石屑，且石屑中不得含有泥土类杂物。当与天然砂混用时，天然砂的含量不宜超过机制砂或石屑的比例。天然砂小于0.075 mm颗粒含量(水洗法)不大于5%，棱角性宜大于45%。

填料必须采用石灰石等碱性岩石磨细的矿粉，为改善沥青与集料的黏附性，使用消石灰粉或水泥时，其用量不宜超过矿粉总质量的2%。矿粉的质量应满足普通热拌沥青混合料对矿粉的要求。粉煤灰不得作为SMA混合料的填料使用。回收粉尘的比例不得超过填料总量的25%，且填料0.075 mm通过部分的塑性指数不大于4。

(3)纤维稳定剂。稳定剂在SMA中的作用是稳定沥青、增加抗剪强度和韧性。沥青玛琋脂碎石混合料在没有纤维、沥青含量多、矿粉用量大的情况下，沥青矿粉胶浆在运输、摊铺过程中会产生流淌离析，或在成型后由于沥青膜厚而引起路面抗滑性差等现象。所以，有必要加入纤维稳定剂。

在SMA中宜选用木质素纤维、矿物纤维、聚丙烯腈纤维和聚酯纤维等。木质素纤维的质量应符合表5-25的技术要求。

表5-25　木质素纤维质量的技术要求

项目	单位	指标	试验方法
纤维长度，≤	mm	6	水溶液用显微镜观测
灰分含量	%	18±5	高温590℃~600℃燃烧后测定残留物
pH值	—	7.5±1.0	水溶液用pH试纸或pH计测定
吸油率，≤	—	纤维质量的5倍	用煤油浸泡后放在筛上经振敲后称量
含水率(以质量计)，≤	%	5	105℃烘箱烘2 h后冷却称量

纤维应在250℃的干拌温度不变质、不发脆，使用纤维必须符合环保要求，不危害身体健康。纤维必须在混合料拌和过程中充分分散均匀。

矿物纤维宜采用玄武岩等矿石制造，易影响环境及造成人体伤害的石棉纤维不宜直接使用。纤维应存放在室内或有棚盖的地方，松散纤维在运输及使用过程中应避免受潮，不结团。纤维稳定剂的掺加比例以沥青混合料总量的质量百分率计算，通常情况下用于SMA路面的木质素纤维不宜低于0.3%，矿物纤维不宜低于0.4%，必要时可适当增加纤维用量。纤维掺加量的允许误差不宜超过±5%。

2. SMA混合料的技术性质

(1)高温稳定性好，抗车辙能力强。SMA混合料由相互嵌挤的粗集料骨架与沥青玛琋脂两个部分组成。粗集料颗粒之间有着良好的嵌锁作用，沥青玛琋脂起胶结作用并填充粗集料的骨架空隙，混合料抵抗荷载变形的能力较强。即使在高温条件下，沥青玛琋脂的黏度下降，矿料的骨架结构仍能使SMA混合料有着较强的高温抗车辙能力。

(2)低温抗裂性好。在低温条件下，沥青混合料的抗裂性能主要由结合料的性质决定，由于SMA混合料中有着相当数量的沥青玛琋脂，当温度下降，结合料收缩使集料颗粒被拉开时，沥青玛琋脂具有较高的黏结能力，它的韧性和柔性使得混合料具有良好的低温变形能力。

(3)良好的耐久性。混合料中的粗集料骨架空隙被富含沥青的玛琋脂密实填充，并将集料颗粒黏结在一起，沥青在集料表面形成较厚的沥青膜。SMA混合料空隙率较小，沥青与水或空气的接触较少，因而，混合料的水稳定性和抗老化性较普通沥青混合料好。又由于SMA混合料基本是不透水的，对中、下面层和基层有较好的保护与隔水作用，使沥青路面保持较高的整体强度和稳定性。

(4)摊铺和压实性能好。传统沥青混凝土中碎石较少，沥青砂胶也较少，不足以填充全部空隙，密实度低。SMA是由较多沥青砂胶将碎石骨架结构胶结成整体，所以，更容易摊铺和压实。

（5）优良的表面使用性能。SMA混合料一方面使用坚硬、粗糙、耐磨的高质量碎石；另一方面采用间断级配的矿料，压实后形成的表面构造深度大，使得沥青面层具有良好的抗滑性和耐磨性能，还能减少噪声，提高道路行驶质量。而且SMA路面能减少车灯反射，提高路面能见度。

5.3.2 开级配沥青磨耗层混合料(OGFC)

开级配沥青磨耗层混合料是采用高黏度沥青、较多的粗集料、少量细集料和填料（矿粉）组成的沥青混合料，设计空隙率一般为18%～25%。OGFC混合料铺筑的沥青面层具有迅速排除路表水、减少行车水雾、防水漂、抗滑降噪等有利于行车安全与环保的特性，因此，又称为排水性沥青混合料、排水降噪沥青混合料、渗透性沥青混合料等。OGFC混合料适用行驶快速、中轻型车辆的高速公路、城市快速路和高架桥、隧道铺面等工程。

1. 组成材料的技术要求

（1）沥青材料。OGFC混合料为骨架空隙结构，其空隙率较大，粗集料较多，为保证混合料具有良好的耐久性能，应使用高黏度改性沥青或橡胶沥青作为结合料，以增强对集料颗粒的裹覆能力，保持路面的整体性而不松散。OGFC混合料用高黏度改性沥青的技术要求见表5-26。

表5-26　高黏度改性沥青的技术要求

试验项目	单位	技术要求
针入度(25 ℃，100 g，5 s)，不小于	0.1mm	40
软化点，不小于	℃	80
延度(15 ℃)，不小于	cm	50
闪点，不小于	℃	260
薄膜加热试验(TFOT)后的质量变化，不小于	%	0.6
黏韧性(25 ℃)，不小于	N·m	20
韧性(25 ℃)，不小于	N·m	15
60 ℃黏度，不小于	Pa·s	20 000

（2）集料与填料。OGFC混合料与SMA混合料同样为骨架型混合料，且主要用于沥青路面表层，故其对集料和填料的选择原则和技术要求与SMA混合料基本相同。为了提高集料与沥青的黏附性，可采用适量消石灰或水泥代替矿粉。

（3）纤维。OGFC混合料为大空隙结构，纤维材料的使用会导致OGFC混合料的沥青用量增加，纤维材料及较多的沥青用量容易阻塞混合料内部连通空隙，影响排水效果。结合OGFC混合料在工程实践中的使用情况，建议仅在混合料生产、运输及铺筑期间产生沥青流淌现象或沥青膜厚度不足的情况下使用纤维类材料。

纤维材料的选用标准与SMA混合料选用标准基本相同，但由于排水性沥青混合料经常受高压水流冲刷，不建议采用木质素纤维。又由于混合料的拌合温度较高，应考虑纤维的耐热性。

2. OGFC 混合料的技术性质

(1)高温稳定性。与 SMA 混合料相比，OGFC 混合料中的细集料和矿粉较少，粗集料所占比例更高，可达 80% 以上，形成骨架空隙结构。在粗集料的嵌锁作用和高黏度改性沥青胶结作用下，OGFC 混合料有着较强的抵抗荷载变形的能力。试验研究表明，OGFC 混合料动稳定度随沥青黏度的增加而显著增大，抗车辙能力与 SMA 混合料相同。

(2)耐久性。OGFC 混合料的空隙率高，与外界接触的表面积大。在同等使用条件下，车辆荷载的反复作用，由于集料与沥青粘结力不足而引起集料的脱落、掉粒、飞散，进而导致路表的坑槽损坏，是沥青路面常见的破坏现象。然而，改性沥青的使用增加了沥青集料颗粒之间的黏结强度，可显著降低沥青混合料的飞散损失。另外，高黏度沥青的使用增大了沥青膜厚度，有利于延缓水、热、紫外线等外界环境因素对沥青的老化作用，从而使 OGFC 混合料在具有较大空隙的情况下，依然具有良好的耐久性能。

(3)表面使用性能。试验研究表明，OGFC 混合料渗水系数远高于 SMA 混合料的渗水系数，OGFC 混合料结构内部的大空隙使其排水性能显著增强。另外，OGFC 混合料构造深度系数和摩擦系数均高于 SMA 混合料，表明 OGFC 混合料中高粗集料用量和大空隙特征增大了混合料的构造深度，从而使 OGFC 混合料具有更好的抗滑性能。

5.3.3 冷拌沥青混合料

冷拌沥青混合料也称常温沥青混合料，是指矿料与乳化沥青或液体沥青在常温状态下拌和、铺筑的沥青混合料。这种混合料一般比较松散，存放时间达 3 个月以上，可随时取料施工。

1. 组成材料

冷拌沥青混合料对矿料的要求与热拌沥青混合料大致相同。冷拌沥青混合料中的沥青可采用液体石油沥青、乳化沥青，目前采用较多的为乳化沥青。乳化沥青用量应根据当地实践经验及交通量、气候、集料情况、沥青标号、施工机械等条件确定，也可按热拌沥青混合料的沥青用量折算，一般较热拌沥青碎石混合料沥青用量减少 10%～20%。

2. 技术性质

(1)混合料压实前的性质。

①冷拌沥青混合料在道路铺筑前，常温条件下应保持疏松，易于施工，不易结团。

②冷拌沥青混合料，不能在道路修筑时达到完全固结压实的程度，而是在开放交通后，在车辆的作用下逐渐使路面固结起来，达到要求的密实度。

(2)铺筑压实后的性质。

①抗压强度。以标准试件($h=50$ mm，$d=50$ mm)在 20 ℃ 条件下的极限抗压强度值表示。

②水稳定性。水稳定性是以标准试件在常温下，经真空抽气 1 h 后的饱水率表示。其饱水率为 3%～6%。

3. 应用

冷拌沥青混合料适用三级及三级以下的公路的沥青面层、二级公路的罩面层，以及各级公路沥青路面的基层、联结层或整平层。冷拌改性沥青混合料可用于沥青路面的坑槽冷补。

5.3.4 温拌沥青混合料

温拌沥青混合料是通过使用添加剂和工艺，能够在比同类型热拌沥青混合料施工操作温度降低 30 ℃～60 ℃ 的条件下，实现沥青路面施工的沥青混合料。同时，要求采用温拌技术生产的混合料的路用性能应能够达到热拌沥青混合料的路用性能要求。

1. 温拌沥青混合料的特性

道路工程沥青路面中使用比较多的是热拌沥青混合料和冷拌沥青混合料。热拌沥青混合料是应用最为广泛、路用性能最为良好的一种混合料，但是在其生产过程中，沥青与集料需要在 150 ℃～180 ℃ 甚至更高的温度条件下拌和，不仅要耗用大量能源，而且在生产过程中会产生大量的 CO_2、烟尘和有害气体。

冷拌沥青混合料采用乳化沥青或稀释沥青与集料在常温状态下拌和、铺筑，无须对集料与沥青结合料进行加热，可节约大量能源。但是冷拌沥青混合料初期路用性能差，难以满足高速公路、重载交通道路等重要工程的要求。

温拌沥青混合料生产过程中能量的消耗主要用于集料的加热。德国研究数据表明，生产热拌沥青混合料需消耗燃料油 8 L/t，如拌合温度降低 30 ℃～35 ℃，可以节约燃料油 2.4 L/t。壳牌(Shell)公司提供的数据表明，温拌沥青混合料可节约燃料油 3 L/t 左右。

温拌沥青混合料不仅可节约燃料的消耗，而且可明显降低粉尘、废气等污染物的排放量。Shell 公司提供的数据表明，温拌沥青混合料生产过程中可减少 30% 以上的 CO_2 气体排放量，同时 CO、NO_x 等有害气体排放量明显降低。

2. 温拌沥青混合料的技术要点

目前，国内外沥青混合料的温拌技术多达十几种，根据技术原理，可以将这些温拌技术分为沥青降黏技术、表面活性技术和沥青发泡技术。

温拌沥青混合料对沥青结合料、集料和填料等材料的技术要求同热拌沥青混合料。《温拌沥青混凝土》(GB/T 30596—2014)中规定了温拌沥青混合料用温拌剂的基本性能指标和要求，见表 5-27。

表 5-27　温拌剂基本性能指标要求

温拌剂类型	技术指标	技术要求
表面活性型	pH 值，25 ℃	9.5±1.0
	胺值/$(mg \cdot g^{-1})$	400～560
有机降黏型	闪点/℃	≥250
	熔点/℃	90～110
	密度/$(mg \cdot m^{-3})$	0.85～1.05
矿物发泡型	含水量/%	≥18
	pH 值	7～12
	密度/$(g \cdot mL^{-1})$	≤0.8

温拌沥青混合料可采用马歇尔设计方法，马歇尔稳定度、流值可以作为配合比设计的参考性指标。高速公路、一级公路和城市快速路、主干路用温拌沥青混合料的性能应符合表 5-28 的规定。其他等级公路和城市道路用温拌沥青混合料的技术要求可以参照热拌沥青混合料的技术要求。

表 5-28　温拌沥青混合料性能要求

技术指标	气候分区	技术要求	
		普通沥青混合料	改性沥青混合料
车辙试验动稳定度/(次·mm^{-1})	夏炎热区	≥1 200	≥3 000
	夏热区	≥1 000	
	夏凉区	≥800	
浸水马歇尔试验残留稳定度/%	潮湿区、湿润区	≥80	≥85
	半干区、干旱区	≥75	≥80
冻融劈裂试验冻融劈裂强度比/%	潮湿区、湿润区	≥75	≥80
	半干区、干旱区	≥70	≥75
低温弯曲试验破坏应变/με	冬严寒区	≥2 600	≥3 000
	冬寒区	≥2 300	≥2 800
	冬冷区、冬温区	≥2 000	≥2 500

5.3.5　环氧沥青混凝土混合料(EAM)

环氧沥青混凝土混合料是采用环氧沥青与一定级配的集料配制而成的热固性沥青混凝土材料。由于环氧沥青经过固化后能够形成很高的强度或模量,故又称为高强度沥青混凝土。环氧沥青混凝土适用大型桥梁的桥面铺装、高等级公路和城市干道路面、公共汽车停车站铺面、道路和机场道面的防滑磨耗层、广场铺面等。

1. 环氧沥青混凝土的特性

环氧沥青混凝土的许多性质(如强度、刚度、耐久性等)与水泥混凝土十分相似,同时,在很多方面又具有沥青混凝土的优良性能。

环氧沥青混凝土铺筑成型后,强度随着环氧树脂的固化程度而逐渐增长,其强度形成规律与水泥混凝土十分相似。在 20 ℃～25 ℃时,环氧树脂完全固化大约需要60 d,但在10 ℃以下固化作用几乎停止。

2. 环氧沥青混凝土的配制

(1)冷拌环氧沥青混凝土的配制。冷拌环氧沥青混凝土是在常温下将集料与环氧沥青拌和,经摊铺、压实后,环氧沥青慢慢固化而形成强度。冷拌环氧沥青混凝土的施工方便,与热拌环氧沥青混合料相比,其强度要低些。

在拌制混合料之前,先将沥青、介质、环氧树脂和常温固化剂(如乙二胺、三乙烯四胺、低分子聚酰胺、间苯二甲胺等)分别配制成甲料和乙料。其中,甲料由沥青、介质、环氧树脂及溶剂配合而成,在常温下呈黑色稀浆状,具有流动性;乙料由固化剂和溶剂组成,呈黄色或棕黄色液体。甲料与乙料的配合比例、各种组成材料的用量可参考有关技术规范或手册确定。使用时先按比例将乙料加入甲料,并搅拌均匀,即可用于拌制沥青混合料。

(2)热拌环氧沥青混凝土的配制。热拌环氧沥青混凝土的配制与普通热拌沥青混合料相似，但增加了环氧树脂、固化剂和介质等组成材料。一般是先将介质加入沥青，搅拌均匀。在拌和混合料之前的20 min，将环氧树脂与固化剂进行混合，然后加入混合料一起拌和均匀即可出料。

控制热拌环氧沥青混合料的拌合温度是非常重要的，固化物在反应过程中，初凝时间以沥青混合料开始失去黏性为标志，如果在拌和时失去黏性，则混合料失效报废。为了保证施工工艺过程所需的时间，拌合温度应与所选用的固化剂匹配。固化剂的选择是该技术的关键所在，必须经过反复试验和筛选。

环氧沥青混凝土混合料可以采用沥青混合料拌合机与摊铺机进行施工，但需要配制环氧沥青及固化剂的配制设备和计量仪具。由于环氧沥青混凝土的施工工艺比较复杂，各个环节要求比较严格，必须对施工人员进行专门培训，并在正式施工之前铺筑试验路段，以取得有关施工参数和经验。

5.3.6　橡胶沥青混合料(RAM)

橡胶沥青混合料是指采用轮胎橡胶粉、沥青胶结料、集料与矿粉等按照一定比例拌和生产的沥青混合料。

废旧轮胎属于工业有害固体废物，是恶化自然环境、破坏植被生长、影响人类健康、危及生态环境的有害垃圾之一。所以，废旧轮胎被称为"黑色污染"，其回收和处理技术是世界性难题。将废旧轮胎磨细成橡胶粉应用于道路工程建设得到了较为广泛的关注，这也是处理大量废旧轮胎的较佳途径。

1. 橡胶沥青混合料的生产工艺

通常，废旧轮胎橡胶粉在沥青路面中应用的工艺方法主要有湿法和干法两种工艺。湿法是指直接将轮胎橡胶粉加入沥青，经过搅拌或研磨剪切制备成具有改性沥青特性的橡胶沥青，用于拌和沥青混合料；干法是将适当粒级的轮胎橡胶粉直接加入集料进行拌和，然后加入沥青拌制成沥青混合料。两种工艺方法的差异如下：

(1)目的不同。采用干法的目的主要是以橡胶颗粒代替部分集料，可大量消耗废橡胶，或者改善沥青混合料的某种性质，如增大阻尼性质，以降低沥青路面噪声；采用湿法的主要目的则是利用废旧橡胶改善沥青性能，以提高沥青路面的路用性能。

(2)粒度和剂量不同。干法采用的橡胶粉颗粒较粗，粒径为1~3 mm，掺量一般为集料质量的1%~3%；湿法采用的橡胶粉粒径相对较细，其粒径通常在15目以上，甚至达到80~100目。掺量一般为沥青质量的5%~20%。干法所用轮胎橡胶粉的数量是湿法的2~4倍，可以消耗大量废旧轮胎。

(3)用途不同。湿法工艺生产的橡胶沥青主要应用于水泥路面嵌缝料、碎石封层、应力吸收层和沥青混合料；而干法工艺只能用于拌制沥青混合料，所铺筑的路面具有降低路面噪声的功效。

2. 橡胶沥青混合料的性能特点

(1)湿法工艺。橡胶沥青混合料中的沥青含量较高，加之橡胶沥青自身的高黏韧性，有利于提高混合料的耐久性，赋予沥青混合料良好的低温柔韧性、耐疲劳性及水稳定性。

(2)干法工艺。干法工艺生产的橡胶沥青混合料，橡胶颗粒实际上是充当集料，而不是作为沥青改性剂使用。如果设计不当，将导致沥青用量与粘结力不足，使得干法橡胶沥青混合料难以压实。即使压实后，由于橡胶颗粒的弹性作用，也会使混合料慢慢松开，造成橡胶路面松散。另外，橡胶颗粒能够吸收沥青中的轻质组分而造成体积膨胀，即使在混合料摊铺压实后，橡胶颗粒体积仍可持续膨胀，这将导致沥青混合料中有效沥青用量的降低，并造成沥青路面开裂、松散等病害。

5.3.7 浇筑式沥青混凝土混合料

浇筑式沥青混凝土混合料是指经过高温拌和，依靠混合料自身的流动性摊铺成型、无须碾压的高沥青含量与高矿粉含量、空隙率极小的沥青混合料。

1. 浇筑式沥青混凝土的特性

浇筑式沥青混凝土起源于德国，早期的浇筑式沥青混凝土是将天然沥青粉碎后与石料在高温条件下拌和形成沥青胶砂，其中的沥青与细集料含量特别多，基本不含粗集料。改进后的浇筑式沥青混凝土中加入20%～55%的粗集料，但仍具有沥青用量高、矿粉含量高、拌合温度高的"三高"特点。

浇筑式沥青混凝土为悬浮密实型结构，粗颗粒集料悬浮于沥青胶砂中，不能相互嵌挤形成骨架，其强度主要取决于沥青与填料交互作用而产生的粘结力。由于浇筑式沥青混凝土密实不透水，耐久性好，同时又有极好的黏韧性，适应变形能力强，与钢桥桥面变形有很好的随从性，因而特别适用大中型桥梁的桥面铺装，尤其是大跨度的斜拉桥和悬索桥钢桥。

2. 浇筑式沥青混凝土混合料的组成材料

(1)沥青结合料。沥青结合料对浇筑式沥青混凝土混合料的性能起到决定性影响，既要具有较高的黏度，又要具有一定的流动性和低温抗裂性。目前，国外主要采用低针入度沥青或普通石油沥青掺加天然沥青而得到的硬质沥青。

《公路钢箱梁桥面铺装设计与施工技术指南》规定，应采用改性硬质沥青混凝土来配制桥面铺装用浇筑式沥青混合料。改性硬质沥青由聚合物改性沥青和天然沥青掺配，或采用针入度为20～40的沥青掺入聚合物改性沥青掺配。

(2)矿质材料。浇筑式沥青混凝土混合料所用粗集料、细集料与矿粉的质量应满足《公路沥青路面施工技术规范》(JTG F40—2004)中的技术要求。混合料中细集料约占30%，其性能对混合料的影响很大。细集料宜采用机制砂，当使用天然砂时，机制砂与天然砂的比例应大于1：2。浇筑式沥青混凝土混合料中矿粉宜采用石灰石磨制的石粉，0.075 mm 筛的通过百分率应大于80%。矿料的粒径一般宜控制在13.2 mm 以下。

5.3.8 再生沥青混合料

再生沥青混合料是指利用已破坏的旧沥青路面材料，通过添加再生剂、新沥青和新集料，合理设计配合比，获得的沥青混合料，可用于重新铺筑沥青路面。再生沥青混合料有表面处治型再生混合料、再生沥青碎石及再生沥青混凝土三种形式。按集料最大粒径的尺寸，可分为粗粒式、中粒式和细粒式三种；按施工温度可分为热拌再生混合料和冷拌再生混合料两种。热拌再生沥青混合料由于在热态下拌和，旧沥青和新沥青处于熔融状态，经过机械搅拌，能够充分地混合，再生效果较好，而冷拌再生沥青混合料再生效果较差，成型期较长，通常限于低交通量的道路上。

1. 组成材料

再生沥青混合料由再生沥青和集料组成。再生沥青由旧沥青、添加剂及新沥青材料组成。集料由旧集料和新集料组成。

从化学角度讲，沥青再生就是老化的逆过程。沥青老化就是沥青中化学组分含量比值失去平衡，胶体结构产生变化，可以采用再生剂调节旧沥青的化学组分，使其达到平衡。再生剂的作用如下：

(1)调节旧沥青的黏度，使旧沥青过高的黏度降低，使过于脆硬的旧沥青混合料软化，以便于机械拌和，并同新沥青、新集料均匀混合。

(2)使老化的旧沥青中凝聚的沥青质重新分解，调节沥青的胶体结构，从而达到改善沥青流变性质的目的。

2. 技术性能

(1)再生沥青混合料必须具有足够的强度和热稳定性。

(2)再生沥青混合料具有良好的低温抗裂性，低温下表现为较低的线收缩系数、较高的抗弯强度和较低的弯拉模量。

(3)再生沥青路面具有足够的抗滑性和防渗性。

(4)再生沥青路面具有良好的耐久性。

(5)尽可能地使用旧路面材料，最大限度地节约沥青和砂石材料。

实训一 沥青混合料试件制作

本实训采用标准击实法或大型击实法制作沥青混合料试件，以供试验室进行沥青混合料物理力学性质试验使用。标准击实法适用标准马歇尔试验、间接抗拉试验(劈裂法)等使用的 $\phi101.6$ mm×63.5 mm 圆柱体试件的成型。大型击实法适用大型马歇尔试验和 $\phi152.4$ mm×95.3 mm 大型圆柱体试件的成型。当集料公称最大粒径小于或等于26.5 mm 时，采用标准击实法，一组试件数量不少于 4 个；当集料公称最大粒径大于26.5 mm 时，宜采用大型击实法，一组试件数量不少于 6 个。

(1)主要仪器设备。

①自动击实仪(图 5-9)：应具有自动记数、控制仪表、按钮设置、复位及暂停等功能，按其用途可分为以下两种：

a. 标准击实仪：由击实锤、$\phi98.5$ mm±0.5 mm 平圆形压实头及带手柄的导向棒组成。用机械将压实锤提升至 457.2 mm±1.5 mm 高度沿导向棒自由落下连续击实。标准击实锤质量为 4 536 g±9 g。

b. 大型击实仪：由击实锤、$\phi149.4$ mm±0.1 mm 平圆形压实头及带手柄的导向棒组成。用机械将压实锤提升，至 457.2 mm±2.5 mm 高度沿导向棒自由落下连续击实。大型击实锤的质量为 10 210 g±10 g。

②试验室用沥青混合料拌合机(图 5-10)：能保证拌合温度并充分拌和均匀，可控制拌合时间，容量不小于 10 L。搅拌叶自转速度为 70~80 r/min，公转速度为 40~50 r/min。

图 5-9　马歇尔自动击实仪　　　　　图 5-10　沥青混合料拌合机

③试模：由高碳钢或工具钢制成，具体尺寸如下：

a. 标准击实仪试模的内径为 101.6 mm±0.2 mm，圆柱形金属筒高为 87 mm，底座直径约为 120.6 mm，套筒内径为 104.8 mm，高为 70 mm。

b. 大型击实仪的试模内径为 152.4 mm±0.2 mm，总高为 115 mm，底座板厚为 12.7 mm，直径为 172 mm。套筒外径为 165.1 mm，内径为 155.6 mm±0.3 mm，总高为 83 mm。

④脱模器：电动或手动，应能无破损地推出圆柱体试件，备有标准试件及大型试件尺寸的推出环。

⑤烘箱：大、中型各一台，应有温度调节器。

⑥天平或电子秤：用于称量沥青，感量不大于 0.1 g；用于称量矿料，感量不大于 0.5 g。

⑦布洛克菲尔德黏度计。

⑧插刀或大螺钉旋具。

⑨温度计：分度值为 1 ℃，量程为 0 ℃～300 ℃。

⑩其他：电炉或煤气炉、沥青熔化锅、拌合铲、标准筛、滤纸、胶布、卡尺、秒表、粉笔、棉纱等。

(2)试件制作条件。

①在拌合厂或施工现场采用沥青混合料制作试件时，将试样置于烘箱加热或保温，在混合料中插入温度计测量温度，待混合料温度符合要求后成型。需要拌和时可倒入已加热的室内沥青混合料拌合机中适当拌和，时间不超过 1 min，不得在电炉或明火上加热炒拌。

②试验室人工配制沥青混合料时，试件的制作按下列步骤进行：

a. 将各种规格的矿料置 105 ℃±5 ℃的烘箱中烘干至恒重(一般不少于 4 h)。

b. 将烘干分级的粗、细集料，按每个试件设计级配要求称其质量，在一金属盘中混合均匀，矿粉单独放入小盆；然后置烘箱中加热至沥青拌合温度以上约 15 ℃备用(采用石油沥青时通常为 163 ℃，采用改性沥青时通常为 180 ℃)。一般按一组试件(每组 4～6 个)备料，但进行配合比设计时宜对每个试件分别备料。常温沥青混合料的矿料不应加热。

c. 按规定采取的沥青试样，用烘箱加热至规定的沥青混合料拌合温度，不得超过175 ℃。当不得已采用燃气炉或电炉直接加热进行脱水时，必须使用石棉垫隔开。

(3)拌制沥青混合料。

①黏稠石油沥青混合料。

a. 用蘸有少许黄油的棉纱擦净试模、套筒及击实座等，置100 ℃左右烘箱中加热1 h备用。常温沥青混合料用试模不加热。

b. 将沥青混合料拌合机提前预热至拌合温度以上10 ℃左右。

c. 将加热的粗、细集料置于拌合机，用小铲子适当混合；然后加入需要数量的沥青(如沥青已称量在一专用容器内时，可在倒掉沥青后用一部分热矿粉擦拭粘在容器壁上的沥青并一起倒入拌合锅)，开动拌合机一边搅拌一边使拌合叶片插入混合料中拌和1~1.5 min；暂停拌和，加入加热的矿粉，继续拌和至均匀为止，并使沥青混合料保持在要求的拌合温度范围内。标准的总拌合时间为3 min。

②液体石油沥青混合料。将每组(或每个)试件的矿料置于加热至55 ℃~100 ℃的沥青混合料拌合机，注入要求数量的液体沥青，并将混合料边加热边拌和，使液体沥青中的溶剂挥发至50%以下。拌合时间应事先试拌决定。

③乳化沥青混合料。将每个试件的粗、细集料置于沥青混合料拌合机中(不加热，也可用人工炒拌)；注入计算的用水量后(阴离子乳化沥青不加水)，拌和均匀并使矿料表面完全润湿；再注入设计的沥青乳液用量，在1 min内使混合料拌匀；然后加入矿粉后迅速拌和，使混合料搅拌成褐色为止。

(4)试件成型。

①将拌好的沥青混合料用小铲适当拌和均匀，称取一个试件所需的用量(标准马歇尔试件约1 200 g，大型马歇尔试件约4 050 g)。当已知沥青混合料的密度时，可根据试件的标准尺寸计算并乘以1.03得到要求的混合料数量。当一次拌和几个试件时，宜将其倒入经预热的金属盘，用小铲适当拌和均匀分成几份，分别取用。在试件制作过程中，为防止混合料温度下降，应连盘放在烘箱中保温。

②从烘箱中取出预热的试模及套筒，用蘸有少许黄油的棉纱擦拭套筒、底座及击实锤底面。将试模装在底座上，放一张圆形的吸油性小的纸，用小铲将混合料铲入试模，用插刀或大螺钉旋具沿周边插捣15次，中间捣10次。插捣后将沥青混合料表面整平。对大型击实法制作的试件，混合料分两次加入，每次插捣次数同上。

③插入温度计至混合料中心附近，检查混合料温度。

④待混合料温度符合要求的压实温度后，将试模连同底座一起放在击实台上固定。先在装好的混合料上垫一张吸油性小的圆纸，再将装有击实锤及导向棒的压实头放入试模。开启自动击实仪，使击实锤从457 mm的高度自由落下到击实规定的次数(75次或50次)。对大型试件，击实次数为75次(相应于标准击实的50次)或112次(相应于标准击实的75次)。

⑤试件击实一面后，取下套筒，将试模翻面，装上套筒；然后以同样的方法和次数击实另一面。乳化沥青混合料试件在两面击实后，将一组试件在室温下横向放置24 h；另一组试件置温度为105 ℃±5 ℃的烘箱中养护24 h。将养护试件取出后再立即两面锤击各25次。

⑥试件击实结束后，立即用镊子取掉上、下面的纸，用卡尺量取试件离试模上口的高

度并由此计算试件高度。高度不符合要求时，试件应作废，并按式(5-7)调整试件的混合料质量，以保证高度符合 63.5 mm±1.3 mm(标准试件)或 95.3 mm±2.5 mm(大型试件)的要求。

$$调整后混合料质量=\frac{要求试件高度×原用混合料质量}{所得试件的高度} \tag{5-7}$$

⑦卸去套筒和底座，将装有试件的试模横向放置冷却至室温后(不少于 12 h)，置脱模机上脱出用于现场马歇尔指标检验的试件，在施工质量检验过程中如急需试验，允许采用电风扇吹冷 1 h 或浸水冷却 3 min 以上的方法脱模；但浸水脱模法不能用于测定密度、空隙率等各项物理指标。

⑧将试件仔细置于干燥洁净的平面上，供试验使用。

实训二　沥青混合料马歇尔稳定度

本实训采用马歇尔稳定度试验和浸水马歇尔稳定度试验，以进行沥青混合料的配合比设计或沥青路面施工质量检验。浸水马歇尔稳定度试验(根据需要，也可进行真空饱水马歇尔试验)供检验沥青混合料受水损害时抵抗剥落的能力时使用，通过测试其水稳定性检验配合比设计的可行性。采用标准方法成型马歇尔试件圆柱体和大型马歇尔试件圆柱体。

(1)主要仪器设备。

①沥青混合料马歇尔试验仪(图 5-11)：分为自动式和手动式。自动式应具备控制装置、记录荷载—位移曲线、自动测定荷载与试件的垂直变形，能自动显示和存储或打印试验结果等功能；手动式由人工操作，试验数据通过操作者目测后读取。对用于高速公路和一级公路的沥青混合料宜采用自动马歇尔试验仪。

图 5-11　沥青混合料马歇尔试验仪

a. 当集料最大粒径小于或等于 26.5 mm 时，宜采用 ϕ101.6 mm×63.5 mm 的标准马歇尔试件，试验仪最大荷载不得小于 25 kN，读数准确至 0.1 kN，加载速度应能保持 50 mm/min±5 mm/min。钢球直径为 16 mm±0.05 mm，上下压头曲率半径为 50.8 mm±0.08 mm。

b. 当集料最大粒径大于 26.5 mm 时，宜采用 ϕ152.4 mm×95.3 mm 的大型马歇尔试件，试验仪最大荷载不得小于 50 kN，读数准确至 0.1 kN。上下压头的曲率内径为 ϕ152.4 mm±0.2 mm，上下压头间距为 19.05 mm±0.1 mm。

②恒温水槽：控温准确至 1 ℃，深度不小于 150 mm。

③真空饱水容器：包括真空泵及真空干燥器。

④烘箱。

⑤天平：感量不大于 0.1 g。

⑥温度计：分度值 1 ℃。

⑦卡尺。

⑧其他：棉纱、黄油。

(2)准备工作。

①按标准击实法成型马歇尔试件，对标准马歇尔试件尺寸应符合直径 101.6 mm±0.2 mm、高 63.5 mm±1.3 mm 的要求；对大型马歇尔试件尺寸应符合直径 152.4 mm± 0.2 mm、高 95.3 mm±2.5 mm 的要求。一组试件的数量最少为 4 个。

②量测试件的直径及高度：用卡尺测量试件中部的直径，用马歇尔试件高度测定器或用卡尺在十字对称的 4 个方向量测离试件边缘 10 mm 处的高度，准确至 0.1 mm，并以其平均值作为试件的高度。如试件高度不符合 63.5 mm±1.3 mm 或 95.3 mm±2.5 mm 要求或两侧高度差大于 2 mm，此试件应作废。

③按要求测定试件的密度、空隙率、沥青体积百分率、沥青饱和度、矿料间隙率等物理指标。

④将恒温水槽调节至要求的试验温度，对黏稠石油沥青或烘箱养护过的乳化沥青混合料为 60 ℃±1 ℃，对煤沥青混合料为 33.8 ℃±1 ℃，对空气养护的乳化沥青或液体沥青混合料为 25 ℃±1 ℃。

(3)试验步骤。

①将试件置于已达规定温度的恒温水槽中保温，对标准马歇尔试件需要保温 30～40 min，对大型马歇尔试件需要保温 45～60 min。试件之间应有间隔，底下应垫起，距离水槽底部不小于 5 cm。

②将马歇尔试验仪的上下压头放入水槽或烘箱中达到同样温度。将上下压头从水槽或烘箱中取出，擦拭干净内面。为使上下压头滑动自如，可在下压头的导向棒上涂少量黄油。再将试件取出置于下压头上，盖上上压头，然后装在加载设备上。

③在上压头的球座上放妥钢球，并对准荷载测定装置的压头。

④当采用自动马歇尔试验仪时，将自动马歇尔试验仪的压力传感器、位移传感器与计算机或 $X-Y$ 记录仪正确连接，调整好适宜的放大比例，压力和位移传感器调零。

⑤当采用压力环和流值计时，将流值计安装在导向棒上使导向套管轻轻地压住上压头，同时将流值计读数调零。调整压力环中百分表，对零。

⑥启动加载设备，使试件承受荷载，加载速度为 50 mm/min±5 mm/min。计算机或 $X-Y$ 记录仪自动记录传感器压力和试件变形曲线并将数据自动存入计算机。

⑦当试验荷载达到最大值的瞬间，取下流值计，同时读取压力环中百分表读数及流值计的流值读数。

⑧从恒温水槽中取出试件至测出最大荷载值的时间，不得超过 30 s。

⑨浸水马歇尔试验方法与标准马歇尔试验方法的不同之处在于，试件在已达规定温度恒温水槽中的保温时间为 48 h，其余均与标准马歇尔试验方法相同。

⑩真空饱水马歇尔试验。先将试件放入真空干燥器，关闭进水胶管，开动真空泵，使干燥器的真空度达到 97.3 kPa(730 mmHg)以上，维持 15 min，然后打开进水胶管，靠负压进入冷水流使试件全部浸入水中，浸水 15 min 后恢复常压，取出试件再放入已达规定温度的恒温水槽中保温 48 h。其余均与标准马歇尔试验方法相同。

(4)结果计算。

①试件的稳定度及流值。

a. 当采用自动马歇尔试验仪时，将计算机采集的数据绘制成压力和试件变形曲线，或

由 $X-Y$ 记录仪自动记录的荷载—变形曲线，按图 5-12 所示的方法在切线方向延长曲线与横坐标相交于 O_1，将 O_1 作为修正原点，从 O_1 起量取相应于荷载最大值时的变形作为流值 (FL)，以 mm 计，准确至 0.1 mm。最大荷载即稳定度(MS)，以 kN 计，准确至 0.01 kN。

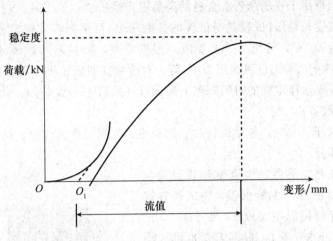

图 5-12 马歇尔试验结果的修正方法

b. 采用压力环和流值计测定时，根据压力环标定曲线，将压力环中百分表的读数换算为荷载值，或者由荷载测定装置读取的最大值即为试样的稳定度(MS)，以 kN 计，准确至 0.01 kN。由流值计及位移传感器测定装置读取的试件垂直变形，即为试件的流值 (FL)，以 mm 计，准确至 0.1 mm。

②试件的马歇尔模数按下式计算：

$$T = \frac{MS}{FL} \tag{5-8}$$

式中 T——试件的马歇尔模数(kN/mm)；

MS——试件的稳定度(kN)；

FL——试件的流值(mm)。

③试件的浸水残留稳定度按下式计算：

$$MS_0 = \frac{MS_1}{MS} \times 100\% \tag{5-9}$$

式中 MS_0——试件的浸水残留稳定度(%)；

MS_1——试件浸水 48 h 后的稳定度(kN)。

④试件的真空饱水残留稳定度按下式计算：

$$MS'_0 = \frac{MS_2}{MS} \times 100\% \tag{5-10}$$

式中 MS'_0——试件的真空饱水残留稳定度(%)；

MS_2——试件真空饱水后浸水 48 h 后的稳定度(kN)。

⑤当一组测定值中某个测定值与平均值之差大于标准差的 k 倍时，该测定值应予舍弃，并以其余测定值的平均值作为试验结果。当试件数目 n 为 3、4、5、6 个时，k 值分别为 1.15、1.46、1.67、1.82。

实训三　沥青混合料车辙试验

本实训适用测定沥青混合料的高温抗车辙能力，供沥青混合料配合比设计时的高温稳定性检验使用，也可用于现场沥青混合料的高温稳定性检验。

车辙试验的温度与轮压(试验轮与试件的接触压强)可根据有关规定和需要选用，非经注明，试验温度为 60 ℃，轮压为 0.7 MPa。根据需要，如在寒冷地区试验温度也可采用 45 ℃，在高温条件下试验温度可采用 70 ℃等，对重载交通的轮压可增加至 1.4 MPa，但应在报告中注明。计算动稳定度的时间原则上为试验开始后 45～60 min。

(1)主要仪器设备。

①车辙试验机(图 5-13)：包括试件台、试验轮、加载装置、试模、试件变形测量装置、温度检测装置等部分。

②恒温室：装有加热器、气流循环装置及自动温度控制设备，应有至少能保温 3 块试件并进行试验的条件。保持恒温室温度 60 ℃±1 ℃(试件内部温度 60 ℃±0.5 ℃)，根据需要也可采用其他试验温度。

③台秤：称量 15 kg，感量不大于 5 g。

(2)准备工作。

①试验轮接地压强测定：测定在 60 ℃时进行，在试验台上放置一块 50 mm 厚的钢板，其上铺一张毫米方格纸，上铺一张新的复写纸，以规定的 700 N 荷载后试验轮静压复写纸，即可在方格纸上得出轮压面积，并由此求得接地压强。当压强不符合 0.7 MPa±0.05 MPa 时，荷载应予适当调整。

图 5-13　车辙试验机

②用轮碾成型法制作车辙试验试块。在试验室或工地制备成型的车辙试件，板块状试件尺寸为长 300 mm×宽 300 mm×厚(50～100)mm(厚度根据需要确定)。也可从路面切割得到需要尺寸的试件。

③当直接在拌合厂取拌和好的沥青混合料样品制作车辙试验试件检验生产配合比设计或混合料生产质量时，必须将混合料装入保温桶，在温度下降至成型温度之前迅速送达试验室制作试件。如果温度稍有不足，可放在烘箱中加热(时间不超过 30 min)后成型，但不得将混合料冷却后二次加热重塑制作试件。重塑制件的试验结果仅供参考，不得用作评定配合比设计检验是否合格的标准。

④如需要，将试件脱模按规定的方法测定密度及空隙率等各项物理指标。

⑤试件成型后，连同试模一起在常温条件下放置的时间不得少于 12 h。对聚合物改性沥青混合料，放置的时间以 48 h 为宜，使聚合物改性沥青充分固化后方可进行车辙试验，室温放置时间不得长于一周。

(3)试验步骤。

①将试件连同试模一起，置于已达到试验温度 60 ℃±1 ℃的恒温室中，保温时间不少于 5 h，也不得超过 12 h。在试件的试验轮不行走的部位上，粘贴一个热电偶温度计(也可在试件制作时预先将热电偶导线埋入试件一角)，控制试件温度稳定在 60 ℃±0.5 ℃。

②将试件连同试模移置轮辙试验机的试验台上，试验轮在试件的中央部位，其行走方向须与试件碾压或行车方向一致。启动车辙变形自动记录仪，然后启动试验机，使试验轮往返行走，时间约 1 h，或最大变形达到 25 mm 时为止。试验时，记录仪自动记录变形曲线(图 5-14)及试件温度。

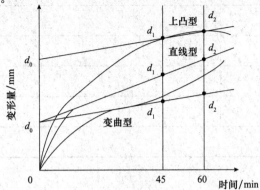

图 5-14　车辙深度与时间的关系曲线

注：对试验变形较小的试件，也可对一块试件在两侧 1/3 位置上进行两次试验，然后取平均值。

(4)结果计算。

①从图 5-14 上读取 45 min(t_1)及 60 min(t_2)时的车辙变形 d_1 及 d_2，准确至 0.01 mm。当变形过大，在未到 60 min 变形已达 25 mm 时，则以达到 25 mm(d_2)的时间为 t_2，将其前 15 min 为 t_1，此时的变形量为 d_1。

②沥青混合料试件的动稳定度按式(5-11)计算。

$$DS = \frac{(t_2 - t_1) \times N}{d_2 - d_1} \times C_1 \times C_2 \qquad (5\text{-}11)$$

式中　DS——沥青混合料的动稳定度(次/mm)；

$\quad\quad d_1$——对应于时间 t_1 的变形量(mm)；

$\quad\quad d_2$——对应于时间 t_2 的变形量(mm)；

$\quad\quad C_1$——试验机类型系数，曲柄连杆驱动加载轮往返运行方式为 1.0；

$\quad\quad C_2$——试件系数，试验室制备宽 300 mm 的试件为 1.0；

$\quad\quad N$——试验轮往返碾压速度，通常为 42 次/min。

③同一沥青混合料或同一段路面，至少平行试验 3 个试件。当 3 个试件动稳定度变异系数不大于 20% 时，取其平均值作为试验结果；变异系数大于 20% 时应分析原因，并追加试验。如计算动稳定度值大于 6 000 次/mm，记作>6 000 次/mm。试验报告应注明试验温度、试验轮接地压强、试件密度、空隙率及试件制作方法等。重复性试验动稳定度变异系数的允许误差不大于 20%。

▶ 模块测评和成果检测

1. 知识测评

确定本模块关键词，按重要程度进行关键词排序并举例解读。学生根据自己对本模块重要信息捕捉、排序、表达、创新和划分权重能力进行自评，满分 100 分(表 5-29)。

表 5-29 沥青混合料知识测评表

序号	关键词	举例解读	评分
1			
2			
3			
4			
5			
总分			

2. 能力测评

对表 5-30 所列作业内容，操作规范即得分，操作错误或未操作即零分。

表 5-30 沥青混合料能力测评表

序号	技能点	配分	得分
1	描述沥青混合料的主要类型	10	
2	分析热拌沥青混合料的强度理论	20	
3	检测热拌沥青混合料的性能	30	
4	进行热拌沥青混合料的组成设计	20	
5	描述其他沥青混合料及其性质	20	
总分		100	

3. 素质测评

对表 5-31 所列素养点，做到即得分，未做到即零分。

表 5-31 沥青混合料素质测评表

序号	素养点	配分	得分
1	试验前、后检查整理仪器	20	
2	试验过程按规范操作	20	
3	环保意识，剩余试样按要求处理	20	
4	质量意识，试样制备达到标准要求	20	
5	试验数据真实	20	
总分		100	

4. 学习成果

考核内容及评分标准见表 5-32。

表 5-32　考核内容及评分标准

序号	评分项	得分条件	评分标准	配分	扣分
1	安全意识/态度	□1. 能进行自身安全防护 □2. 能进行仪器设备安全检查 □3. 能进行工具安全检查 □4. 能进行仪器工具清洁存放操作 □5. 能进行合理的时间控制	未完成 1 项扣 2 分，扣分不得超过 10 分	10	
2	专业技术能力	□1. 能正确划分沥青混合料的类型 □2. 能正确分析沥青混合料的强度理论 □3. 能正确检测热拌沥青混合料的性能 □4. 能正确进行热拌沥青混合料的组成设计 □5. 能正确理解选用其他类型的沥青混合料	未完成 1 项扣 8 分，扣分不得超过 40 分	40	
3	工具设备使用能力	□1. 能正确选用称量工具 □2. 能正确使用混合料拌合工具 □3. 能正确使用沥青混合料性能检测仪器 □4. 能正确使用专用仪器 □5. 能熟练使用办公软件	未完成 1 项扣 4 分，扣分不得超过 20 分	20	
4	资料信息查询能力	□1. 能在规定时间内查询所需资料 □2. 能正确查询沥青混合料试验所依据的标准 □3. 能正确利用网络查询相关文献	未完成 1 项扣 5 分，扣分不得超过 15 分	15	
5	数据判读分析能力	□1. 能正确读取数据 □2. 能正确记录试验过程中的数据 □3. 能正确进行数据计算 □4. 能正确进行数据分析 □5. 能根据数据完成取样单	未完成 1 项扣 2 分，扣分不得超过 10 分	10	
6	方案制定与报告撰写能力	□1. 字迹清晰 □2. 语句通顺 □3. 无错别字 □4. 无涂改 □5. 无抄袭	未完成 1 项扣 1 分，扣分不得超过 5 分	5	
		合计		100	

———————— 模块小结 ————————

沥青混合料是由沥青和矿质混合料组成的复合材料，经过拌和、摊铺和碾压等施工工艺后形成沥青路面结构层，具有优良的路用性能。

沥青混合料按制造工艺分为热拌沥青混合料、冷拌沥青混合料、再生沥青混合料等。影响沥青混合料强度的材料参数为黏聚力 c 和内摩阻角 φ。影响材料参数的主要因素有沥青的黏度、沥青与矿料在界面上的交互作用、沥青与矿粉的比例、矿料的性能、温度及形变速率等。

沥青混合料应具备一定的高温稳定性、低温抗裂性、水稳定性、抗老化性、抗滑性和施工和易性等技术性质，以适应车辆荷载及环境因素的变化。

沥青混合料组成设计包括选择原材料和配合比设计。沥青混合料组成材料和矿料设计级配范围应根据道路等级、交通特性、气候条件、施工方法等因素进行选择。我国现行热拌沥青混合料配合比设计采用马歇尔试验方法，主要设计内容是确定矿料配合比和最佳沥青用量。所设计的沥青混合料应满足高温稳定性、低温抗裂性和水稳定性的相关要求。

沥青玛琋脂碎石混合料(SMA)是由沥青结合料与少量的纤维稳定剂、细集料及较多量的填料(矿粉)组成的沥青玛琋脂，填充于间断级配的粗集料骨架的间隙，组成一体的沥青混合料。开级配沥青磨耗层混合料(OGFC)是采用高黏度沥青、较多的粗集料、少量细集料和填料(矿粉)组成的沥青混合料。冷拌沥青混合料是指矿料与乳化沥青或液体沥青在常温状态下拌和、铺筑的沥青混合料。温拌沥青混合料是通过使用添加剂和工艺，能够在比同类型热拌沥青混合料施工操作温度降低 30 ℃～60 ℃的条件下，实现沥青路面施工的沥青混合料。环氧沥青混凝土混合料是采用环氧沥青与一定级配的集料配制而成的热固性沥青混凝土材料。橡胶沥青混合料是指采用轮胎橡胶粉、沥青胶结料、集料与矿粉等按照一定比例拌和生产的沥青混合料。浇筑式沥青混凝土混合料是指经高温拌和，依靠混合料自身的流动性摊铺成型、无须碾压的高沥青含量与高矿粉含量、空隙率极小的沥青混合料。再生沥青混合料就是利用已破坏的旧沥青路面材料，通过添加再生剂、新沥青和新集料，合理设计配合比，获得的沥青混合料，可用于重新铺筑沥青路面。

课后思考与实训

1. 填空题

(1)沥青混合料设计方法主要有_____、_____、_____。

(2)密级配沥青混凝土混合料马歇尔试验技术指标主要包括_____、_____、_____、_____和_____。

(3)沥青混合料按公称最大粒径，可分为_____、_____和_____。

(4)沥青混合料的强度主要取决于_____与_____。

(5)按照沥青混合料矿料级配组成特点，沥青混合料的组成结构类型分为_____、_____和_____。

(6)沥青混合料马歇尔试件三个主要体积指标是_____、_____和_____。

2. 选择题

(1)通常沥青用量超过最佳用量的(　　)，就会使沥青路面的抗滑性能明显降低。

A.0.30%　　　　　　B.0.50%　　　　　　C.0.80%　　　　　　D.1.00%

(2)随沥青含量增加，沥青混合料试件空隙率将(　　)。

A. 增加　　　　　　B. 出现峰值　　　　　C. 减小　　　　　　D. 保持不变

(3)随沥青含量增加，沥青混合料稳定度将(　　)。

A. 增加　　　　　　B. 出现峰值　　　　　C. 减小　　　　　　D. 保持不变

(4)沥青马歇尔标准试件的高度为(　　)mm。

A.63.5±1.3　　　　B.63.5±1.5　　　　　C.63.5±1.0　　　　D.63.5±1.8

(5)车辙试验主要用来评价沥青混合料的(　　)指标。

A. 耐久性　　　　　B. 低温抗裂性　　　　C. 高温稳定性　　　　D. 抗滑性

(6)空隙率是由沥青混合料的(　　)计算得到的。

A. 实测密度　　　　B. 最大理论密度　　　　C. 实验室密度　　　　D. 毛体积密度

(7)沥青混凝土和沥青碎石的区别在于(　　)不同。

A. 剩余空隙率　　　　B. 矿粉用量　　　　C. 集料最大粒径　　　　D. 油石比

(8)SMA 沥青混合料采用间断型密级配形成(　　)结构，减缓了夏季高温车辙的形成和冬季低温开裂的出现，是一种良好的路面结构类型。

A. 悬浮—密实　　　　B. 密实—空隙　　　　C. 骨架—密实　　　　D. 骨架—悬浮

3. 简答题

(1)沥青混合料按其组成结构可分为哪几种类型？

(2)影响沥青混合料黏聚力的主要因素有哪些？

(3)简述沥青混合料应具备的路用性能。

(4)简述沥青混合料高温稳定性、低温抗裂性和水稳定性的评定方法。

(5)简述我国现行连续密级配热拌沥青混合料配合比设计方法。

(6)矿质混合料配合比、沥青最佳用量是如何确定的？

(7)SMA 混合料和 OGFC 混合料的组成材料、技术性能各有什么特点？

(8)什么是冷拌沥青混合料？什么是温拌沥青混合料？

(9)简述再生沥青混合料技术类型及其适用性。

(10)简述环氧沥青混凝土混合料、浇筑式沥青混凝土混合料的组成材料特点、性能特征和适用性。

4. 案例实训

(1)试根据已知条件设计高速公路沥青路面面层用沥青混合料配合比。

①道路等级：高速公路、重载交通；

路面类型：沥青路面；

结构层位：三层式沥青混凝土的上面层，设计厚度 4.0 cm；

气候条件：7 月份平均最高气温 20 ℃～30 ℃，年极端最低气温＞−7 ℃。

②材料性能：

沥青材料：A 级 70 号沥青。

集料和矿粉的技术指标符合技术要求。

③沥青混合料类型为 AC−13C 型，试件的马歇尔试验结果见表 5-33。

(2)根据道路等级、路面类型和结构层次确定沥青混合料的技术要求。根据沥青混合料的技术要求，确定最佳沥青用量。

表 5-33　沥青混合料马歇尔试验结果

试件组号	沥青用量/%	技术性质					
		毛体积相对密度/(g·cm⁻³)	空隙率 VV/%	矿料间隙率 VMA/%	沥青饱和度 VFA/%	稳定度 MS/kN	流值 (0.1 mm)
1	4.5	2.355	6.1	15.4	60.3	8.1	21
2	5.0	2.374	5.2	14.4	64.5	8.9	25
3	5.5	2.386	4.3	13.8	70.5	9.1	28
4	6.0	2.375	3.5	14.0	75.9	8.2	32
5	6.5	2.366	2.9	14.6	81.2	7.3	36

模块6　无机结合料稳定材料

模块描述

　　本模块介绍无机结合料稳定材料的分类和应用，重点阐述各类稳定材料的强度特征、收缩特性及其影响因素、评价指标和技术标准；讲述各类稳定材料对原材料的技术要求和配合比设计方法。

模块要求

　　学习水泥稳定材料、石灰稳定材料及综合稳定材料的组成材料要求、技术性能要求及其组成设计方法，掌握无机结合料稳定材料性能的检测方法。

学习目标

1. 知识目标

(1)了解无机结合料稳定材料的类型；

(2)掌握水泥稳定材料的组成材料及其技术要求、性能和组成设计方法；

(3)掌握石灰稳定材料的组成材料及其技术要求、性能和组成设计方法；

(4)掌握综合稳定材料的组成材料、技术要求及组成设计方法。

2. 能力目标

(1)能够结合实际工程选择合适的无机结合料稳定材料类型；

(2)能够根据无机结合料稳定材料的已知参数进行简单的组成设计。

3. 素质目标

(1)具有诚实守信、爱岗敬业的职业素养，保证按标准进行无机结合料稳定材料试验；

(2)具有团队合作精神，有集体意识和大局观，能够完成小组分配的任务；

(3)具有开拓进取的创新精神。

⑦ 模块导学

　　无机结合料稳定材料是指在各种土、矿质集料(包括碎石或砾石)、工业废渣中掺入一定数量的无机结合料(如水泥、石灰、粉煤灰等)，并加水拌和得到的混合材料。此类混合材料经摊铺、压实及养生后，具有一定强度、整体性和水稳定性。这类材料的耐磨性差，不适宜用作路面的面层，但可以用作道路路面结构的基层、底基层或垫层。

　　无机结合料稳定材料具有整体性强、承载能力大的特点，其强度和刚度介于水泥混凝土和柔性粒料之间，且强度和刚度有随时间而增长的特征，因此也被称为半刚性材料。该类材料的缺点是耐久性较差、平整度低、容易产生干缩裂缝、起尘等。无机结合料稳定材料被广泛用于铺筑我国高等级道路，并由早期的石灰稳定材料发展至如今大规模使用的水泥稳定碎石、水泥粉煤灰稳定碎石等。

单元 1 无机结合料稳定材料的分类

无机结合料稳定材料可分为水泥稳定材料、石灰稳定材料、综合稳定材料和工业废渣稳定材料。

(1)水泥稳定材料。水泥稳定材料是指以水泥为结合料，通过加水与被稳定材料共同拌和形成的混合料。其包括水泥稳定级配碎石、水泥稳定级配砾石、水泥稳定石屑、水泥稳定土和水泥稳定砂等。水泥稳定材料的组成设计应符合《公路路面基层施工技术细则》(JTG/T F20—2015)的规定。

(2)石灰稳定材料。石灰稳定材料是指以石灰为结合料，通过加水与被稳定材料共同拌和形成的混合料。其包括石灰碎石土、石灰土等。采用石灰土稳定碎石得到的混合料简称为石灰碎石土；采用石灰稳定细粒土(如黏土或粉土)得到的混合料简称为石灰土。

(3)综合稳定材料。综合稳定材料是指以两种以上材料为结合料，通过加水与被稳定材料共同拌和形成的混合料。其包括水泥石灰稳定材料、水泥粉煤灰稳定材料、石灰粉煤灰稳定材料等。当采用水泥石灰综合稳定且水泥质量占结合料总质量不小于 30％时，应按水泥稳定材料的技术要求进行设计，水泥和石灰的比例宜取 60∶40、50∶50 或 40∶60；水泥质量占结合料总质量小于 30％时，应按石灰稳定材料的技术要求进行设计。

(4)工业废渣稳定材料。工业废渣稳定材料是指以水泥或石灰为结合料，以煤渣、钢渣、矿渣等工业废渣为主要被稳定材料，通过加水拌和形成的混合料。其包括水泥粉煤灰稳定钢渣混合料、石灰粉煤灰稳定钢渣混合料等。在这类工业废渣中均含有较多的活性 SiO_2 和活性 Al_2O_3，这些化合物能与 $Ca(OH)_2$ 发生火山灰反应，生成的产物具有一定的水硬性。

根据被稳定材料的公称最大粒径，可分为细粒材料、中粒材料和粗粒材料。细粒材料是指公称最大粒径＜16 mm 的材料；中粒材料是指公称最大粒径≥16 mm 且＜26.5 mm 的材料；粗粒材料是指公称最大粒径≥26.5 mm 的材料。以无机结合料稳定细粒材料得到的稳定材料称为均匀密实型混合料，可用作二级及二级以下公路路面的基层或底基层，不宜用作高速公路和一级公路的基层。

以无机结合料稳定中粒材料或粗粒材料得到的稳定材料，视压实混合料中粗集料颗粒间空隙体积与起填充作用的细集料体积之间的关系，分为悬浮密实型结构、骨架密实型结构和骨架空隙型结构。

①悬浮密实型。悬浮密实型是指压实混合料中细集料体积大于粗集料所形成的空隙体积，即粗集料在压实混合料中处于"悬浮"状态。该类混合料中的粗集料含量一般在 50％左右，压实混合料的抗弯拉性能较好，适用各等级公路的基层和底基层。

②骨架密实型。骨架密实型是指压实混合料中细集料体积"临界"于粗集料所形成的空隙体积，粗集料在压实混合料中有一定的"骨架"作用。该类混合料中的粗集料含量一般在 80％以上，压实混合料的嵌挤强度较高，抗裂性、抗冲刷性较好，宜用于高速公路和一级公路的基层。

③骨架空隙型。骨架空隙型是指压实混合料中细集料体积小于粗集料所形成的空隙体

积，在压实混合料中形成"骨架"的粗集料颗粒之间存在一定的空隙。与骨架密实型稳定材料相比，该类型的混合料具有较高的空隙率，适用有较高路面内部排水要求的基层。

单元2 水泥稳定材料

6.2.1 组成材料及其技术要求

水泥稳定材料的组成设计应根据道路等级、交通荷载等级、结构形式和材料类型等因素确定组成材料的技术要求。

1. 水泥

水泥是水泥稳定材料的重要组成材料，分散于被稳定材料的内部，通过水化反应生成水化硅酸钙等水化产物，将集料颗粒和土粒胶结成整体，因而对强度起决定性作用。基层或底基层稳定材料用的水泥强度不宜太高，选用强度等级为 32.5 或 42.5 的通用水泥即可满足要求。另外，考虑施工延迟时间对强度损失的影响，水泥的初凝时间应大于 3 h，终凝时间应大于 6 h 且小于 10 h。

在水泥稳定材料中掺加缓凝剂或早强剂时，应对混合料进行试验验证。缓凝剂和早强剂的技术要求应符合《公路水泥混凝土路面施工技术细则》(JTG/T F30—2014)的规定。

2. 粗集料

用作被稳定材料的粗集料宜采用各种硬质岩石或砾石加工成的碎石，也可直接采用天然砾石。应选择适当的碎石加工工艺，用于破碎的原石粒径应为破碎后碎石公称最大粒径的 3 倍以上。高速公路基层用碎石，应采用反击破碎的加工工艺。用作级配碎石或砾石的粗集料应采用具有一定级配的硬质石料，且不应含有黏土块、有机物等。

粗集料应符合表 6-1 中 I 类规定，用作级配碎石的粗集料应符合表 6-1 中 II 类的规定。粗集料的规格应符合表 6-2 的规定。

表 6-1 粗集料的技术要求

指标	层位	高速公路和一级公路				二级及二级以下公路	
		极重、特重交通		重、中、轻交通			
		I 类	II 类	I 类	II 类	I 类	II 类
压碎值/%	基层	≤22*	≤22	≤26	≤26	≤35	≤30
	底基层	≤30	≤26	≤30	≤26	≤40	≤35
针片状颗粒含量/%	基层	≤18	≤18	≤22	≤18	—	≤20
	底基层	—	≤20	—	≤20	—	≤20
0.075 mm 以下粉尘含量/%	基层	≤1.2	≤1.2	≤2	≤2	—	—
	底基层	—	—	—	—	—	—
软石含量/%	基层	≤3	≤3	≤5	≤5	—	—
	底基层	—	—	—	—	—	—
* 对花岗岩石料，压碎值可放宽至 25%							

表 6-2　粗集料的规格要求

规格名称	工程粒径/mm	通过下列筛孔/mm 的质量分数/%									公称粒径/mm
		53	37.5	31.5	26.5	19.0	13.2	9.5	4.75	2.36	
G1	20～40	100	90～100	—		0～10	0～5	—			19～37.5
G2	20～30		100	90～100		0～10	0～5				19～31.5
G3	20～25		—	100	90～100	0～10	0～5	—			19～26.5
G4	15～25			100	90～100	—	0～10	0～5			13.2～26.5
G5	15～20			—	100	90～100	0～10	0～5			13.2～19
G6	10～30		100	90～100			0～10	0～5			9.5～31.5
G7	10～25			100	90～100			0～10	0～5		9.5～26.5
G8	10～20				100	90～100		0～10	0～5		9.5～19
G9	10～15					100	90～100	0～10	0～5		9.5～13.2
G10	5～15					100	90～100	40～70	0～10	0～5	4.75～13.2
G11	5～10						100	90～100	0～10	0～5	4.75～9.5

高速公路和一级公路极重、特重交通荷载等级基层的 4.75 mm 以上粗集料应采用单一粒径的规格料。作为高速公路、一级公路底基层和二级及二级以下公路基层、底基层被稳定材料的天然砾石材料宜满足表 6-1 的要求，并应级配稳定、塑性指数不大于 9。

最大粒径是影响水泥稳定材料质量的关键因素之一，最大粒径越大，拌合机、平地机及摊铺机等施工机械越容易损坏，混合料越容易产生离析现象，铺筑层也越难达到较高的平整度要求；反之，集料的最大粒径太小，则整体稳定性差，且增加集料加工过程的能耗。《公路路面基层施工技术细则》(JTG/T F20—2015)规定，级配碎石或砾石用作基层时，高速公路和一级公路公称最大粒径应不大于 26.5 mm，二级及二级以下公路公称最大粒径应不大于 31.5 mm；用作底基层时，公称最大粒径应不大于 37.5 mm。

3. 细集料

用作被稳定材料的细集料应洁净、干燥、无风化、无杂质，并有适当的颗粒级配。高速公路和一级公路用细集料颗粒分析应满足级配要求，塑性指数、有机质含量、硫酸盐含量等指标应满足表 6-3 的规定。

表 6-3　细集料的技术要求

项目	水泥稳定[a]	石灰稳定	石灰粉煤灰综合稳定	水泥粉煤灰综合稳定
塑性指数[b]	≤17	15～20	12～20	—
有机质含量/%	<2	≤10	≤10	<2
硫酸盐含量/%	≤0.25	≤0.8	—	≤0.25
a. 水泥稳定包含水泥石灰综合稳定；				
b. 应测定 0.075 mm 以下材料的塑性指数				

细集料的规格要求应符合表 6-4 的规定。

表 6-4　细集料的规格要求

规格名称	工程粒径 /mm	通过下列筛孔/mm 的质量分数/%								公称粒径 /mm
		9.5	4.75	2.36	1.18	0.6	0.3	0.15	0.075	
XG1	3~5	100	90~100	0~15	0~5	—	—	—	—	2.36~4.75
XG2	0~3	—	100	90~100	—	—	—	—	0~15	0~2.36
XG3	0~5	100	90~100	—	—	—	—	—	0~20	0~4.75

对 0~3 mm 和 0~5 mm 的细集料应分别严格控制大于 2.36 mm 和 4.75 mm 的颗粒含量。对 3~5 mm 的细集料应严格控制小于 2.36 mm 的颗粒含量。高速公路和一级公路，细集料中小于 0.075 mm 的颗粒含量应不大于 15%；二级及二级以下公路，细集料中小于 0.075 mm 的颗粒含量应不大于 20%。

级配碎石或砾石中的细集料可使用细筛余料，或专门轧制的细碎石集料。天然砾石或粗砂作为细集料时，其颗粒尺寸应满足工程需要，且级配稳定，超尺寸颗粒含量超过相关规范或实际工程的规定时应筛除。

4. 水

符合现行《生活饮用水卫生标准》(GB 5749—2022) 的饮用水可直接作为基层、底基层材料拌和与养生用水。拌和使用的非饮用水应进行水质检验，技术要求应符合表 6-5 的规定。

表 6-5　非饮用水技术要求

项目	技术要求
pH 值	≥4.5
Cl^- 含量/(mg·L^{-1})	≤3 500
SO_4^{2-} 含量/(mg·L^{-1})	≤2 700
碱含量/(mg·L^{-1})	≤1 500
可溶物含量/(mg·L^{-1})	≤10 000
不溶物含量/(mg·L^{-1})	≤5 000
其他杂质	不应有漂浮的油脂和泡沫及明显的颜色和异味

养生用水可不检验不溶物含量，其他指标应符合表 6-5 的规定。

6.2.2　水泥稳定材料的性能

在道路工程路面结构中，基层主要承受面层传来的车轮荷载的垂直压力作用，并将其向下面的结构层扩散，同时起到调节和改善路基路面水温状况的作用，并为施工提供稳定而坚实的工作面。为此，用于基层或底基层的稳定类材料应具有足够的强度和稳定性，在冰冻地区应具有一定的抗冻性，同时，应具有较小的收缩、变形及较强的抗冲刷能力。

1. 强度

(1)强度要求。水泥稳定材料的强度指标有无侧限抗压强度、弯拉强度等。前者用于无机结合料稳定材料的配合比设计；后者用于无机结合料稳定类基层结构的疲劳开裂验算。按照《公路路面基层施工技术细则》(JTG/T F20—2015)规定，水泥稳定材料的 7 d 龄期无侧

限抗压强度标准 R_d 应符合表 6-6 中的要求。

表 6-6　水泥稳定材料的 7 d 龄期无侧限抗压强度标准 R_d　　　　　　MPa

结构层	公路等级	极重、特重交通	重交通	中、轻交通
基层	高速公路和一级公路	5.0～7.0	4.0～6.0	3.0～5.0
	二级及二级以下公路	4.0～6.0	3.0～5.0	2.0～4.0
底基层	高速公路和一级公路	3.0～5.0	2.5～4.5	2.0～4.0
	二级及二级以下公路	2.5～4.5	2.0～4.0	1.0～3.0

注：1. 公路等级高或交通荷载等级高或结构安全性要求高时，推荐取上限强度标准。
　　2. 表中强度标准指的是 7 d 龄期无侧限抗压强度的代表值，本节以下各表同

（2）试验方法。《公路工程无机结合料稳定材料试验规程》（JTG
E51—2009）规定，无机结合料稳定材料的无侧限抗压强度试验需要制作
的试件尺寸为径高比为 1∶1 的圆柱形试件：细粒土 ϕ50 mm×50 mm、中
粒土 ϕ100 mm×100 mm、粗粒土 ϕ150 mm×150 mm。为保证试验
结果的可靠性和准确性，每组试件的数目要求为小试件不少于 6 个、
中试件不少于 9 个、大试件不少于 13 个。成型好的试件按照标准养
生方法进行 7 d 的标准养生。

视频：无机结合料
稳定材料无侧限抗
压强度试验

无侧限抗压强度试验采用路面材料强度试验仪或压力机，试验过程的加载速度应为
1 mm/min，记录试件破坏时的最大压力 P，并按下式进行计算：

$$R_c = \frac{P}{A} \tag{6-1}$$

式中　R_c——试件的无侧限抗压强度（MPa）；

　　　P——试件破坏时的最大压力（N）；

　　　A——试件的截面面积（mm^2）。

无侧限抗压强度保留一位小数。同一组试件试验中，采用 3 倍均方差方法剔除异常
值，小试件可以允许有 1 个异常值，中试件 1～2 个异常值，大试件 2～3 个异常值。异常
值数量超过上述规定的试验重做。

同一组试验的变异系数 C_v（%）符合下列规定，方为有效试验：小试件 $C_v \leqslant 6\%$、中试
件 $C_v \leqslant 10\%$、大试件 $C_v \leqslant 15\%$。如不能保证试验结果的变异系数小于规定的值，则应按允
许误差 10% 和 90% 概率重新计算所需的试件数量，增加试件数量并另做新试验。新试验结
果与旧试验结果一并重新进行统计评定，直到变异系数满足上述规定。

无机结合料稳定材料的弯拉强度试验采用三分点加压的方法进
行，如图 6-1 所示。根据混合料粒径的大小，选择不同尺寸的试件：小
梁 50 mm×50 mm×200 mm，适用细粒土；中梁 100 mm×100 mm×
400 mm，适用中粒土；大梁 150 mm×150 mm×550 mm，适用粗粒
土。由于大梁试件的成型难度较大，在试验室不具备成型条件时，中
梁试件的最大公称粒径可放宽到 26.5 mm。

视频：无机结合料稳
定材料弯拉强度试验

弯拉强度试件养生时间视需要而定，水泥稳定材料、水泥粉煤灰稳定材料的养生龄期
应是 90 d，石灰稳定材料和石灰粉煤灰稳定材料的养生龄期应是 180 d。为保证试验结果的

可靠性和准确性，每组试件的试验数目要求为小梁试件不少于 6 根、中梁不少于 12 根、大梁不少于 15 根。

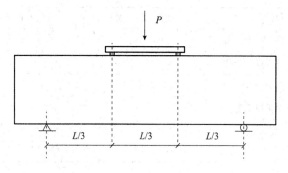

图 6-1　弯拉强度试验示意

加载时，应保持均匀、连续，加载速率为 50 mm/min，直至试件破坏。记录破坏极限荷载 P（N）或测力计读数，并按下式计算弯拉强度：

$$R_s = \frac{PL}{b^2 h} \tag{6-2}$$

式中　R_s——弯拉强度（MPa）；

P——破坏极限荷载（N）；

L——跨距，即两支点间的距离（mm）；

b——试件宽度（mm）；

h——试件高度（mm）。

弯拉强度保留两位小数，试验数据处理方法同无侧限抗压强度试验。

（3）影响强度的因素。

①水泥掺量。随着水泥掺量的增加，水泥稳定材料在不同龄期时的强度均有所提高，其强度增长规律与水泥混凝土相似，早期增长快，后期趋于平缓，如图 6-2 所示。提高水泥的掺量，可提高稳定材料的强度，但是也可能会增加混合料的收缩性，而且会增加成本，不经济。

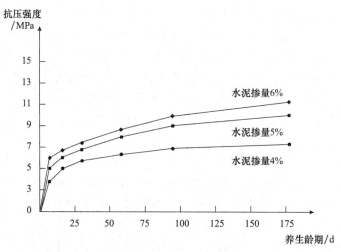

图 6-2　水泥稳定材料抗压强度与水泥掺量的关系

②土的类别。除有机质或硫酸盐含量较高的土外，各种砂类土、砾类土、粉土和黏土均可用水泥稳定，但是稳定效果不尽相同。试验研究表明，水泥稳定粉土质黏土的强度最高，而稳定重黏土的强度最低。因此，水泥被稳定材料中应控制塑性指数较高的黏性土的含量。为了改善水泥在黏性土中的硬化条件，提高稳定效果，可以在被稳定材料中掺加少量添加剂，石灰是水泥土中最常用的添加剂之一。在用水泥稳定之前，先掺入少量石灰，使之与土粒进行离子交换和化学反应，为水泥在土中的水化和硬化创造良好的条件，从而加速水泥的硬化过程。

(4)集料级配。通过改进加工技术，改善集料级配，可以明显增加水泥稳定材料的强度。试验研究和工程实践表明，采用骨架密实型的集料级配可以最大限度地提高水泥稳定碎石的强度，并减少水泥用量。对于级配不良的天然砂砾，要用6%～8%的水泥稳定，才能达到规定的强度。而添加部分细料使混合料达到最佳级配后，只要掺加2%～4%的水泥即可达到规定的强度。在相同的水泥掺量下，水泥稳定最佳级配砂砾的强度比水泥稳定天然砂砾的强度高50%～100%。

在级配组成相同、水泥品种和掺量相同的条件下，采用反击破碎得到的碎石和一般破碎得到的碎石，两种混合料的强度可能会相差20%～30%。

(5)含水率。水泥稳定材料在压实成型时的压实密度与含水率和压实功有关。在压实功一定时，稳定类材料存在着最佳含水率，在此含水率时进行压实，可以获得较为经济的压实效果，即得到最大密实度。压实密度对其强度和抗变形能力影响较大。稳定类材料的最佳含水率取决于压实功、被稳定材料类型及水泥掺量。通常，所施加的压实功越大，被稳定材料中的细料含量越少，最佳含水率越低，最大密实度越高。

(6)养生温度。养生温度直接影响水泥的水化进程，因而，对水泥稳定材料的强度有显著的影响。在相同龄期时，养生温度越高，水泥稳定材料的强度也越高，如图6-3所示。

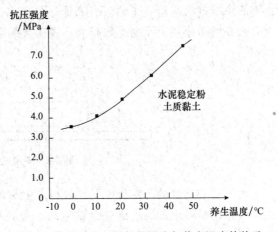

图 6-3　水泥稳定材料抗压强度与养生温度的关系

(7)施工延迟时间。施工延迟时间是指水泥稳定材料施工过程中，从加水拌和开始至碾压结束所经历的时间。一般施工延迟时间越长，水泥稳定砂砾的强度和密度的损失就越大。

施工延迟时间对水泥稳定材料强度的影响取决于水泥品种和土质。在土质不变的情况下，用终凝时间短的水泥时，施工延迟时间对混合料强度损失的影响大。在水泥用量一定的情况下，施工延迟时间为2h时，用黏土或砾质砂等配制的水泥稳定材料强度损失为60%，而用一些原状砂砾或粗石灰石集料等制得的稳定材料的强度损失只有20%左右，水泥稳定中砂的强度甚至没有损失。为此，应根据水泥品种、土质特征来控制水泥稳定材料的施工速度。

2. 收缩

与水泥混凝土相似，水泥稳定材料在形成强度的过程中，也会出现因温度变化而引起温度收缩和因水分变化而引起干缩。当收缩量达到一定程度时，会在结构中出现收缩裂缝基层结构，而上面的沥青面层较薄，在温度变化与车辆荷载的综合作用下，基层结构中裂缝会扩展至面层，形成反射裂缝，导致路面结构的损坏。

在铺筑路面结构层时，水泥稳定材料的温度收缩（简称温缩）一般与干缩同时发生。在修建初期，结构层内部含水率散失较快，以干缩为主，随后干缩速度变慢，但仍会持续发生。而温度收缩在后期则会由于气候的变化而周期性发生。

（1）温度收缩。水泥稳定材料的基本组成是固相、液相和气相，这三相具有不同的热胀冷缩特性。因此，当温度发生变化时，不同热胀冷缩特性的颗粒相互嵌挤胶结，产生内应力，当产生的内应力达到一定程度时，就会造成开裂。

描述材料温度收缩特性的主要指标有温缩应变和温缩系数。温缩应变表征试件在温度降低过程中的变形量；温缩系数表征温缩应变对降温幅度的敏感性。温缩系数越大，表明材料对降温越敏感。

水泥稳定材料的温缩应变随着温度的降低而增大。被稳定材料中塑性土的含量对其温缩系数的影响较大，如水泥稳定细粒土的温缩系数随着温度降低而增大的幅度最大，而水泥稳定集料的温缩系数变化较小。

（2）干缩。水泥稳定材料的干缩是由于混合料自身水分蒸发及混合料内部水化作用发生的毛细作用、分子间吸附作用和碳化收缩作用等，引起混合料体积在一定程度上趋于减小而出现的收缩现象。表征材料干缩特性的主要指标有失水率、干缩应变及干缩系数等。失水率表征试件失水量；干缩应变表征试件失水收缩产生的变形量；干缩系数表征干缩应变对失水率的敏感性。干缩系数越大，表明干缩应变对失水率越敏感。干缩试验装置如图 6-4 所示。

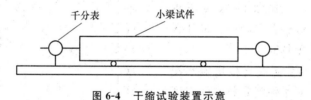

图 6-4　干缩试验装置示意

视频：无机结合料稳定材料干缩试验

水泥稳定材料的干缩程度受到粒料含量及矿物成分、水泥掺量和含水率等因素的影响。水泥被稳定材料中的黏土成分含量越高，土的塑性指数越大，干缩现象越严重。粗颗粒粒料的比表面积小、活性低，与水的相互作用极其微弱，对水泥稳定材料干缩有着一定的抑制作用。水泥稳定细粒土的干缩系数和干缩应变都显著大于水泥稳定砂砾。对于水泥稳定碎石来讲，若被稳定碎石中的粗集料含量较高，则可以有效降低其干缩性。

水泥是决定稳定材料干缩的重要因素，水泥掺量越大，水泥稳定砂砾的干缩系数减小。

水泥稳定材料成型时的含水率对其干缩应变有较大的影响，并且显著大于水泥掺量增加所带来的影响。被稳定材料的塑性指数越大，含水率对混合料干缩性的影响也越大。

需要注意的是，温度收缩或干缩是稳定材料客观存在的现象，可以通过适时的保湿养生来降低和减少干燥收缩裂缝，控制细料含量可以显著减小温度收缩开裂的可能。

3. 抗冲刷性

抗冲刷性通常是指在动水压力的作用下材料抵抗水流冲击所表现的性能，是稳定材料重要的使用性能之一。在半刚性基层沥青路面中，路表水会通过面层的缝隙、边缘等部位向下渗入，若不能及时排出，水分将滞留于基层与面层的结合处。在行车荷载尤其是在重载车辆作用下，这些水分会产生相当大的水压力，对基层表面产生冲刷作用，致使稳定材料中的细料剥落，在基层与面层之间形成细料浆。在行车荷载的重复作用下，细料浆将会不断增多，并逐渐被行车荷载由面层的裂缝中唧出，形成唧泥现象。当面层裂缝是基层的反射裂缝时，由于面层裂缝与基层裂缝相互贯通，路表水将进入基层内部，对基层内部的稳定类材料产生冲刷作用，使唧泥情况变得更加严重。基层一旦受到冲刷，将导致面层与基层之间形成脱空状态，加剧路面的损坏进程。

因此，稳定类基层材料应检验其抗冲刷性能。抗冲刷性常用抗冲刷试验进行评价，如图 6-5 所示。现行规范方法是将标准试件（ϕ150 mm×150 mm）养生至指定龄期（水泥稳定类材料为 28 d，石灰粉煤灰稳定类材料为 90 d），以冲击力峰值 0.5 MPa，冲刷频率为 10 Hz，在冲刷桶中进行冲刷，以 30 min 时的累计冲刷质量或冲刷质量损失表征稳定类材料的抗冲刷性能。

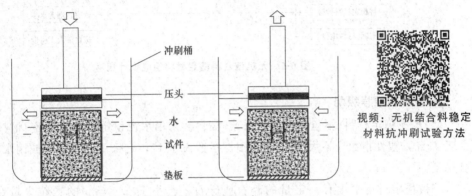

视频：无机结合料稳定材料抗冲刷试验方法

图 6-5　抗冲刷性试验装置示意

试验研究表明，提高水泥掺量，可显著提高混合料的抗冲刷能力。当水泥掺量相同时，骨架密实型结构混合料的抗冲刷性明显高于悬浮密实型结构混合料，水泥稳定细粒土的抗冲刷能力明显小于水泥稳定碎石或砂砾。

水泥稳定碎石具有较高的强度、刚度和稳定性，可适用各交通等级道路的基层和低基层。虽然水泥稳定土、水泥稳定石屑的强度可以满足要求，但其抗冲刷性和抗裂性不足，不适用高速公路、一级公路沥青路面或水泥路面的基层，只能作为底基层。

6.2.3　水泥稳定材料的组成设计

混合料组成设计应按设计要求，选择技术经济合理的混合料类型和配合比，应根据公路等级、交通荷载等级、结构形式、材料类型等因素确定材料技术要求。无机结合料稳定材料组成设计应包括原材料检验、混合料的目标配合比设计、混合料的生产配合比设计和施工参数确定四部分。无机结合料稳定材料组成设计流程如图 6-6 所示。

原材料检验应包括结合料、被稳定材料及其他相关材料的试验。所有检测指标均应满足相关设计标准或技术文件的要求。

目标配合比设计应包括下列技术内容：选择级配范围；确定结合料类型及掺配比例；验证混合料相关的设计及施工技术指标。

生产配合比设计应包括下列技术内容：确定料仓供料比例；确定水泥稳定材料的容许延迟时间；确定水泥掺量的标定曲线；确定混合料的最佳含水率、最大干密度。

施工参数确定应包括下列技术内容：确定施工中结合料的掺量；确定施工合理含水率及最大干密度；验证混合料强度技术指标。在施工过程中，材料品质或规格发生变化、结合料品种发生变化时，应重新进行材料组成设计。

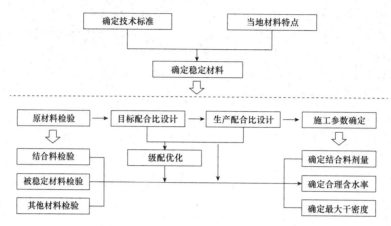

图 6-6　无机结合料稳定材料组成设计流程

1. 混合料推荐级配

(1)水泥稳定材料(不包括级配碎石或砾石)。采用水泥稳定时，被稳定材料的液限应不大于40%，塑性指数应不大于17。若塑性指数大于17，宜采用石灰稳定或用水泥和石灰综合稳定。

当被稳定材料中含有一定量的碎石或砾石，且小于 0.6 mm 的颗粒含量在 30% 以下时，塑性指数可大于 17，且土的均匀系数应大于 5。其级配可采用表 6-7 中推荐的级配范围，并宜符合下列规定：

①用于高速公路和一级公路的底基层时，被稳定材料的公称最大粒径应不大于31.5 mm，级配宜符合表 6-7 中 C-A-1 或 C-A-2 的规定，被稳定材料中不宜含有黏性土或粉性土。

②用于二级公路的基层时，级配宜符合表 6-7 中 C-A-1 的规定，被稳定材料中不宜含有黏性土或粉性土。

③用于二级以下公路的基层时，级配宜符合表 6-7 中 C-A-3 的规定，被稳定材料的公称最大粒径应不大于 37.5 mm。

④用于二级及二级以下公路的底基层时，级配宜符合表 6-7 中 C-A-4 的规定，被稳定材料的公称最大粒径应不大于 37.5 mm。

表 6-7　水泥稳定材料的推荐级配范围 %

筛孔尺寸/mm	高速公路和一级公路的底基层或二级公路的基层	高速公路和一级公路的底基层	二级以下公路的基层	二级及二级以下公路的底基层
	C-A-1	C-A-2	C-A-3	C-A-4
53	—	—	100	100
37.5	100	100	90~100	—
31.5	90~100	—	—	—
26.5	—	—	66~100	—

筛孔尺寸/mm	高速公路和一级公路的底基层或二级公路的基层	高速公路和一级公路的底基层	二级以下公路的基层	二级及二级以下公路的底基层
	C-A-1	C-A-2	C-A-3	C-A-4
19	67～90	—	54～100	—
9.5	45～68	—	39～100	—
4.75	29～50	50～100	28～84	50～100
2.36	18～38	—	20～70	—
1.18	—	—	14～57	—
0.6	8～22	17～100	8～47	17～100
0.075	0～7	0～30	0～30	0～50

采用水泥稳定，被稳定材料为粒径较均匀的砂时，宜在砂中添加适量塑性指数小于10的黏性土、石灰土或粉煤灰，加入比例应通过击实试验确定。添加粉煤灰的比例宜为20%～40%。

(2)水泥稳定级配碎石或砾石。水泥稳定级配碎石或砾石的级配可采用表6-8中推荐的级配范围，并宜符合下列规定：

①用于高速公路和一级公路时，级配宜符合表6-8中C-B-1、C-B-2的规定。混合料密实时也可采用C-B-3级配。C-B-1级配宜用于基层和底基层，C-B-2级配宜用于基层。

②用于二级及二级以下公路时，级配宜符合表6-8中C-C-1、C-C-2、C-C-3的规定。C-C-1级配宜用于基层和底基层，C-C-2和C-C-3级配宜用于基层，C-B-3级配宜用于极重、特重交通荷载等级下的基层。

③被稳定材料的液限宜不大于28%。

④用于高速公路和一级公路时，被稳定材料的塑性指数宜不大于5；用于二级及二级以下公路时，宜不大于7。

表6-8　水泥稳定级配碎石或砾石的推荐级配范围　　　　　　%

筛孔尺寸/mm	高速公路和一级公路			二级及二级以下公路		
	C-B-1	C-B-2	C-B-3	C-C-1	C-C-2	C-C-3
37.5	—	—	—	100	—	—
31.5	—	—	100	100～90	100	—
26.5	100	—	—	94～81	100～90	100
19	86～82	100	68～86	83～67	87～73	100～90
16	79～73	93～88	—	78～61	82～65	92～79
13.2	72～65	86～76	—	73～54	75～58	83～67
9.5	62～53	72～59	38～58	64～45	66～47	71～52
4.75	45～35	45～35	22～32	50～30	50～30	50～30
2.36	31～22	31～22	16～28	36～19	36～19	36～19
1.18	22～13	22～13	—	26～12	26～12	26～12

筛孔尺寸/mm	高速公路和一级公路			二级及二级以下公路		
	C-B-1	C-B-2	C-B-3	C-C-1	C-C-2	C-C-3
0.6	15～8	15～8	8～15	19～8	19～8	19～8
0.3	10～5	10～5	—	14～5	14～5	14～5
0.15	7～3	7～3	—	10～3	10～3	10～3
0.075	5～2	5～2	0～3	7～2	7～2	7～2

2. 目标配合比设计

应根据当地材料的特点，通过原材料性能的试验评定，选择适宜的结合料类型，确定混合料配合比设计的技术标准。

(1)选择试验用水泥掺量。在目标配合比设计中，应选择不少于 5 个水泥掺量，分别确定各掺量条件下混合料的最佳含水率和最大干密度。选取多种不同水泥掺量的稳定材料进行试验，有助于掌握水泥掺量对混合料性能的影响。对于不同工程，由于被稳定材料存在差异，进行这方面试验是有必要的。同时，通过试验也有助于选择实际工程中水泥掺量的合理范围，为下一步生产配合比提供参考依据。

应根据试验确定的最佳含水率、最大干密度及压实度要求成型标准试件，验证不同水泥掺量条件下混合料的技术性能，确定满足设计要求的最佳掺量。水泥稳定材料配合比试验推荐水泥试验掺量可采用表 6-9 中的推荐值。

表 6-9 水泥稳定材料配合比试验推荐水泥试验掺量表

被稳定材料	条件		推荐试验掺量/%
有级配的碎石或砾石	基层	$R_d \geq 5.0$ MPa	5、6、7、8、9
		$R_d < 5.0$ MPa	3、4、5、6、7
土、砂、石屑等		塑性指数＜12	5、7、9、11、13
		塑性指数≥12	8、10、12、14、16
有级配的碎石或砾石	底基层	—	3、4、5、6、7
土、砂、石屑等		塑性指数＜12	4、5、6、7、8
		塑性指数≥12	6、8、10、12、14
碾压贫混凝土	基层	—	7、8.5、10、11.5、13

对水泥稳定材料，水泥的最小掺量应符合表 6-10 的规定。材料组成设计所得水泥掺量少于表中的最小掺量时，应按表 6-10 采用最小掺量。

表 6-10 水泥稳定材料中水泥的最小掺量   ％

被稳定材料类型	拌合方法	
	路拌法	集中厂拌法
中、粗粒材料	4	3
细粒材料	5	4

(2)确定最佳含水率和最大干密度。稳定类材料的最大密度和最佳含水率可以采用"试验法"或"计算法"确定。"试验法"以重型击实试验为基础，也可以采用振动压实方法；"计算法"以"填充理论"为基础，通过计算确定各种组成材料的用量比例。配合比设计时，应分别测定不同水泥掺量条件下混合料的最大干密度和最佳含水率。

(3)混合料性能检验。依据所确定的稳定类材料的最大干密度和最佳含水率，按工地要求的压实度制作试件，验证不同水泥掺量条件下混合料的技术性能，确定满足设计要求的最佳水泥掺量。压实度是指现场实测混合料干密度与室内所得混合料最大干密度的比值，以%计。

根据强度试验结果，按式(6-3)计算混合料的强度代表值 R_d^0。

$$R_d^0 = \overline{R} \cdot (1 - Z_a C_v) \tag{6-3}$$

式中 $\overline{R}$——一组试件的强度平均值(MPa)；

C_v——一组试件的强度变异系数(%)；

Z_a——标准正态分布表中随保证率或置信度 α 而变的系数。高速公路和一级公路应取保证率 95%，即 $Z_a = 1.645$；二级及二级以下公路应取保证率 90%，即 $Z_a = 1.282$。

强度代表值 R_d^0 应不小于强度标准值 R_d。若几组混合料试件的强度代表值 R_d^0 均小于 R_d，则应重新进行配合比设计。

3. 生产配合比设计

根据目标配合比确定的各档材料比例，应对拌合设备进行调试和标定，确定合理的生产参数。

拌合设备的调试和标定应包括料斗称量精度的标定、水泥掺量的标定和拌合设备加水量的控制等内容，并应符合下列规定：

(1)绘制不少于 5 个点的水泥掺量标定曲线。

(2)按各档材料的比例关系，设定相应的称量装置，调整拌合设备各个料仓的进料速度。

(3)按设定好的施工参数进行第一阶段试生产，验证生产级配。不满足要求时，应进一步调整施工参数。

对水泥稳定、水泥粉煤灰稳定材料，应分别进行不同成型时间条件下的混合料强度试验，绘制相应的延迟时间曲线，并根据设计要求确定容许延迟时间。

应在第一阶段试生产试验的基础上进行第二阶段试验。分别按不同水泥掺量和含水率进行混合料试拌，并取样、试验。试验应符合下列规定：

①通过混合料中实际含水率的测定，确定施工过程中水流量计的设定范围。

②通过混合料中实际水泥掺量的测定，确定施工过程中结合料掺加的相关技术参数。

③通过击实试验，确定水泥掺量变化、含水率变化对混合料最大干密度的影响。

④通过抗压强度试验，确定材料的实际强度水平和拌合工艺的变异水平。

4. 生产参数确定

混合料生产参数的确定应包括结合料掺量、含水率和最大干密度等指标，并应符合下列规定：

(1)对水泥稳定材料，工地实际采用的水泥掺量宜比室内试验确定的掺量多 0.5%～

1.0%。采用集中厂拌法施工时宜增加 0.5%，采用路拌法施工时宜增加 1%。

（2）以配合比设计的结果为依据，综合考虑施工过程的气候条件，对水泥稳定材料，含水率可增加 0.5%～1.5%；对其他稳定材料，可增加 1%～2%。

（3）最大干密度应以最终合成级配击实试验的结果为标准。

单元 3 石灰稳定材料

6.3.1 组成材料及其技术要求

石灰技术要求应符合表 6-11 和表 6-12 的规定。

表 6-11 生石灰技术要求

指标	钙质生石灰			镁质生石灰		
	Ⅰ	Ⅱ	Ⅲ	Ⅰ	Ⅱ	Ⅲ
有效氧化钙加氧化镁含量/%	≥85	≥80	≥70	≥80	≥75	≥65
未消化残渣含量/%	≤7	≤11	≤17	≤10	≤14	≤20
钙镁石灰的分类界限，氧化镁含量/%	≤5			>5		

表 6-12 消石灰技术要求

指标		钙质生石灰			镁质生石灰		
		Ⅰ	Ⅱ	Ⅲ	Ⅰ	Ⅱ	Ⅲ
有效氧化钙加氧化镁含量/%		≥65	≥60	≥55	≥60	≥55	≥50
含水率/%		≤4			≤4		
细度	0.60 mm 方孔筛的筛余/%	0	≤1		0	≤1	
	0.15 mm 方孔筛的筛余/%	≤13	≤20	—	≤13	≤20	—
钙镁石灰的分类界限，氧化镁含量/%		≤4			>4		

高速公路和一级公路用石灰应不低于Ⅱ级技术要求，二级公路用石灰应不低于Ⅲ级技术要求，二级以下公路宜不低于Ⅲ级技术要求。高速公路和一级公路的基层，宜采用磨细消石灰。二级以下公路使用等外石灰时，有效氧化钙含量应在 20% 以上，且混合料强度应满足要求。

6.3.2 石灰稳定材料的性能

1. 强度

（1）强度要求。按照《公路路面基层施工技术细则》(JTG/T F20—2015)中的规定，石灰稳定材料的 7 d 龄期无侧限抗压强度标准 R_d 应符合表 6-13 中的要求。

表 6-13　石灰稳定材料的 7 d 龄期无侧限抗压强度标准 R_d　　　　MPa

结构层	高速公路和一级公路	二级及二级以下公路
基层	—	$\geqslant 0.8^a$
底基层	$\geqslant 0.8$	$0.5\sim 0.7^b$

注：石灰土强度达不到本表规定的抗压强度标准时，可添加部分水泥，或改用另一种土。塑性指数过小的土，不宜用石灰稳定，宜改用水泥稳定。

a. 在低塑性材料（塑性指数小于 7）地区，石灰稳定砾石土和碎石土的 7 d 龄期无侧限抗压强度应大于 0.5 MPa（100 g 平衡锥测液限）。

b. 低限用于塑性指数小于 7 的黏性土，且低限值宜仅用于二级以下公路。高限用于塑性指数大于 7 的黏性土

石灰稳定砾石土或碎石土材料，可仅对其中公称最大粒径小于 4.75 mm 的石灰土进行 7 d 龄期无侧限抗压强度验证，且无侧限抗压强度应不小于 0.8 MPa。

(2)影响强度的因素。

①组成材料。石灰颗粒越细小，分散越均匀，则在相同掺量下与土粒的作用越充分，反应进行得越快，稳定效果越好。使用磨细生石灰粉稳定，可利用其在消解时放出的热能，促进石灰与土之间物理化学反应的进行，有利于与土中的黏性矿物发生离子交换及火山灰反应，加速石灰土的硬化。

试验研究表明，不同土质采用石灰进行稳定后的强度，均随着石灰掺量的增加而提高。由于石灰起稳定作用，土的塑性、膨胀性和吸水性降低，因而随着石灰掺量的增加，石灰土的强度和稳定性提高，但超过一定掺量后，强度的增长就不明显了。

石灰的稳定效果与土中的黏土矿物成分及含量有显著关系。一般来说，若黏土矿物化学活性强，比表面积大，当掺入石灰等活性材料后，所形成的离子交换、碳酸化作用、结晶作用和火山灰反应都比较活跃，稳定效果好。因此，石灰土的强度随土中黏土矿物含量的增多、塑性指数的增大而提高。

工程实践表明，塑性指数为 15~20 的黏土，易于粉碎和拌和，便于碾压成型，施工和使用效果都较好。塑性指数更大的重黏土虽然含黏土矿物较多，但由于不易破碎拌和，稳定效果反而不佳。塑性指数小于 12 的黏土则不宜用石灰稳定，最好用水泥来稳定。

②养生条件。石灰稳定材料的强度的形成，经历了一系列复杂的物理化学反应过程，而这些反应需要一定的温度和湿度条件。当养生温度较高时，各种反应的速度加快，有利于石灰稳定材料的强度形成。另外，适宜的湿度可以保障火山灰反应所需的水，但湿度过大会影响石灰中氢氧化钙的结晶硬化，从而影响石灰稳定材料强度的形成。石灰土稳定材料中的火山灰反应，是一个缓慢而漫长的过程，随着龄期的增长稳定土的强度还会继续增长。

2. 收缩

(1)温度胀缩。稳定材料土中的固体矿物组成包括原材料矿物和新生成矿物。一般情况下，各原材料矿物的热胀缩性较小，但其中黏土矿物的胀缩性较大，而新生成矿物如氢氧化钙、氢氧化镁、水化硅酸钙和水化铝酸钙均有着较大的热胀缩性。所以，含粒料的石灰稳定集料比石灰土的温缩系数低得多。另外，随着龄期的增长，各类新生成矿物不断增多，导致石灰稳定材料的温度收缩系数随龄期的增加而有所增加，初期增长速率较快，后期逐渐变慢。

(2)干燥收缩。石灰稳定材料的干燥收缩主要是由于水分的散失而引起的。石灰稳定材料有大量层状结构的晶体或非晶体，如黏土矿物、水化硅酸钙和水化铝酸钙等水化胶凝物，其间夹有大量层间水。随着相对湿度的逐渐下降，层间水在水化胶凝物中迁移或蒸发，致使晶格间距减小，从而引起整体材料的收缩。

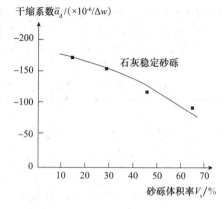

由此可知，含有较多黏土矿物及分散度大、比表面积大的材料干缩较大。当石灰稳定材料中颗粒材料增加时，将降低整体材料的比表面积和需水量，并对水化凝胶物的收缩产生一定的抑制作用，从而可较大幅度降低干燥收缩性。图 6-7 所示为石灰稳定砂砾干缩系数与砂砾体积率之间的关系曲线，随着砂砾含量的增多，石灰稳定砂砾的干缩系数将降低。另外，由于稳定材料结构强度的形成对材料的干缩有一定的制约作用，所以，稳定材料的干缩系数随着龄期的增长而减小，初期下降较快，随后逐渐缓慢。

图 6-7　干缩系数与砂砾含量的关系

6.3.3　石灰稳定材料的组成设计

在石灰稳定材料中，石灰掺量用石灰质量占全部干燥被稳定材料质量的百分率表示。石灰稳定集料的配合比表示为石灰：土：碎石(或砂砾)，均以质量比表示。石灰稳定材料配合比设计的主要内容如下：

(1)选择石灰掺量范围。石灰掺量范围视被稳定材料的种类选择。当采用石灰稳定砂砾土和碎石土时，参考的石灰掺量范围为 3%～7%；当采用石灰稳定塑性指数<12 的黏性土时，参考的石灰掺量范围为 8%～16%；当采用石灰稳定塑性指数>12 的黏性土时，参考的石灰掺量范围为 5%～13%。

(2)确定石灰稳定材料的最佳含水率和最大干密度。采用重型击实试验，确定不同石灰剂量下，石灰稳定材料的最佳含水率和最大干密度。

(3)强度试验。按工地要求的压实度，成型石灰稳定细粒土试件，在标准条件下养生，测试试件 7 d 龄期无侧限抗压强度，计算试件抗压强度代表值。若各组试件的强度代表值 R_d^0 均不能满足不小于强度标准值 R_d 的要求，应添加水泥或改用另一种土。

6.3.4　石灰稳定材料的应用

石灰土中细粒含量多，且含有较多黏土矿物，分散度和比表面积大，其干缩系数及温缩系数都明显大于石灰稳定集料，因而，容易产生严重的收缩裂缝。在寒冷冰冻区，用于潮湿路段的石灰土层中可能产生聚冰现象，从而导致石灰土结构的破坏，强度明显下降。即使在非冰冻地区，经常处于过分潮湿状态的石灰稳定材料也不易形成较高强度。

石灰土的水稳定性明显小于石灰稳定集料。在石灰土的强度没有充分形成时，若路表水侵入石灰土表层数毫米以上，该表层就会被软化，在沥青面层较薄的情况下，即使是几毫米的软化层也会导致沥青路面龟裂破坏。若路表水对石灰土表层产生冲刷作用，所形成的浆体会被滚动的车轮唧出至路表，导致裂缝处沥青层下陷和变形，裂缝两侧将产生新的裂缝。因此，为了路面结构强度和使用质量，石灰材料一般不得用作高等级路面的基层，只能用于高等级路面的底基层，或一般交通量道路路面的基层或底基层。

单元 4　综合稳定材料

6.4.1　石灰粉煤灰稳定材料

在工程应用中，石灰、粉煤灰被简称为二灰，石灰粉煤灰稳定材料常被简称为二灰稳定材料。用石灰粉煤灰稳定各类细粒土得到的混合料，简称为二灰土。用石灰粉煤灰稳定砂砾、碎石、矿渣、煤矸石等得到的混合料，统称为石灰粉煤灰粒料，根据粒料品种的不同，称为石灰粉煤灰稳定碎石或砂砾等。

1. 组成材料技术要求

干排或湿排的硅铝粉煤灰和高钙粉煤灰等均可用作基层或底基层的结合料。粉煤灰技术要求应符合表 6-14 的规定。

表 6-14　粉煤灰技术要求

检测项目	技术要求
SiO_2、Al_2O_3 和 Fe_2O_3 总含量/%	≥70
烧失量/%	≤20
比表面积/$(cm^2 \cdot g^{-1})$	≥2 500
0.3 mm 筛孔通过率/%	≥90
0.075 mm 筛孔通过率/%	≥70
湿粉煤灰含水率/%	≤35

各等级公路的底基层、二级及二级以下公路的基层使用的粉煤灰，通过率指标不满足表 6-14 要求时，应进行混合料强度试验，达到规范相关要求的强度指标时，方可使用。

2. 石灰粉煤灰稳定材料的性能

(1) 强度。按照《公路路面基层施工技术细则》(JTG/T F20—2015) 中的规定，石灰粉煤灰稳定材料的 7 d 龄期无侧限抗压强度标准 R_d 应符合表 6-15 的规定。

表 6-15　石灰粉煤灰稳定材料的 7 d 龄期无侧限抗压强度标准 R_d　　　　MPa

结构层	公路等级	极重、特重交通	重交通	中、轻交通
基层	高速公路和一级公路	≥1.1	≥1.0	≥0.9
	二级及二级以下公路	≥0.9	≥0.8	≥0.7
底基层	高速公路和一级公路	≥0.8	≥0.7	≥0.6
	二级及二级以下公路	≥0.7	≥0.6	≥0.5
注：石灰粉煤灰稳定材料强度不满足本表的要求时，可外加混合料质量 1%~2% 的水泥				

与石灰稳定材料相比，石灰粉煤灰稳定材料强度形成更多地依赖于火山灰反应生成的

水化物。而粉煤灰的活性较低，且难以在水中溶解，导致石灰粉煤灰稳定材料中的火山灰反应进程相当缓慢。因此，石灰粉煤灰稳定材料的强度随龄期的增长速率缓慢，早期强度较低，但到后期仍保持一定的强度增长速率，有着较高的后期强度。石灰粉煤灰稳定材料中粉煤灰的用量越多，初期强度就越低，后期的强度增长幅度也越大。如果需要提高石灰粉煤灰稳定材料的早期强度，可以掺加少量水泥或某些早强剂。

就长期强度而言，骨架密实式石灰粉煤灰稳定粒料与粒料含量小于50％的悬浮密实式石灰粉煤灰稳定粒料相比并无明显差别，但前者的早期强度大于后者，并具有较好的水稳定性。此外，养生温度对石灰粉煤灰稳定材料的抗压强度有着显著的影响。提高养生温度，会促进火山灰反应进程，而当气温低于4℃时，混合料的抗压强度几乎停止增长。

（2）收缩。石灰粉煤灰稳定材料的干缩和温缩机理及其影响因素与石灰稳定材料相同，其收缩程度主要取决于试件含水率、材料组成等。公称最大粒径及最小粒径颗粒的通过率等对石灰粉煤灰稳定材料的收缩性能都有较为重要的影响。粗集料形成骨架，能够抑制收缩开裂，细集料的加入，也会抑制富余稳定材料的收缩。过多的水分容易引起早期收缩开裂，因此，必须严格控制稳定材料中的含水率，通过调整集料、石灰、粉煤灰及水的组成配合比，将石灰粉煤灰稳定材料的收缩量控制在最低。

由于粉煤灰颗粒对混合料的收缩起约束作用，因此当石灰掺量不变时，石灰粉煤灰稳定材料的干缩系数和温缩系数随着粉煤灰用量增加而减少。粉煤灰用量不变时，石灰粉煤灰稳定材料的干缩系数和温缩系数随着石灰掺量增加而增大。

二灰土与石灰土相比，二灰稳定粒料与石灰稳定粒料相比，干缩性和温缩性均有不同程度的降低。按照稳定材料的干缩系数和温缩系数的大小排序为石灰土＞石灰稳定粒料＞二灰土＞二灰稳定粒料。

3. 组成设计

石灰粉煤灰稳定材料比例可采用表6-16中的推荐值。

表6-16　石灰粉煤灰稳定材料推荐比例

材料名称	使用层位	结合料间比例	结合料与被稳定材料间比例
硅铝粉煤灰的石灰粉煤灰类[a]	基层或底基层	石灰：粉煤灰＝1：2～1：9	—
石灰粉煤灰土	基层或底基层	石灰：粉煤灰＝1：2～1：4[b]	石灰粉煤灰：细粒材料＝30：70[c]～10：90
石灰粉煤灰稳定级配碎石或砾石	基层	石灰：粉煤灰＝1：2～1：4	石灰粉煤灰：被稳定材料＝20：80～15：85[d]

a. CaO含量为2％～6％的硅铝粉煤灰。

b. 粉土以1：2为宜。

c. 采用此比例时，石灰与粉煤灰之比宜为1：2～1：3。

d. 石灰粉煤灰与粒之比为15：85～20：80时，在混合料中，粒料形成骨架，石灰粉煤灰起填充孔隙和胶结作用。这种混合料称骨架密实式石灰粉煤灰粒料

石灰粉煤灰稳定材料可采用表6-17中推荐的级配范围，并应符合下列规定：

（1）用于高速公路和一级公路基层时，石灰粉煤灰总质量宜占15％，应不大于20％，被稳定材料公称最大粒径应不大于26.5 mm，级配宜符合表6-17中LF-A-2L和LF-A-2S的规定。

（2）用于高速公路和一级公路底基层时，各档被稳定材料总质量宜不小于80%，级配宜符合表6-17中LF-A-1L和LF-A-1S的规定。对极重、特重交通荷载等级，级配宜符合表6-17中LF-A-2L和LF-A-2S的规定。

（3）用于二级及二级以下公路基层时，被稳定材料的公称最大粒径应不大于31.5 mm，其总质量宜不小于80%，并符合表6-17中LF-B-2L和LF-B-2S的规定。

（4）用于二级及二级以下公路底基层时，各档被稳定材料总质量宜不小于70%，并符合表6-17中LF-B-1L和LF-B-1S的规定。对极重、特重交通荷载等级，级配宜符合表6-17中LF-B-2L和LF-B-2S的规定。

表 6-17　石灰粉煤灰稳定材料的推荐级配范围　　　　　　　　　%

筛孔尺寸/mm	高速公路和一级公路				二级及二级以下公路			
	稳定碎石		稳定砾石		稳定碎石		稳定砾石	
	LF-A-1S	LF-A-2S	LF-A-1L	LF-A-2L	LF-B-1S	LF-B-2S	LF-B-1L	LF-B-2L
37.5	—	—	—	—	100	—	100	—
31.5	100	—	100	—	100～90	100	100～90	100
26.5	95～91	100	96～93	100	94～81	100～90	95～84	100～90
19	85～76	89～82	88～81	91～86	83～67	87～73	87～72	91～77
16	80～69	84～73	84～75	87～79	78～61	82～65	83～67	86～71
13.2	75～62	78～65	79～69	82～72	73～54	75～58	79～62	81～65
9.5	65～51	67～53	71～60	73～62	64～45	66～47	72～54	74～55
4.75	45～35	45～35	55～45	55～45	50～30	50～30	60～40	60～40
2.36	31～22	31～22	39～27	39～27	36～19	36～19	44～24	44～24
1.18	22～13	22～13	28～16	28～16	26～12	26～12	33～15	33～15
0.6	15～8	15～8	20～10	20～10	19～8	19～8	25～9	26～9
0.3	10～5	10～5	14～6	14～6	—	—	—	—
0.15	7～3	7～3	10～3	10～3	—	—	—	—
0.075	5～2	5～2	7～2	7～2	7～2	7～2	10～2	10～2

4. 石灰粉煤灰稳定材料的应用

与石灰稳定材料相比，掺加粉煤灰后稳定材料的最佳含水率增大，最大干密度减小，其强度、刚度及稳定性均有不同程度的提高，抗冻性有较显著的改善，温缩系数也比石灰稳定材料有所减小，可以显著提高路面结构的抗裂性。

二灰土的收缩性小于石灰土，但干缩变形的绝对值仍较大，因而禁止用作高等级道路路面的基层。在高速公路和一级公路上的水泥混凝土面层下，也不应采用二灰土铺筑道路基层结构。悬浮式二灰粒料的干缩性大，容易产生干缩裂缝，其抗冲刷性也明显差于密实式粒料。悬浮式二灰粒料基层上沥青面层的抗裂性能比密实式二灰粒料基层上的要差。

6.4.2　水泥粉煤灰稳定材料

水泥稳定碎石以其良好的路用性已经普遍用于许多道路结构，粉煤灰是一种具有火山灰活性的矿物掺合料，当与水泥等材料拌和均匀，经过充分压实达到一定龄期后具有较高的抗压强度。将粉煤灰掺入水泥稳定级配碎石中，则能够起到节约水泥、改善拌合物的和易性、减少干缩率，提高后期强度、降低模量、提高极限拉伸应变，增强抗渗性、耐久性等功效。

1. 水泥粉煤灰稳定材料的性能

(1)强度。按照《公路路面基层施工技术细则》(JTG/T F20—2015)中的规定，水泥粉煤灰稳定材料的7 d龄期无侧限抗压强度标准 R_d 应符合表6-18的规定。

表6-18　水泥粉煤灰稳定材料的7 d龄期无侧限抗压强度标准 R_d　　MPa

结构层	公路等级	极重、特重交通	重交通	中、轻交通
基层	高速公路和一级公路	4.0～5.0	3.5～4.5	3.0～4.0
	二级及二级以下公路	3.5～4.5	3.0～4.0	2.5～3.5
底基层	高速公路和一级公路	2.5～3.5	2.0～3.0	1.5～2.5
	二级及二级以下公路	2.0～3.0	1.5～2.5	1.0～2.0

水泥粉煤灰稳定材料的强度主要取决于水泥水化硬化、水泥粉煤灰之间的火山灰反应和压实。水泥自身的水化硬化是该类混合料早期强度的来源，而后期强度的增长主要源自水泥粉煤灰之间的火山灰反应，压实是保证混合料强度的必要条件。

粉煤灰的品质(包括细度、需水量比、活性指数等指标)、掺量等会显著影响混合料的强度。试验研究表明，随着粉煤灰细度增大，混合料的强度呈现增大趋势。混合料的强度随着水泥掺量的增加而显著增大。

另外，混合料强度随着集料质量的增加呈现先增大后减小的趋势。随着集料的增加，混合料的嵌挤和锁结作用对混合料强度的贡献增强。但当集料比例过高时，结合料的粘结力降低，致使混合料强度降低。

(2)收缩。粉煤灰的掺入对混合料的干缩应变具有抑制作用。当碎石集料掺量相同时，粉煤灰与水泥的掺量比越大，混合料的干缩应变越小。主要原因是粉煤灰的掺入会降低水泥水化物中水化硅酸钙的钙硅比和集料界面区域 $Ca(OH)_2$ 的生成量，这对减少混合料收缩、抑制开裂有利。随着水泥掺量的增加，混合料的干缩应变增大。

2. 组成设计

水泥粉煤灰稳定材料比例可采用表6-19中的推荐值。

水泥粉煤灰稳定材料可采用表6-20中推荐的级配范围，并应符合下列规定：

(1)用于高速公路和一级公路基层时，水泥粉煤灰总质量宜为12%，应不大于18%，各档被稳定材料总质量宜不小于85%，其公称最大粒径应不大于26.5 mm，级配宜符合表6-20中CF-A-2L和CF-A-2S的规定。

(2)用于高速公路和一级公路底基层时，各档被稳定材料总质量宜不小于80%，级配宜符合表6-20中CF-A-1L和CF-A-1S的规定。对极重、特重交通荷载等级，级配宜符合表6-20中CF-A-2L和CF-A-2S的规定。

(3)用于二级及二级以下公路基层时，被稳定材料的公称最大粒径应不大于31.5 mm，其总质量宜不小于80%，级配宜符合表6-20中CF-B-2L和CF-B-2S的规定。

(4)用于二级及二级以下公路底基层时，各档被稳定材料总质量宜不小于75%，级配宜符合表 6-20 中 CF-B-1L 和 CF-B-1S 的规定。对极重、特重交通荷载等级，级配宜符合表 6-20 中 CF-B-2L 和 CF-B-2S 的规定。

表 6-19　水泥粉煤灰稳定材料推荐比例

材料名称	使用层位	结合料间比例	结合料与被稳定材料间比例
硅铝粉煤灰的水泥粉煤灰类ᵃ	基层或底基层	水泥∶粉煤灰＝1∶3～1∶9	—
水泥粉煤灰土	基层或底基层	水泥∶粉煤灰＝1∶3～1∶5	水泥粉煤灰∶细粒材料＝30∶70ᵇ～10∶90
水泥粉煤灰稳定级配碎石或砾石	基层	水泥∶粉煤灰＝1∶3～1∶5	水泥粉煤灰∶被稳定材料＝20∶80～15∶85ᶜ

注：a. CaO 含量为 2%～6% 的硅铝粉煤灰。
　　b. 采用此比例时，水泥与粉煤灰之比宜为 1∶2～1∶3。
　　c. 水泥粉煤灰与粒料之比为 15∶85～20∶80 时，在混合料中，粒料形成骨架，水泥粉煤灰起填充孔隙和胶结作用

表 6-20　水泥粉煤灰稳定材料的推荐级配范围　　　　　　　　%

筛孔尺寸 /mm	高速公路和一级公路				二级及二级以下公路			
	稳定碎石		稳定砾石		稳定碎石		稳定砾石	
	CF-A-1S	CF-A-2S	CF-A-1L	CF-A-2L	CF-B-1S	CF-B-2S	CF-B-1L	CF-B-2L
37.5	—	—	—	—	100	—	100	—
31.5	100	—	100	—	100～90	100	100～90	100
26.5	95～90	100	95～91	100	93～80	100～90	94～81	100～90
19	84～72	88～79	85～76	89～82	81～64	86～70	83～67	87～73
16	79～65	82～70	80～69	84～73	75～57	79～62	78～61	82～65
13.2	72～57	76～61	75～62	78～65	69～50	72～54	73～54	75～58
9.5	62～47	64～49	65～51	67～53	60～40	62～42	64～45	66～47
4.75	40～30	40～30	45～35	45～35	45～25	45～25	50～30	50～30
2.36	28～19	28～19	33～22	33～22	31～16	31～16	36～19	36～19
1.18	20～12	20～12	24～13	24～13	22～11	22～11	26～12	26～12
0.6	14～8	14～8	18～8	18～8	15～7	15～7	19～8	19～8
0.3	10～5	10～5	13～5	13～5	—	—	—	—
0.15	7～3	7～3	10～3	10～3	—	—	—	—
0.075	5～2	5～2	7～2	7～2	5～2	5～2	7～2	7～2

3. 水泥粉煤灰稳定材料的应用

　　与石灰粉煤灰稳定类材料相比，水泥粉煤灰稳定材料用水泥替换了石灰，由于水泥的活性大，有利于提高基层结构的初期强度。与水泥稳定类材料相比，水泥粉煤灰稳定材料是用粉煤灰替换了部分剂量的水泥，不但降低了造价，而且减小了基层初期收缩。水泥粉煤灰稳定碎石或砾石具有较高的强度、刚度和稳定性，可适用各交通等级道路的基层和底基层。

实训一　无机结合料稳定材料的击实试验

本方法适用在规定的试筒内，对水泥稳定材料(在水泥水化前)、石灰稳定材料及石灰(或水泥)粉煤灰稳定材料进行击实试验，以绘制稳定材料的含水率—干密度关系曲线，从而确定其最佳含水率和最大干密度。试验集料的公称最大粒径宜控制在37.5 mm以内(方孔筛)。本试验方法分为三类，各类击实方法的主要参数列于表6-21。

表6-21　击实试验方法类别表

类别	锤的质量/kg	锤击面直径/cm	落高/cm	试筒尺寸			锤击层数	每层锤击次数	平均单位击实功/J	容许最大公称粒径/mm
				内径/cm	高/cm	容积/cm³				
甲	4.5	5.0	45	10.0	12.7	997	5	27	2.687	19.0
乙	4.5	5.0	45	15.2	12.0	2 177	5	59	2.687	19.0
丙	4.5	5.0	45	15.2	12.0	2 177	3	98	2.677	37.5

(1)仪器设备。

①电动击实仪：如图6-8所示；

②击实筒：钢制圆柱形筒，配有钢护筒、底板和垫块；

③脱模器：用于脱模；

④方孔筛：孔径53 mm、37.5 mm、26.5 mm、19 mm、4.75 mm、2.36 mm的筛各1个；

⑤电子天平：称量4 000 g，感量0.01 g和称量15 kg，感量0.1 g的各一台；

⑥其他：量筒、直刮刀、刮土刀、工字形刮平尺、拌合工具等。

(2)试验准备。

①将具有代表性的风干试料(必要时，也可以在50 ℃烘箱内烘干)用木锤捣碎或用木碾碾碎。土团均应破碎到能通过4.75 mm的筛孔。但应注意不使粒料的单个颗粒破碎或不使其破碎程度超过施工中拌合机械的破碎率。

图6-8　电动击实仪

②如试料是细粒土，将已破碎的具有代表性的土过4.75 mm筛备用(用甲法或乙法做试验)。

③如试料中含有粒径大于4.75 mm的颗粒，则先将试料过19 mm筛；如存留在19 mm筛上的颗粒的含量不超过10%，则过26.5 mm筛，留作备用(用甲法或乙法做试验)。

④如试料中粒径大于19 mm的颗粒含量超过10%，则将试料过37.5 mm筛；如存留在37.5 mm筛上的颗粒的含量不超过10%，则过53 mm的筛备用(用丙法试验)。

⑤每次筛分后，均应记录超尺寸颗粒的百分率P。

⑥在预定做击实试验的前一天，取有代表性的试料测定其风干含水率。对于细粒土，试样应不少于100 g；对于中粒土，试样应不少于1 000 g；对于粗粒土的各种集料，试样应不少于2 000 g。

⑦在试验前用游标卡尺准确测量试模的内径、高和垫块的厚度，以计算试筒的容积。

(3)试验步骤。

①甲法。

a. 将已筛分的试样用四分法逐次分小，至最后取出 10～15 kg 试料。再用四分法将已取出的试料分成 5～6 份，每份试料的干质量为 2.0 g(对于细粒土)或 2.5 kg(对于各种中粒土)。

b. 预定 5～6 个不同含水率，依次相差 0.5%～1.5%(对于中、粗粒土，在最佳含水率附近取 0.5%，其余取 1%。对于细粒土，取 1%，但对于黏土，特别是重黏土，可能需要取 2%)，且其中至少有两个大于和两个小于最佳含水率的含水率值。

c. 按预定含水率制备试样。将 1 份试料平铺于金属盘内，将事先计算得到的该份试料中应加的水量均匀地喷洒在试料上，用小铲将试料充分拌和到均匀状态(如为石灰稳定材料，石灰粉煤灰综合稳定材料，水泥粉煤灰综合稳定材料和水泥、石灰综合稳定材料，可将石灰、粉煤灰和试料一起拌匀)，然后装入密闭容器或塑料口袋浸润备用。

浸润时间要求：黏质土 12～24 h，粉质土 6～8 h，砂类土、砂砾土、红土砂砾、级配砂砾等可以缩短到 4 h 左右，含土很少的未筛分碎石、砂砾和砂可缩短到 2 h。浸润时间一般不超过 24 h。

应加水量可按下式计算：

$$m_w = \left(\frac{m_n}{1+0.01w_n} + \frac{m_c}{1+0.01w_c} \right) \times 0.01w - \frac{m_n}{1+0.01w_n} \times 0.01w_n - \frac{m_c}{1+0.01w_c} \times 0.01w_c$$

$$(6\text{-}4)$$

式中　　m_w——混合料中应加的水量(g)；

m_n——混合料中素土(或集料)的质量(g)，其原始含水率为 w_n，即风干含水率(%)；

m_c——混合料中水泥或石灰的质量(g)，其原始含水率为 w_c(%)；

w——要求达到的混合料的含水率(%)。

d. 将所需要的稳定剂水泥加到浸润后的试样中，并用小铲、泥刀或其他工具充分拌和到均匀状态。水泥应在土样击实前逐个加入。加有水泥的试样拌和后，应在 1 h 内完成下述击实试验。拌和后超过 1 h 的试样，应予作废(石灰稳定材料和石灰粉煤灰稳定材料除外)。

e. 试筒套环与击实底板应紧密联结。将击实筒放在坚实地面上，用四分法取制备好的试样 400～500 g(其量应使击实后的试样等于或略高于筒高的 1/5)倒入筒内，整平其表面并稍加压紧，然后将其安装到多功能自控电动击实仪上，设定所需锤击次数，进行第 1 层试样的击实。第 1 层击实完后，检查该层高度是否合适，以便调整以后几层的试样用量。用刮土刀或螺钉旋具将已击实层的表面"拉毛"，然后重复上述做法，进行其余 4 层试样的击实。最后一层试样击实后，试样超出筒顶的高度不得大于 6 mm，超出高度过大的试件应该作废。

f. 用刮土刀沿套环内壁削挖(使试样与套环脱离)后，扭动并取下套环。齐筒顶细心刮平试样，并拆除底板。如试样底面略凸出筒外或有孔洞，则应细心刮平或修补。最后用工字形刮平尺齐筒顶和筒底将试样刮平。擦净试筒的外壁，称其质量 m_1。

g. 用脱模器推出筒内试样。试样内部从上至下取两个有代表性的样品(可将脱出试件用锤打碎后，用四分法采取)，测定其含水率，计算至 0.1%。两个试样的含水率的差值不得大于 1%。所取样品的数量见表 6-22(如只取一个样品测定含水率，则样品的质量应为表列数值的两倍)。将试筒擦干净，称其质量 m_2。

表 6-22　测稳定材料含水率的样品质量

公称最大粒径/mm	样品质量/g
2.36	约 50
19	约 300
37.5	约 1 000

烘箱的温度应事先调整到 110 ℃左右，以使放入的试样能立即在 105 ℃～110 ℃的温度下烘干。

h. 重复上述步骤进行其余含水率下稳定材料的击实和测定工作。凡已用过的试样，一律不再重复使用。

②乙法。在缺乏内径 10 cm 的试筒时，以及在需要与承载比等试验结合起来进行时，采用乙法进行击实试验。本方法更适宜公称最大粒径达 19 mm 的集料。

a. 将已过筛的试料用四分法逐次分小，至最后取出约 30 kg 试料。再用四分法将所取的试料分成 5～6 份，每份试料的干质量约为 4.4 kg(细粒土)或 5.5 kg(中粒土)。

b. 以下各步的做法与甲法步骤相同，但应该先将垫块放入筒内底板上，然后加料并击实。所不同的是，每层需取制备好的试样约 900 g(对于水泥或石灰稳定细粒土)或 1 100 g(对于稳定中粒土)，每层的锤击次数为 59 次。

③丙法。

a. 将已过筛的试料用四分法逐次分小，至最后取约 33 kg 试料。再用四分法将所取的试料分成 6 份(至少要 5 份)，每份质量约 5.5 kg(风干质量)。

b. 预定 5～6 个不同含水率，依次相差 0.5%～1.5%。在估计最佳含水率左右可只差 0.5%～1%。对于水泥稳定类材料，在最佳含水率附近取 0.5%；对于石灰、二灰稳定类材料，根据具体情况在最佳含水率附近取 1%。

c. 同甲法步骤 c。

d. 同甲法步骤 d。

e. 将试筒、套环与夯击底板紧密地连接在一起，并将垫块放在筒内底板上。击实筒应放在坚实地面上，取制备好的试样 1.8 kg 左右[其量应使击实后的试样略高于(高出 1～2 mm)筒高的 1/3]倒入筒内，整平其表面，并稍加压紧。然后将其安装到多功能自控电动击实仪上，设定所需锤击次数，进行第 1 层试样的击实。第 1 层击实完成后检查该层的高度是否合适，以便调整以后两层的试样用量。用刮土刀或螺钉旋具将已击实的表面"拉毛"，然后重复上述做法，进行其余两试样的击实。最后一层试样击实后，试样超出试筒顶的高度不得大于 6 mm。超出高度过大的试件应该作废。

f. 用刮土刀沿套环内壁削挖(使试样与套环脱离)，扭动并取下套环。齐筒顶细心刮平试样，并拆除底板，取走垫块。擦净试筒的外壁，称其质量 m_1。

g. 用脱模器推出筒内试样。从试样内部由上至下取两个有代表性的样品(可将脱出试件用锤打碎后，用四分法采取)，测定其含水率，计算至 0.1%。两个试样的含水率的差值不得大于 1%。所取样品的数量应不少于 700 g，如只取一个样品测定含水率，则样品的数量应不少于 1 400 g。烘箱的温度应事先调整到 110 ℃左右，以使放入的试样能立即在 105 ℃～110 ℃的温度下烘干。将试筒擦干净，称其质量 m_2。

h. 重复上述步骤进行其余含水率下稳定材料的击实和测定。凡已用过的试料，一律不再重复使用。

(4)结果计算。

①稳定材料湿密度计算。按式(6-5)计算每次击实后稳定材料的湿密度：

$$\rho_w = \frac{m_1 - m_2}{V} \tag{6-5}$$

式中　ρ_w——稳定材料的湿密度(g/cm³)；

　　　m_1——击实筒和湿试样的总质量(g)；

　　　m_2——击实筒质量(g)；

　　　V——击实筒容积(cm³)。

②按下列公式计算击实后稳定材料的干密度：

$$\rho_d = \frac{\rho_w}{1 + 0.01w} \tag{6-6}$$

式中　ρ_d——试样的干密度(g/cm³)；

　　　w——试样的含水率(%)。

③以干密度为纵坐标，含水率为横坐标，绘制干密度与含水率的关系曲线，如图 6-9 所示。曲线上峰值点的纵横坐标分别表示该击实试样的最大干密度和最佳含水率。若曲线不能绘出正确的峰值点，应进行补点。

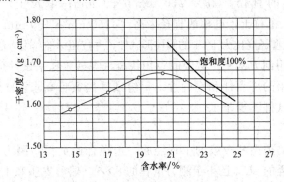

图 6-9　干密度—含水率关系曲线

④当试样中超粒径颗粒质量占总质量的 5%～30% 时，其最大干密度和最佳含水率应按下列公式进行校正：

a. 校正后试样的最大干密度：

$$\rho'_{dm} = \rho_{dm}(1 - 0.01\rho) + 0.9 \times 0.01\rho G'_a \tag{6-7}$$

式中　ρ'_{dm}——校正后试样的最大干密度(g/cm³)；

　　　ρ_{dm}——试验所得的最大干密度(g/cm³)；

　　　p——试样中超尺寸颗粒的质量百分率(%)；

　　　G'_a——超尺寸颗粒的毛体积相对密度。

b. 校正后试样的最佳含水率(精确至 0.01%)：

$$w'_0 = w_0(1 - 0.1p) + 0.01pw_a \tag{6-8}$$

式中　w'_0——校正后试样的最佳含水率(%)；

　　　w_0——试验所得的最佳含水率(%)；

　　　p——试样中超尺寸颗粒的质量百分率(%)；

　　　w_a——超尺寸颗粒的吸水率(%)。

⑤应做两次平行试验,取两次试验的平均值作为最大干密度和最佳含水率。两次重复性试验最大干密度的差不应超过 0.05 g/cm³(稳定细粒土)和 0.08 g/cm³(稳定中粒土和粗粒土),最佳含水率的差不应超过 0.5%(最佳含水率小于 10%)和 1.0%(最佳含水率大于 10%)。超过上述规定值,应重做试验,直到满足精度要求。混合料密度计算应保留小数点后 3 位有效数字,含水率应保留小数点后 1 位有效数字。

实训二　无机结合料稳定材料无侧限抗压强度试验

本方法适用测定无机结合料稳定材料(包括稳定细粒土、中粒土和粗粒土)试件的无侧限抗压强度。

(1)仪器设备。

①水槽:深度应大于试件高度 50 mm;

②压力机或万能试验机(也可用路面强度试验仪和测力计);

③电子天平:量程 15 kg,感量 0.1 g;量程 4 000 g;感量 0.01 g;

④其他:量筒、拌合工具、大小铝盒、烘箱等。

(2)试件制备和养护。

①细粒土,试模的直径×高=φ50 mm×50 mm;中粒土,试模的直径×高=φ100 mm×100 mm;粗粒土,试模的直径×高=φ150 mm×150 mm。

②按照规定方法成型径高比为 1:1 的圆柱形试件,并按照标准养生方法进行 7 d 的标准养生。

③将试件两顶面用刮刀刮平,必要时可用快凝水泥砂浆抹平试件顶面。

④为保证试验结果的可靠性和准确性,每组试件的数目要求:小试件不少于 6 个;中试件不少于 9 个;大试件不少于 13 个。

(3)试验步骤。

①根据试验材料的类型和一般的工程经验,选择合适量程的测力计和压力机,试件破坏荷载应大于测力量程的 20% 且小于测力量程的 80%。球形支座和上下顶板涂上机油,使球形支座能够灵活转动。

②将已浸水一昼夜的试件从水中取出,用软布吸去试件表面的水分,并称试件的质量 m_4。

③用游标卡尺测量试件的高度 h,精确至 0.1 mm。

④将试件放在路面材料强度试验仪或压力机上,并在升降台上先放一扁球座,进行抗压试验。在试验过程中,应保持加载速率为 1 mm/min。记录试件破坏时的最大压力 P(N)。

⑤从试件内部取有代表性的样品(经过打破),测定其含水率 w。

(4)结果计算。

①试件的无侧限抗压强度按下式计算:

$$R_c = \frac{P}{A} \tag{6-9}$$

式中　R_c——试件的无侧限抗压强度(MPa);

　　　P——试件破坏时的最大压力(N);

　　　A——试件的截面面积(mm²)。

②抗压强度保留 1 位小数。

③同一组试件试验中,采用 3 倍均方差方法剔除异常值,小试件可以允许有 1 个异常值,中试件 1～2 个异常值,大试件 2～3 个异常值。异常值数量超过上述规定的试验重做。

④同一组试验的变异系数 C_v(％)符合下列规定，方为有效试验：小试件 $C_v\leqslant6％$；中试件 $C_v\leqslant10％$；大试件 $C_v\leqslant15％$。如不能保证试验结果的变异系数小于规定的值，则应按允许误差10％和90％概率重新计算所需的试件数量，增加试件数量并另做新试验。新试验结果与旧试验结果一并重新进行统计评定，直到变异系数满足上述规定。

▶ 模块测评和成果检测

1. 知识测评

确定本模块关键词，按重要程度进行关键词排序并举例解读。学生根据自己对本模块重要信息捕捉、排序、表达、创新和划分权重能力进行自评，满分100分（表6-23）。

表6-23　无机结合料稳定材料知识测评表

序号	关键词	举例解读	评分
1			
2			
3			
4			
5			
总分			

2. 能力测评

对表6-24所列作业内容，操作规范即得分，操作错误或未操作即零分。

表6-24　无机结合料稳定材料能力测评表

序号	技能点	配分	得分
1	描述无机结合料稳定材料的主要类型	10	
2	进行水泥稳定材料的组成设计	30	
3	进行石灰稳定材料的组成设计	20	
4	进行石灰粉煤灰稳定材料的组成设计	20	
5	进行水泥粉煤灰稳定材料的组成设计	20	
总分		100	

3. 素质测评

对表6-25所列素养点，做到即得分，未做到即零分。

表6-25　无机结合料稳定材料素质测评表

序号	素养点	配分	得分
1	能够查阅相关标准、规范，并分享	20	
2	能够帮助小组其他成员，共同完成任务	20	
3	职业素养，按国标完成试验操作	20	
4	环保意识，剩余试样按要求处理	20	
5	试验过程真实记录原始数据	20	
总分		100	

4. 学习成果

考核内容及评价标准见表 6-26。

表 6-26　考核内容及评分标准

序号	评分项	得分条件	评分标准	配分	扣分
1	安全意识/态度	□1. 能进行自身安全防护 □2. 能进行仪器设备安全检查 □3. 能进行工具安全检查 □4. 能进行仪器工具清洁存放操作 □5. 能进行合理的时间控制	未完成 1 项 扣 2 分，扣分 不得超过 10 分	10	
2	专业技术能力	□1. 能正确划分无机结合料稳定材料的类型 □2. 能正确检测无机结合料稳定材料的性能 □3. 能正确进行水泥稳定材料的组成设计 □4. 能正确进行石灰稳定材料的组成设计 □5. 能正确进行综合稳定材料的组成设计	未完成 1 项 扣 8 分，扣分 不得超过 40 分	40	
3	工具设备使用能力	□1. 能正确选用称量工具 □2. 能正确使用无机结合料稳定材料试件制作工具 □3. 能正确使用无机结合料稳定材料检测仪器 □4. 能正确使用专用仪器 □5. 能熟练使用办公软件	未完成 1 项 扣 4 分，扣分 不得超过 20 分	20	
4	资料信息查询能力	□1. 能在规定时间内查询所需资料 □2. 能正确查询无机结合料稳定材料所依据的标准 □3. 能正确利用网络查询相关文献	未完成 1 项 扣 5 分，扣分 不得超过 15 分	15	
5	数据判读分析能力	□1. 能正确读取数据 □2. 能正确记录试验过程中数据 □3. 能正确进行数据计算 □4. 能正确进行数据分析 □5. 能根据数据完成取样单	未完成 1 项 扣 2 分，扣分 不得超过 10 分	10	
6	方案制定与报告撰写能力	□1. 字迹清晰 □2. 语句通顺 □3. 无错别字 □4. 无涂改 □5. 无抄袭	未完成 1 项 扣 1 分，扣分 不得超过 5 分	5	
合计				100	

模块小结

无机结合料稳定材料是指在各种土、矿质集料(包括碎石或砾石)、工业废渣中,掺入一定数量的无机结合料(如水泥、石灰、粉煤灰等),并加水拌和得到的混合材料。它广泛应用于各种道路路面的基层、底基层或垫层。该类稳定材料常被称为半刚性基层材料。

常用的稳定材料类型有水泥稳定材料、石灰稳定材料、石灰粉煤灰稳定材料和水泥粉煤灰稳定材料。被稳定材料可以是各类集料(碎石、砾石、砂或工业废渣),也可以是各类土,或者是集料与土的混合料。

稳定类材料的主要技术要求包括强度、收缩、抗裂性及抗冲刷性。稳定材料的技术性能取决于结合料品种与剂量、被稳定材料类型、含水率、成型条件、养生温度与龄期等。

稳定类材料的组成设计内容包括选择并确定结合料与被稳定材料、进行混合料配合比设计。配合比设计步骤为选择被稳定材料设计级配范围、确定无机结合料剂量、确定稳定材料的最佳含水率和最大干密度。

课后思考与实训
---

1. 选择题

(1)无机结合料稳定材料无侧限抗压强度试验中,对试件施压速度是( )mm/min。

A. 50　　　　　　B. 10　　　　　　C. 1　　　　　　D. 0.5

(2)无机结合料稳定材料无侧限抗压试件在养护期间,试件水分损失不应超过( )g。

A. 4　　　　　　B. 3　　　　　　C. 2　　　　　　D. 1

(3)二灰碎石无侧限抗压试件高与直径相同,尺寸为( )mm。

A. 175　　　　　B. 150　　　　　C. 100　　　　　D. 125

(4)水泥稳定碎石采用集中厂拌法施工时,实际采用的水泥剂量可以比设计时确定的剂量( )。

A. 增加5%　　　B. 减小5%　　　C. 增加1%　　　D. 减小1%

2. 简答题

(1)无机结合料稳定材料有哪些类型?

(2)简述水泥稳定材料影响其强度的主要因素。

(3)简述水泥稳定材料与水泥混凝土在组成材料、技术性质等方面的不同。

(4)简述水泥稳定材料混合料对其组成材料的技术要求。

(5)粉煤灰剂量和品质对二灰稳定土的技术性能有何影响?

(6)在稳定材料中集料的公称最大粒径对其技术性质和施工性质有何影响?

(7)石灰稳定土为什么不宜用作高等级道路的基层?

(8)对稳定材料进行重型击实试验的目的是什么?

3. 实训案例

某工程对水泥稳定类材料的无侧限抗压强度进行检测,请描述该试验过程。

模块 7　建筑钢材

本模块介绍钢材的冶炼与分类，建筑钢材的抗拉性能、冲击韧性、耐疲劳性和冷弯性能，建筑钢材在道路桥梁工程中的应用与技术要求，以及钢材的腐蚀与防止措施。

学习建筑钢材基本知识，钢材的力学性能和工艺性能；掌握低碳钢拉伸试验的方法、步骤及数据计算；学习钢材的牌号表示方法。

1. 知识目标

(1)了解钢材的冶炼工艺，掌握钢材的不同分类方式；

(2)掌握钢材的拉伸试验方法及重要参数的确定方法；

(3)掌握建筑钢材的冲击韧性、耐疲劳性和冷弯性能；

(4)掌握不同型号建筑钢材牌号的表示方法；

(5)掌握建筑钢材的腐蚀与防止措施。

2. 能力目标

(1)能够利用万能材料试验机进行钢材的拉伸试验，测定参数并计算；

(2)能够结合工程实际合理地选用钢材。

3. 素质目标

(1)具有良好的职业素养，恪守材料检测行业的职业道德；

(2)具有查阅建筑钢材技术标准和规范的能力，规范建筑钢材性能检测步骤。

建筑钢材是指用于建筑结构中的钢结构和钢筋混凝土结构的钢材，主要有型钢(图7-1)、钢板、钢管(图7-2)和各种钢筋、钢丝(图7-3)、钢绞线(图7-4)等。

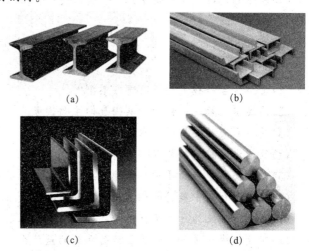

图 7-1　型钢

(a)工字钢；(b)槽钢；(c)角钢；(d)圆钢

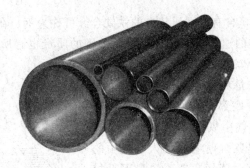

图 7-2　钢管

图 7-3　钢丝

图 7-4　钢绞线

　　钢材材质均匀、性能可靠、强度高，而结构自重轻、具有良好的塑性、韧性，既可焊接又可铆接，便于装配，易于拆卸。其适用重型工业厂房、大跨度结构、可装配移动的结构及高耸结构和高层建筑。其缺点是易锈蚀、需经常进行维护，维护费用高，耐火性差。

单元 1　钢材的冶炼与分类

　　所谓钢铁材料，实际上生产的时候是先炼铁，再炼钢。铁元素在地壳中占 4.7%，通常以化合物的形式存在于铁矿石中，铁矿石主要有赤铁矿（Fe_2O_3）、磁铁矿（Fe_3O_4）等。铁的主要成分是铁和碳元素，含碳量为 $2.11\% \sim 6.69\%$；含碳量在 2.11% 以下的铁碳合金称为钢。

7.1.1　钢的冶炼

　　(1)炼铁。炼铁是将铁矿石、焦炭(燃料)、石灰石(熔剂)和少量锰矿石按一定比例装入高炉，在高温条件下，焦炭中的碳与铁矿石中的铁化合物发生还原反应生产出生铁的过程。生铁性能硬而脆、强度低、塑性和韧性差，无法进行焊接、锻造、轧制等加工。所以不直接应用，一般可用来生产铸铁和作为钢材的原料。

视频：钢的冶炼

　　(2)炼钢。钢是以铁水或生铁为主要原料，经冶炼、铸锭、轧制和热处理等工艺生产而成。通过高温氧化作用除去碳及部分杂质，从而提高钢材质量，改善性能。含碳量在 2% 以下，含有害杂质较少的铁碳合金可称为钢。在炼钢的过程中，采用的炼钢方法不同，除去杂质的速度就不同，所得到的钢的质量也有所不同。目前，炼钢方法主要有转炉炼钢法和电炉炼钢法。

①转炉炼钢法。转炉炼钢法以熔融的铁水为原料，不需要燃料，由转炉底部或侧面吹入高压热空气，使铁水中的杂质在空气中氧化，从而除去杂质。空气转炉炼钢法的缺点是吹炼时容易混入空气中的氮、氢等杂质，同时熔炼时间短，杂质含量不易控制，国内已不采用。采用以纯氧气代替空气吹入炉内的纯氧气顶吹转炉炼钢法(图 7-5)，克服了空气转炉法的一些缺点，能有效地去除磷、硫等杂质，使钢的质量明显提高，且成本较低。

②电炉炼钢法。电炉炼钢法是以电为能源迅速加热生铁或废钢原料。该方法熔炼温度高、温度可自由调节，容易消除杂质，因此，炼得的钢质量好，但成本高。其包括电弧炉炼钢法和感应电炉炼钢法，主要用来冶炼优质碳素钢及特殊合金钢。

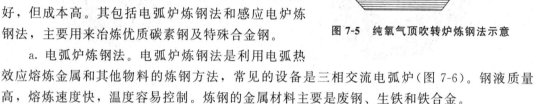

图 7-5　纯氧气顶吹转炉炼钢法示意

a. 电弧炉炼钢法。电弧炉炼钢法是利用电弧热效应熔炼金属和其他物料的炼钢方法，常见的设备是三相交流电弧炉(图 7-6)。钢液质量高，熔炼速度快，温度容易控制。炼钢的金属材料主要是废钢、生铁和铁合金。

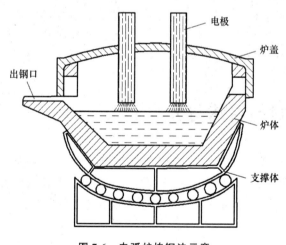

图 7-6　电弧炉炼钢法示意

b. 感应电炉炼钢。感应电炉炼钢(图 7-7)是利用感应线圈中交流电的感应作用，使坩埚内的金属炉料产生感应电流，而发出热量，使炉料熔化的。感应电炉的优点是加热速度快，热量散失小。

(3)钢的铸锭。铸锭是将熔化的金属倒入永久的或可以重复使用的铸模中制造出来的。凝固之后，这些锭被进一步机械加工成多种新的形状。

在炼钢过程中，为保证杂质的氧化，须提供足够的氧，因此，在已炼成的钢液中尚留有一定量的氧，如氧的含量超出 0.05%，会严重降低钢的机械性能。为减少氧对钢材性能的影响，铸锭前需在钢水中加入脱氧剂。常用脱氧剂有锰铁、硅铁，以及高效的铝脱氧剂。根据脱氧程度不同，钢材分为沸腾钢(F)、镇静钢(Z)和特殊镇静钢(TZ)。

①沸腾钢是指加入的还原剂较弱，脱氧不够彻底，钢中含氧量较高，浇铸后钢液在冷却和凝固的过程中氧化铁与碳发生化学反应，生成 CO 气体外逸，气泡从钢液中冒出呈沸腾状，故称沸腾钢。因仍有不少气泡残留在钢中，钢的材质较差。沸腾钢中碳和有害杂质(磷、硫等)的偏析较严重，钢的致密程度较差，因此，沸腾钢的冲击韧性和可焊性差，尤

其是低温冲击韧性更差，但钢锭收缩孔减少，成品率较高，成本低。质量和性能能满足一般工程的要求，所以，在建筑工程中仍能得到广泛应用。

②镇静钢是指加入的还原剂较强，脱氧较彻底，没有气泡逸出，化学成分分布均匀，性能稳定，塑性和韧性好，具有良好的可焊性，但成本高。

③特殊镇静钢是比镇静钢脱氧程度更充分的钢，特殊镇静钢的质量优良适用特别重要的结构工程中。

钢水铸锭后用来轧制各种型材，轧制方法有冷轧和热轧两种。建筑钢材主要经热轧而成。热轧能提高钢材的质量。通过热轧能够消除钢材中的气泡，细化晶粒。但轧制次数、停轧温度对钢材性能有一定影响。如轧制次数少，停轧温度高，则钢材强度稍低。

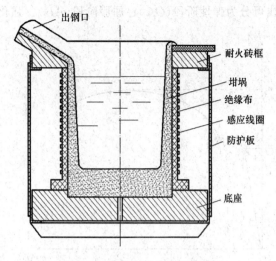

图 7-7　感应电炉炼钢法示意

（出钢口　耐火砖框　坩埚　绝缘布　感应线圈　防护板　底座）

7.1.2　钢材的分类

根据不同的需要，常用的钢材分类方法有以下几种：

（1）钢按化学成分分为非合金钢（碳素钢）、低合金钢、合金钢三大类。

（2）按含碳量不同分为低碳钢（$w_c < 0.25\%$）、中碳钢（$0.25\% \leqslant w_c \leqslant 0.60\%$）、高碳钢（$w_c > 0.60\%$）。

（3）按用途分为结构钢、工具钢、特殊性能钢。结构钢又可分为工程结构钢和机械结构钢；工具钢用于制造刀具、模具等各种工具，含碳量一般较高；特殊性能钢是指具有某种特殊物理性能或化学性能的钢种，包括不锈钢、耐热钢、耐磨钢等。

（4）按质量等级分为普通质量钢、优质钢和特殊质量钢。

（5）按脱氧程度分为沸腾钢（F）、镇静钢（Z）、特殊镇静钢（TZ）。

单元 2　钢材的技术性能

钢材的技术性能主要包括力学性能、工艺性能和化学性能。作为主要的受力结构材料，不仅需要具有一定的力学性能，同时，还要求具有容易加工的性能，其主要的力学性能有抗拉性能、冲击韧性、疲劳强度及硬度。而冷弯性能和可焊接性能是钢材重要的工艺性能。只有掌握了钢材的各种性能，才能做到正确、经济、合理地选择和使用钢材。

7.2.1　力学性能

（1）抗拉性能。抗拉性能是钢材的重要性能，可通过低碳钢单向静力拉伸试验测定。通过拉伸试验，可以测得屈服强度、抗拉强度、断后伸长率和断面收缩率等，这些是钢材的重要技术性能指标。低碳钢的抗拉性能可用受拉时的应力—应变图来阐明，如图 7-8 所示。

曲线可分为弹性阶段(OA)、屈服阶段(AB)、强化阶段(BC)和颈缩阶段(CD)。

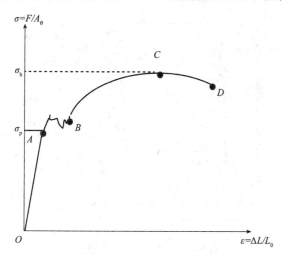

图 7-8　低碳钢受拉时的应力—应变图

视频：低碳钢的
拉伸试验

①弹性阶段。曲线中 OA 段近似为一条直线，说明在此阶段，随着荷载的增加，应力与应变成正比。如卸去荷载能恢复原状，这种性质称为弹性。在这一范围内，应力与应变的比值为一个常量，称为弹性模量，用 E 表示，即

$$E = \sigma / \varepsilon \qquad (7\text{-}1)$$

式中　σ——应力；

　　　ε——应变。

弹性模量反映钢材抵抗弹性变形的能力，弹性模量越大，说明钢材抵抗变形的能力越强。弹性阶段应力的最高点 A 点对应的应力值（σ_p）称为弹性极限。

②屈服阶段。当应力超过 A 点，即在 AB 段范围内，应力与应变不再是正比关系，此时取消荷载，受力产生的变形不能完全消失，表明已经产生塑性变形。

在此阶段变形急剧增加，应力则在很小的范围内波动，即发生"屈服"现象。$B_{上}$ 为该阶段应力的最高点，称为上屈服点，$B_{下}$ 为该阶段应力的最低点，称为下屈服点（图 7-9）。常将下屈服点定义为钢材的屈服强度，用 σ_s 表示。在钢结构设计中，屈服点是确定钢材强度设计值的主要依据，是工程结构计算中一个非常重要的参数。

③强化阶段。钢材超过 B 点以后，又恢复了承载能力，此时的变形发展速度虽然较快，但是随着应力的提高而增加，故称为强化阶段。图中最高点 C 点对应的应力值 σ_b 为钢材的极限抗拉强度，简称抗拉强度。需要注意的是，抗拉强度虽为钢材的最大承载值，但不能作为结构设计的取值依据。

将钢材的屈服强度与抗拉强度之比称为屈强比（σ_s/σ_b）。屈强比是评价钢材利用率和安全可靠性的技术指标，屈强比越大，钢材的利用率高，但安全性降低，容易发生脆性断裂。屈强比越小，结构的安全可靠性好。但屈强比过小，钢材的利用率太低，会造成浪费。合理的屈强比是 0.60～0.75。

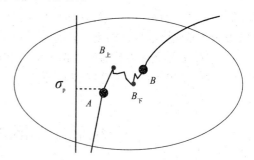

图 7-9　低碳钢受拉时屈服阶段应力变化

④颈缩阶段。钢材强化阶段达到 C 点后，试件应变继续增大，但应力逐渐下降，试件某一断面开始缩小，塑性变形急剧增加，产生"颈缩"现象，最终试件被拉断。将拉断的钢材拼合后，测出标距部分的长度（图 7-10），便可按下式求得断后伸长率 δ。

$$\delta = \frac{\Delta L}{L_0} = \frac{L_1 - L_0}{L_0} \times 100\% \qquad (7\text{-}2)$$

式中 L_0——试件原始标距长度(mm);

L_1——试件拉断以后拼合后的标距长度(mm)。

当原始标距与试件的直径之比越大,则颈缩处伸长段的比例越小,因而计算的断后伸长率会小些。通常以 δ_5 和 δ_{10} 分别表示 $L_0 = 5d_0$ 和 $L_0 = 10d_0$ 时的断后伸长率,d_0 为试件的原直径。对于同一钢材,δ_5 应大于 δ_{10}。

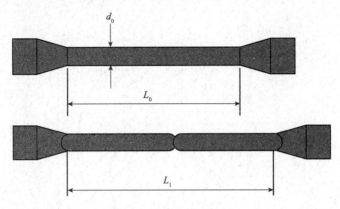

图 7-10　钢材的拉伸试件

伸长率是评定钢材塑性的指标,反映钢材在破坏前可承受永久变形的能力,在工程中具有重要的意义。塑性良好的钢材,会使内部应力重新分布,不致由于应力集中而发生脆断。塑性过小,钢质硬脆,超载后易发生断裂破坏。

对于含碳量及合金元素含量较高的硬钢,在外力作用下看不到明显的屈服阶段(图 7-11),通常以 0.2% 残余变形时对应的应力值作为屈服强度,用 $\sigma_{0.2}$ 表示。

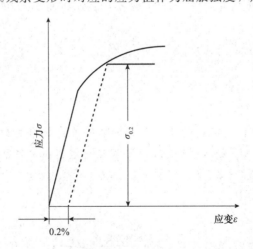

图 7-11　无明显屈服现象钢材的屈服强度

钢材塑性变形能力还可以用断面收缩率 ψ 表示,它是指试件拉断后,颈缩处横截面面积的最大缩减量与原始横截面面积的百分比。

$$\psi = \frac{A_0 - A_1}{A_0} \times 100\% \qquad (7\text{-}3)$$

式中 A_0——试件原始横截面面积(mm^2);

A_1——缩颈处最小横截面面积(mm^2)。

(2)冲击韧性。冲击韧性是指钢材抵抗冲击荷载而不被破坏的能力，通过弯曲冲击韧性试验确定。冲击试验的试验原理如图 7-12 所示，将摆锤（质量为 G）举至 H_1 的位置（位能为 GH_1），释放摆锤冲断试样，摆锤继续向前摆动至 H_2 的位置（位能为 GH_2），摆锤冲断试样失去的位能为 GH_1-GH_2。此即为试样变形和断裂所吸收的功，称为冲击吸收功，以 W 表示，单位为 J。

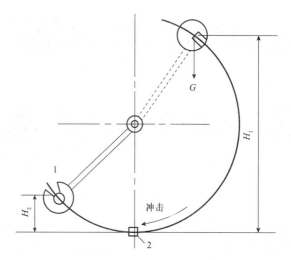

图 7-12　冲击试验的试验原理
1—摆锤；2—试件

用摆锤冲击带缺口的试件，将试件打断，单位截面面积上所消耗的功作为冲击韧性值，用 α_k 表示。

$$\alpha_k = \frac{W}{A} \tag{7-4}$$

式中　W——冲断试件所消耗的功（J）；

　　　A——试件断口处的面积（mm^2）。

α_k 越大，表示冲断试件时消耗的功越多，钢材的冲击韧性越好。钢材的冲击韧性对钢的化学成分、组织状态、冶炼和轧制质量及温度和时效等都较敏感。试验表明，同一种钢材的冲击韧性随温度的降低而下降，如图 7-13 所示。

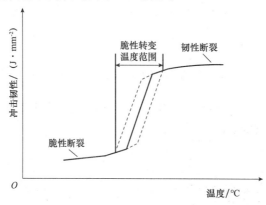

图 7-13　钢材的冲击韧性与温度的关系曲线

由图 7-13 可知，在较高温度环境下，α_k 值随温度下降缓慢降低，破坏时呈韧性断裂。当温度降至一定范围内，随温度降低时 α_k 值开始大幅下降，钢材开始产生脆性断裂，这种性质称为钢材的冷脆性。发生冷脆时的温度范围称为脆性转变温度。脆性转变温度越低，表面其低温冲击韧性越好。在严寒地区使用的钢材，设计时必须考虑其冷脆性。

（3）疲劳强度。钢材在交变荷载反复作用下，在应力远低于屈服强度的情况下突然发生破坏的现象称为疲劳破坏。研究表明，钢材的疲劳破坏要经历疲劳裂纹的萌生、缓慢发展和迅速断裂三个过程。

在交变应力作用下，材料内部的各种缺陷处、成分偏析处、构件截面急剧变化处、构件应力集中处等都是容易产生裂纹的地方。裂纹处形成应力集中，使裂纹逐渐扩展成肉眼可见的宏观裂纹，宏观裂纹再进一步扩展，直到最后导致突然断裂。

一般情况下，材料单次循环的荷载值越大，则能够经受的循环荷载作用次数越少。试件在交变应力的作用下，承受 $10^6 \sim 10^7$ 次循环荷载不发生疲劳破坏的最大应力值称为疲劳强度。疲劳强度是疲劳破坏时的危险应力，特点是材料破坏时其强度远低于抗拉强度，不易引起人们的注意，因此，疲劳破坏的危害很大。

（4）硬度。硬度是指钢材抵抗硬物压入表面，即材料表面抵抗塑性变形的能力。测定钢材硬度是用单位压痕面积所受压力或压痕的深度表示，常用的方法有布氏法和洛氏法。

①布氏法。布氏法是在布氏硬度机（图 7-14）上用一规定直径的钢球或硬质合金球，加以一定的试验压力将其压入钢材表面，经规定的加荷时间使其形成压痕（图 7-15）。测试压痕的面积，用压力除以压痕面积所得值，即该钢材的布氏硬度值。布氏硬度数值越大，表示钢材越硬。当采用压头为淬火钢球时，符号为 HBS；采用压头为硬质合金球时，符号为 HBW。

 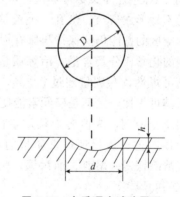

图 7-14　布氏硬度机　　　　图 7-15　布氏硬度试验原理

②洛氏法。洛氏法是在洛氏硬度机上根据测量的压痕深度来计算硬度值。根据荷载和压头类型不同，常用的洛氏硬度值可分为 HRA、HRB 和 HRC 三种。洛氏法操作简单、压痕小，可用于成品检验。但若材料中有偏析及组织不均匀等缺陷，则所测硬度数据不稳定、重复性差。

7.2.2　工艺性能

钢材不仅应具有优良的力学性能，还应有优良的工艺性能，以满足施工工艺的要求。良好的工艺性能，可以保证钢材能够顺利通过各种处理而不损坏。

（1）冷弯性能。冷弯性能反映钢材在常温下承受弯曲变形的能力，是钢材重要的工艺性能。如钢筋混凝土中的钢筋大多要进行弯曲加工，因此，钢筋必须满足冷弯性能的要求。

钢材的冷弯性能用弯曲的角度 α、弯心直径 d 与试件直径(或厚度) a 的比值来表示。弯曲的角度 α 越大，d/a 值越小，表明钢材的冷弯性能越好。图 7-16 所示为相同弯曲角度不同弯心直径的弯曲情况。

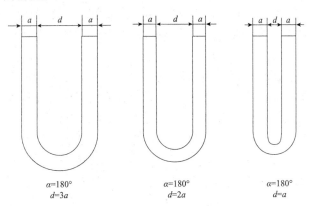

视频：钢材的冷弯性能

$\alpha=180°$
$d=3a$

$\alpha=180°$
$d=2a$

$\alpha=180°$
$d=a$

图 7-16 不同弯心直径的钢材冷弯试件

钢材的技术指标中，对不同钢材的冷弯指标均有具体规定。当按规定的弯曲角度 α、d/a 值对试件进行冷弯时，试件弯曲部位不产生裂纹、起层或断裂，即认为冷弯性能合格。

钢材的冷弯性能和断后伸长率均可反映钢材的塑性变形能力。其中，断后伸长率反映试件均匀变形的能力，而冷弯性能则表示钢材内部组织是否均匀，是否存在内应力和夹杂物等缺陷。另外，工程中还常用冷弯试验来检验钢材的焊接质量是否合格。

（2）焊接性能。焊接性能又称可焊性，可焊性好的钢材易于用一般的焊接方法和焊接工艺施焊，焊接后不易形成裂纹、气孔、夹渣等缺陷，焊接接头牢固可靠，硬脆倾向小，焊缝及其附近热影响区的性能仍能保持与原有钢材相近的力学性能。

可焊性与钢的化学成分及含量、冶炼质量和冷加工等有关。一般含碳量<0.25%的碳素钢具有良好的可焊性，含碳量超过 0.3%，可焊性变差。另外，钢材中的杂质元素，如硫、磷等会降低其可焊性，尤其是硫元素能使焊缝处产生热裂纹并硬脆。

对于高碳钢及合金钢，为改善焊接质量，一般需要采用预热和焊后处理以保证质量。另外，正确的焊接工艺也是保证焊接质量的重要措施。冷拉钢筋的焊接应在冷拉之前进行，焊接部位应清除铁锈、熔渣、油污等，应尽量避免不同国家的进口钢筋之间或进口钢筋与国产钢筋之间的焊接。

（3）钢材的冷加工强化及时效。钢材在常温下进行冷拉、冷拔或冷轧，使之产生塑性变形，从而提高屈服强度，塑性、韧性降低的现象称为冷加工强化。冷加工变形越大，强化越明显，屈服强度提高越多，塑性和韧性下降也越大。

①冷拉。冷拉加工就是将热轧钢筋用冷拉设备进行张拉(张拉控制应力应超过屈服强度)，通过冷拉，其屈服点提高 20%～30%，而抗拉强度基本不变，塑性和韧性相应降低。

②冷拔。冷拔加工是强力拉拔钢筋使其通过截面小于钢筋截面面积的拔丝模。冷拔的作用比纯拉伸的作用强烈，钢筋不仅受拉，同时，还受到挤压作用。经过一次或多次冷拔后得到的冷拔低碳钢丝，其屈服点可提高 40%～60%，但其已失去软钢的塑性和韧性，具有硬钢的性能。

③冷轧。冷轧是将圆钢在轧钢机上轧成断面按一定规律变化的钢筋，可提高其强度及

与混凝土的凝聚力。钢筋在冷轧时，纵向和横向同时产生变形，因而能较好地保持塑性及内部结构的均匀性。

冷加工强化产生的原因是钢材在冷加工变形时，由于晶粒间产生滑移，晶粒形状改变，有的被拉长，有的被压扁，甚至变成纤维状。同时在滑移区域，晶粒破碎，晶格歪扭，从而对继续滑移造成阻力，要使它重新产生滑移就必须增加外力，这就意味着屈服强度有所提高，但由于减少了可以利用的滑移面，故钢的塑性降低。

冷加工后的钢材在常温下存放 15～20 d 或在 100 ℃～200 ℃条件下存放 2 h，称为时效处理。前者为自然时效处理；后者为人工时效处理。钢材经时效处理后，屈服强度将进一步提高，抗拉强度、硬度也得到提高，但塑性和韧性将进一步降低。

钢材经冷拉和时效处理后的性能变化也明显反映在应力-应变曲线上（图 7-17）。工程中常对钢筋进行冷拉或冷拔以达到提高钢材强度和节约钢材的目的。冷拉钢筋的屈服强度可提高 20%～25%，冷拔钢筋的屈服强度可提高 40%～90%。

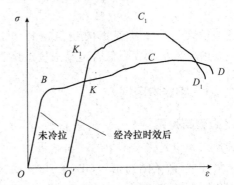

图 7-17　钢材冷拉及时效处理后的应力-应变曲线

钢材中氮、氧含量高，时效敏感性大。受动荷载作用或经常处于中温条件下工作的钢结构，为避免脆性过大、防止出现突然断裂，应选用时效敏感性较小的钢材。

7.2.3　钢材化学成分对性能的影响

钢材的性能主要取决于其化学成分，除铁、碳两种基本化学元素外，还有少量的硅、锰、磷、硫、氧、氮等元素。

(1)碳(C)。碳是除铁外含量最多的元素，是决定钢材性质的重要元素。钢材随含碳量的增加，强度和硬度相应提高，而塑性和韧性相应降低。当含量超过 1% 时，钢材的极限强度开始下降。建筑工程用钢材含碳量不大于 0.8%。随着含碳量的增加，还会使钢材的焊接性能、耐锈蚀性能下降，并增加钢的脆性和时效敏感性。

(2)硅(Si)。硅是我国低合金钢的主加合金元素，能提高钢的强度并能在炼钢时起脱氧去硫作用，是钢的有益元素。含硅量小于 1.0% 时，大部分溶于铁素体，提高钢的强度，且对钢的塑性和韧性无明显影响；含硅量超过 1.0% 时，塑性和韧性显著降低。

(3)锰(Mn)。锰也是我国低合金钢的主加合金元素，炼钢时也起脱氧去硫作用，是钢的有益元素。可以削弱硫所引起的热脆性，使钢材的热加工性能得到改善，同时能细化晶粒，提高钢材的强度和硬度。通常含锰量一般为 1.0%～2.0%。

(4)硫(S)。硫是钢材中最主要的有害元素之一，硫含量是区分钢材品质的重要指标之一，含量一般不超过 0.035%。硫在钢中以 FeS 的形式存在于晶界上，使晶粒间的结合变弱。FeS 强度和熔点较低，会降低钢材的物理力学性能，在热加工时产生热脆性。

(5)磷(P)。磷是由矿石带入钢中的。磷能融入铁素体而使钢的强度、硬度升高，但塑性、韧性显著下降，这种脆化现象在低温时更为严重，故称为冷脆。冷脆对高寒地带和其他低温条件下工作的构件具有严重的危害性，故磷也是一种有害元素。

（6）氧（O）、氮（N）、氢（H）。这些气体元素在碳素合金钢中含量极少，但它们都不同程度地对钢的塑性、韧性及焊接性能有不利影响，因而要求在炼钢过程中严格控制其含量，以保证钢的质量。

单元 3　钢材在道路桥梁工程中的应用与技术要求

道路桥梁工程中所使用的建筑钢材可分为钢结构用钢和钢筋混凝土结构用钢两大类，主要由碳素结构钢和低合金高强度结构钢制得。

7.3.1　钢结构用钢

1. 碳素结构钢

碳素结构钢是碳素钢中的一类，可加工成各种型钢、钢筋和钢丝，适用一般结构和工程。国家标准《碳素结构钢》（GB/T 700—2006）具体规定了它的牌号表示方法、技术要求、试验方法、检验规则等。

（1）牌号表示方法。碳素结构钢的牌号由屈服点字母 Q、屈服点数值（MPa）、质量等级（A、B、C、D，质量依次变好）、脱氧程度四部分按顺序构成。其中，脱氧程度分为沸腾钢（F）、镇静钢（Z）和特殊镇静钢（TZ），其中 Z 与 TZ 可省略不写。

例如，Q235AF 表示最低屈服强度为 235 MPa 的 A 级沸腾碳素结构钢。

（2）碳素结构钢的化学成分要求。碳素结构钢化学成分应符合表 7-1 的规定。

视频：碳素结构钢
的牌号及应用

表 7-1　碳素结构钢的化学成分

牌号	等级	化学成分（质量分数）/%，不大于					脱氧方法
		C	Si	Mn	P	S	
Q195	—	0.12	0.30	0.50	0.035	0.040	F、Z
Q215	A	0.15	0.35	1.20	0.045	0.050	F、Z
	B					0.045	
Q235	A	0.22	0.35	1.40	0.045	0.050	F、Z
	B	0.20				0.045	
	C	0.17			0.040	0.040	Z
	D				0.035	0.035	TZ
Q275	A	0.24	0.35	1.50	0.045	0.050	F、Z
	B	0.21				0.045	Z
	C	0.20			0.040	0.040	
	D				0.035	0.035	TZ

（3）碳素结构钢的力学性能要求：碳素结构钢的拉伸和冲击性能应符合表 7-2 和表 7-3 的规定。

表 7-2 碳素结构钢的拉伸和冲击性能

牌号	等级	屈服强度 σ_s/(N·mm⁻²), 不小于 厚度(或直径)/mm						抗拉强度 R_m/(N·mm⁻²)	断后伸长率 A/%, 不小于 厚度(或直径)/mm					冲击试验(V形缺口) 温度/℃	冲击吸收功(纵向)/J 不小于
		≤16	16~40	40~60	60~100	100~150	150~200		≤40	>40~60	>60~100	>100~150	>150~200		
Q195	—	195	185	—	—	—	—	315~430	33	—	—	—	—	—	—
Q215	A	215	205	195	185	175	165	335~450	31	30	29	27	26	—	—
	B													+20	27
Q235	A	235	225	215	215	195	185	370~500	26	25	24	22	21	—	—
	B													+20	27
	C													0	
	D													—20	
Q275	A	275	265	255	245	225	215	410~540	22	21	20	18	17	—	—
	B													+20	27
	C													0	
	D													—20	

表 7-3 碳素结构钢的冷弯性能

牌号	试样方向	冷弯试验 $180°B=2^a$	
		钢材厚度(或直径)^b/mm	
		≤60	>60~100
		弯心直径 d	
Q195	纵	0	—
	横	0.5a	
Q215	纵	0.5a	1.5a
	横	a	2a
Q235	纵	a	2a
	横	1.5a	2.5a
Q275	纵	1.5a	2.5a
	横	2a	3a

a. B 为试样宽度，a 为试样厚度(或直径)。
b. 钢材厚度(或直径)大于 100 mm 时，弯曲试验由双方协商确定

由表 7-3 可知，碳素结构钢的牌号有 Q195、Q215、Q235、Q275 四个。钢材随牌号的增大，含碳量增加，强度和硬度相应提高，而塑性和韧性则降低。钢材的质量等级越高，则硫、磷含量越低。

在碳素结构钢中，Q235 号钢使用最为广泛，其含碳量为 0.17%～0.22%，属低碳钢。具有较高的强度，良好的塑性、韧性及可焊性，综合性能好，能满足一般钢结构和钢筋混凝土用钢要求，且成本较低。在钢结构中主要使用 Q235 钢轧制成的各种型钢、钢板。

Q195、Q215 号钢的强度较低，但塑性和韧性较好，易于冷加工，常用作钢钉、铆钉、螺栓及钢丝。Q275 号钢的强度虽然比 Q235 高，但其塑性、韧性较差，可焊性也差，不易焊接和冷弯加工，多用于机械零件和工具等。

2. 低合金高强度结构钢

即在碳素结构钢的基础上，添加少量的一种或几种合金元素(总含量小于 5%)而形成的结构钢。常用的合金元素主要有硅、锰、钛、钒、铬、镍、铜等。加入合金元素以后，钢材的屈服强度、抗拉强度、耐磨性、耐蚀性及耐低温性均有所改善，综合性能更好。在大型结构、重型结构、大跨度结构、高层建筑、桥梁工程、承受动荷载和冲击荷载的结构中更适用。

采用低合金高强度结构钢可以减轻结构自重，延长结构的使用寿命，特别是大跨度、大空间、大柱网结构，采用低合金高强度结构钢，经济效益更为显著。例如，我国奥运主场馆"鸟巢"所用的低合金高强度结构钢 Q460E 是我国科研人员经过三次技术攻关才研制出来的。

依据现行国家标准《低合金高强度结构钢》(GB/T 1591—2018)的规定，低合金高强度结构钢的牌号有 Q355、Q390、Q420、Q460、Q500、Q550、Q620、Q690 八个。其牌号由屈服点字母 Q、规定的最小屈服强度数值(MPa)、交货状态号、质量等级(B、C、D、E、

F，依次变好）四部分组成。交货状态为热轧时，交货状态代号 AR 或 WAR 可省略；交货状态为正火或正火轧制状态时，交货状态代号均用 N 表示；交货状态为热机械轧制，交货状态代号为 M。

例如，Q355ND 表示最低屈服强度为 355 MPa、交货状态为正火或正火轧制，质量等级为 D 级的低合金高强度结构钢。

当需方要求钢板具有厚度方向性能时，则在上述规定的牌号后加上代表厚度方向（Z向）性能级别的符号，如 Q355NDZ25。

7.3.2 钢筋混凝土结构用钢

钢筋混凝土结构用的钢筋和钢丝主要由碳素结构钢和低合金高强度结构钢轧制而成。钢丝的直径为 3~5 mm，钢筋的直径为 6~20 mm，直径大于 12 mm 的钢材称为粗钢筋。根据生产方式不同，钢筋混凝土结构用钢可分为热轧钢筋、冷轧带肋钢筋、冷拔低碳钢丝、预应力混凝土钢丝及钢绞线等。

1. 热轧钢筋

热轧钢筋是钢筋混凝土和预应力钢筋混凝土的主要原材料之一，是由碳素结构钢或低合金结构钢的钢坯加热轧制而成的条形钢材。按其表面的形状不同主要分为热轧光圆钢筋和热轧带肋钢筋。

（1）热轧光圆钢筋。热轧光圆钢筋是指经热轧成型，横截面通常为圆形，表面光滑的成品钢筋。《钢筋混凝土用钢 第 1 部分：热轧光圆钢筋》（GB/T 1499.1—2017）规定，热轧光圆钢筋的牌号用 HPB 和屈服强度特征值表示，仅有一个牌号 HPB300。符号 HPB 分别为热轧（Hot Rolled）、光圆（Plain）、钢筋（Bars）三个词的英文首位字母。热轧光圆钢筋的公称直径范围为 6~22 mm。热轧光圆钢筋化学成分要求见表 7-4，力学性能和工艺性能要求见表 7-5。

表 7-4 热轧光圆钢筋的化学成分

牌号	化学成分（质量分数）/%，不大于				
	C	Si	Mn	P	S
HPB300	0.25	0.55	1.50	0.045	0.045

表 7-5 热轧光圆钢筋的力学性能和工艺性能

牌号	下屈服强度 R_{eL}/MPa	抗拉强度 R_m/MPa	断后伸长率 A/%	最大力总延伸率 A_{gt}/%	冷弯试验 180°
	不小于				
HPB300	300	420	25	10.0	$d=a$
注：d—弯心直径；a—钢筋公称直径					

（2）热轧带肋钢筋。热轧带肋钢筋表面带有两条纵肋和沿长度方向均匀分布的横肋的钢筋，纵肋是平行于钢筋轴线的均匀连续肋，横肋为与纵肋不平行的其他肋。月牙肋钢筋是指横肋的纵截面呈月牙形，且与纵肋不相交的钢筋。

《钢筋混凝土用钢 第 2 部分：热轧带肋钢筋》(GB/T 1499.2—2018)规定，热轧带肋钢筋分为普通热轧带肋钢筋 HRB 和细晶粒热轧带肋钢筋 HRBF。其中 H、R、B 分别为热轧(Hot rolled)、带肋(Ribbed)、钢筋(Bars)三个词的英文首位字母，F 为细晶粒(Fine)英文首位字母。

普通热轧带肋钢筋的牌号用 HRB 和屈服强度特征值表示，分为 HRB400、HRB500、HRB600、HRB400E、HRB500E 五个牌号；细晶粒热轧带肋钢筋的牌号用 HRBF 和屈服强度特征值表示，分为 HRBF400、HRBF500、HRBF400E、HRBF500E 四个牌号。排号中的"E"指适用有较高抗震要求结构的钢筋。热轧带肋钢筋的公称直径范围为 6～50 mm。其化学成分、力学性能、冷弯性能要求见表 7-6～表 7-8，按规定的弯曲压头直径弯曲 180°后，钢筋的弯曲部位不得产生裂纹。

表 7-6　热轧带肋钢筋的化学成分

牌号	化学成分(质量分数)/%，不大于					碳当量 C_{eq}/%
	C	Si	Mn	P	S	
HRB400 HRBF400 HRB400E HRBF400E	0.25	0.80	1.60	0.045	0.045	0.54
HRB500 HRBF500 HRB500E HRBF500E						0.55
HRB600	0.28					0.58

表 7-7　热轧带肋钢筋的力学性能

牌号	下屈服强度 R_{eL}/MPa	抗拉强度 R_m/MPa	断后伸长率 A/%	最大力总延伸率 A_{gt}/%
	不小于			
HRB400 HRBF400	400	540	16	7.5
HRB400E HRBF400E			—	9.0
HRB500 HRBF500	500	630	15	7.5
HRB500E HRBF500E			—	9.0
HRB600	600	730	14	7.5

表 7-8　热轧带肋钢筋的弯曲性能　　　　　　　　　　　mm

牌号	公称直径 d	弯曲压头直径
HRB400 HRBF400 HRB400E HRBF400E	6～25	$4d$
	28～40	$5d$
	>40～50	$6d$
HRB500 HRBF500 HRB500E HRBF500E	6～25	$6d$
	28～40	$7d$
	>40～50	$8d$
HRB600	6～25	$6d$
	28～40	$7d$
	>40～50	$8d$

2. 冷轧带肋钢筋

冷轧带肋钢筋是热轧圆盘条经冷轧后，在其表面带有沿长度方向均匀分布的横肋的钢筋。冷轧带肋钢筋用代号 CRB 表示，按抗拉强度的不同将冷轧带肋钢筋划分成 CRB550、CRB600H、CRB650、CRB680H、CRB800、CRB800H 六个牌号，其中 C、R、B、H 分别为冷轧(Cold rolled)、带肋(Ribbed)、钢筋(Bar)、高延性(High elongation)四个词的英文首位字母。CRB550、CRB600H 为普通钢筋混凝土用钢筋，CRB650、CRB800、CRB800H 为预应力混凝土用钢筋，CRB680H 既可作为普通钢筋混凝土用钢筋，也可作为预应力混凝土用钢筋使用。CRB550、CRB600H、CRB680H 的公称直径范围为 4～12 mm，CRB650、CRB800、CRB800H 的公称直径为 4 mm、5 mm、6 mm。

冷轧带肋钢筋的力学性能和工艺性能见表 7-9。

表 7-9　冷轧带肋钢筋的力学性能和工艺性能

分类	牌号	规定塑性延伸强度 $R_{p0.2}$/MPa	抗拉强度 R_m/MPa	$R_m/R_{p0.2}$	断后伸长率/%		最大力总延伸率/%	弯曲试验 180°	反复弯曲次数
					A	$A_{100\,mm}$			
				不小于					
普通钢筋混凝土用	CRB550	500	550	1.05	11.0	—	2.5	$D=3d$	—
	CRB600H	540	600	1.05	14.0	5.0	5.0	$D=3d$	—
	CRB680H	600	680	1.05	14.0	—	5.0	$D=3d$	4
预应力混凝土用	CRB650	585	650	1.05	—	4.0	2.5		3
	CRB800	720	800	1.05	—	4.0	2.5		3
	CRB800H	720	800	1.05	—	7.0	4.0		4

注：D—弯心直径；d—钢筋公称直径

冷轧带肋钢筋具有强度高、塑性好、综合力学性能优良及握裹力强等优点，既可节约钢材，又可提高结构的整体强度和抗震能力。

3. 冷拔低碳钢丝

冷拔低碳钢丝是低碳钢热轧圆盘条或热轧光圆钢筋，经一次或多次强力拔制而成的以盘卷供货的钢丝，混凝土用冷拔低碳钢丝的直径为 3～6 mm。经冷拔后，钢丝的强度大大提高，但塑性随之大幅下降。《混凝土制品用冷拔低碳钢丝》(JC/T 540—2006)规定，冷拔低碳钢丝按强度分为甲、乙两个等级，甲级为预应力钢丝，乙级适用于焊接网、焊接骨架、箍筋和构造钢筋。其力学性能见表 7-10。冷拔钢丝的质量应严格控制，表面不应有锈蚀、油污、伤痕、皂渍、裂纹等。

表 7-10　冷拔低碳钢丝的力学性能

级别	公称直径 d/mm	抗拉强度 R_m/MPa	断后伸长率 A_{100}/%	180°反复弯曲次数/次
		不小于		
甲级	5.0	650	3.0	4
		600		
	4.0	700	2.5	
		650		
乙级	3.0、4.0、5.0、6.0	550	2.0	

注：甲级冷拔低碳钢丝作预应力筋用时，如经机械调直则抗拉强度标准值应降低 50 MPa

4. 预应力混凝土用钢丝及钢绞线

大型预应力混凝土构件，由于受力很大，常采用高强度钢丝或钢绞线作为主要受力钢筋。预应力高强度钢丝是用优质碳素结构钢盘条，经酸洗、冷拉或再经回火处理等工艺制成。用多根钢丝捻制成钢绞线。

预应力混凝土用钢丝和钢绞线的特点是强度高、柔韧性好、质量稳定、施工简便，使用时可根据要求的长度切断，主要适用大荷载、大跨度、曲线配筋的预应力钢筋混凝土结构。

根据《预应力混凝土用钢绞线》(GB/T 5224—2014)的规定，用于预应力混凝土的钢绞线按其结构分为 8 类，如图 7-18 所示。

(1)用 2 根钢丝捻制的钢绞线，代号为 1×2；

(2)用 3 根钢丝捻制的钢绞线，代号为 1×3；

(3)用 3 根刻痕钢丝捻制的钢绞线，代号为 1×3I；

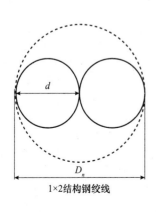
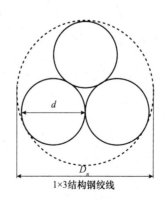

图 7-18　钢绞线示意

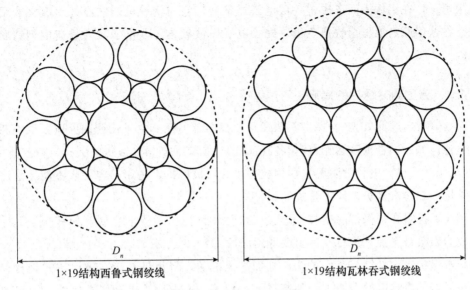

| 1×19结构西鲁式钢绞线 | 1×19结构瓦林吞式钢绞线 |

图 7-18　钢绞线示意(续)

(4)用 7 根钢丝捻制的标准型钢绞线,代号为 1×7;

(5)用 6 根刻痕钢丝和一根光圆中心钢丝捻制的钢绞线,代号为 1×7I;

(6)用 7 根钢丝捻制又经模拔的钢绞线,代号为(1×7)C;

(7)用 19 根钢丝捻制的 1+9+9 西鲁式钢绞线,代号为 1×19S;

(8)用 19 根钢丝捻制的 1+6+6/6 瓦林吞式钢绞线,代号为 1×19W;

单元 4　钢材的腐蚀与防止

　　钢材在使用中经常与环境中的介质接触,产生化学反应,导致钢材腐蚀,也称锈蚀。锈蚀不仅会使钢材的有效截面面积减少,承载能力降低,还会因局部腐蚀易造成应力集中,从而导致结构破坏。若钢材受到冲击荷载或反复荷载作用,将产生锈蚀疲劳,使疲劳强度大大降低,甚至出现脆性断裂。

7.4.1　钢筋锈蚀的原因

　　钢材在大气中的腐蚀是发生了化学腐蚀或电化学腐蚀,但以电化学腐蚀为主。

　　(1)化学腐蚀。化学腐蚀也称干腐蚀,是钢材在常温和高温时发生的氧化或硫化作用。氧化性气体有空气、氧、水蒸气、二氧化碳、二氧化硫和氯等,反应后生成疏松氧化物,其反应速度随温度、湿度提高而加速。在干湿交替环境下,腐蚀更为厉害。

　　(2)电化学腐蚀。不纯的金属与电解质溶液接触时,会发生原电池反应,比较活泼的金属失去电子而被氧化,称为电化学腐蚀。钢铁在干燥的空气里长时间不易腐蚀,但在潮湿的空气中很快就会腐蚀。

　　在潮湿的空气里,钢铁的表面吸附了一层薄薄的水膜,这层水膜里含有少量的氢离子与氢氧根离子，在钢铁表面形成了一层电解质溶液，它与钢铁里的铁恰好形成无数微小的原电池。在这些原电池里，铁是负极，失去电子而被氧化。电化学腐蚀是造成钢铁腐蚀的主要原因。

7.4.2　防止钢材锈蚀的措施

(1)保护膜法(表面处理)。保护膜法使钢材表面既不能产生氧化锈蚀反应，也不能形成腐蚀原电池。如涂刷各种防锈涂料(如各种油漆)、搪瓷、塑料、镀锌等。

(2)电化学防腐。电化学防腐包括阴极保护和阳极保护，适用不容易或不能涂敷保护膜层的钢结构，如蒸汽锅炉、地下管道等。

①阴极保护是在被保护的钢材上连接一块比钢铁更为活泼的金属，如锌、镁等，使活泼金属成为阳极被腐蚀，钢材成为阴极得到保护。

②阳极保护也称外加电流保护法、外加直流电源，将负极在接在被保护的钢材上，正极连接在废钢铁或难熔的金属上，如高硅铁、铝等。通电后阳极金属被腐蚀，阴极钢材得到保护。

(3)合金化。在碳素钢和低合金钢中加入少量的铜、铬、镍、钼等合金元素制成耐候钢。这种钢在大气作用下，能在表面形成一种致密的防腐蚀保护层，起到耐腐蚀作用，同时保持良好的焊接性能。

实训一　钢材的拉伸试验

钢材的拉伸试验依据《金属材料 拉伸试验　第 1 部分：室温试验方法》(GB/T 228.1—2021)。拉伸试验所用试样的形状与尺寸主要取决于被试验的金属产品的形状和尺寸。通常从产品、压制坯或铸件切取样坯经机械加工制成，但具有恒定截面的产品和铸造试样可以不经过加工而直接进行试验。试样横截面可以为圆形、矩形、多边形、环形、特殊情况下可以为其他形状。

试样原始标距和原始横截面面积有 $L_0 = k\sqrt{S_0}$ 关系者称为比例试样。国际上使用的比例系数 k 的值为 5.65。原始标距应不小于 15 mm。当试样横截面面积太小，以致采用比例系数 k 为 5.65 的值不能符合这一最小标距要求时，可以采用较高的值(优先采用 11.3)或采用非比例试样。非比例试样其原始标距(L_0)与其原始横截面面积(S_0)无关。

如试样的夹持端与平行长度的尺寸不相同，它们之间应以过渡弧连接。夹持端的形状应适合试验机的夹头，试样轴线应与力的作用线重合。试样平行长度 L_0 或试样不具有过渡弧时夹头间的自由长度应大于原始标距 L_0。如试样未经过机械加工或为截取材料的一段长度，两夹头间的自由长度应足够，以使原始标距的标记与夹头有合理的距离。

(1)主要仪器设备。

①万能材料试验机：试验机的测力示值误差不大于 1%(图 7-19)；

②游标卡尺；

③钢筋打点标距仪(图 7-20)或手锉刀等。

图 7-19　万能材料试验机

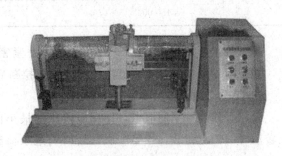

图 7-20　电动钢筋标距仪

（2）试验步骤。

①测定原始横截面面积（S_0）。原始横截面面积是平均横截面面积，应根据测量的尺寸计算。原始横截面面积 S_0 的测定应准确到±2％，当误差的主要部分是由于试样厚度的测量所引起的，宽度的测量误差不应超过±0.2％。应在试样标距的两端及中间三处测量宽度和厚度，取用三处测得的最小横截面面积，并至少保留 4 位有效数字。计算钢筋强度用横截面面积，可采用表 7-11 所列公称横截面面积。

表 7-11　钢筋的公称横截面面积

公称直径/mm	公称横截面面积/mm²	公称直径/mm	公称横截面面积/mm²
8	50.27	22	380.1
10	78.54	25	490.9
12	113.1	28	615.8
14	153.9	32	804.2
16	201.1	36	1018
18	254.5	40	1257
20	314.2	50	1964

②原始标距（L_0）的标记。拉伸试验用试件可以用两个或一系列等分小冲点或细画线标出原始标距（标记不应影响试样断裂），也可以用手锉刀刻画标记，测量标距长度 L_0（精确至 0.1 mm）。

对于比例试样，如果原始标距的计算值与其标记值小于 10％L_0，应将原始标距的计算值修约至最接近 5 mm 的倍数，中间数值向较大一方修约。原始标距的标记应准确到±1％。

③将试样安装上夹头，上下夹头必须持紧在试验机夹具上方可开始加载。根据要求，记录所需测量的试验力值。试验速率取决于材料特性并应符合表 7-12 要求。

表 7-12　拉伸试验应力速率

材料弹性模量 E/GPa	应力速率 R/(MPa·s^{-1})	
	最小	最大
<150 000	2	20
≥150 000	6	60

④试验拉断后，将其断裂部分在断裂处紧密对接在一起，尽量使其轴线位于一直线上，如拉断处形成缝隙，则缝隙应计入试样拉断后的标距。

（3）结果处理。

①屈服强度按下屈服点，即屈服阶段的最小值来确定。在拉伸中，测力度盘的指针停止转动时的恒定荷载，或第一次回转时的最小荷载（或数值出现波动阶段的最小值），即所求的屈服点荷载 F_s(N)。屈服强度 R_e 按下式计算：

$$R_e = \frac{F_{eL}}{S_0} \tag{7-5}$$

式中　R_e——屈服强度（MPa）；

　　　F_{eL}——下屈服点的荷载值（N）；

　　　S_0——试样的初始截面积（mm^2）。

②抗拉强度按下式计算：

$$R_b = \frac{F_b}{S_0} \tag{7-6}$$

式中　R_b——抗拉强度（MPa）；

　　　F_b——最大荷载值（N）；

　　　S_0——试样的初始截面面积（mm^2）。

③计算断后伸长率。断后伸长率的计算按下式进行：

$$A = \frac{L_1 - L_0}{L_0} \times 100\% \tag{7-7}$$

式中　A——断后伸长率（%）；

　　　L_1——断后标距（mm）；

　　　L_0——原始标距（mm）。

④对于圆形横截面试样，在缩颈最小处相互垂直方向测量直径，取其算术平均值计算最小横截面面积；对于矩形横截面试样，测量缩颈处的最大宽度和最小厚度，两者之乘积为断后最小横截面面积。断面收缩率按下式计算：

$$Z = \frac{S_0 - S_u}{S_0} \times 100\% \tag{7-8}$$

式中　Z——断面收缩率（%）；

　　　S_u——断后最小横截面面积（mm）；

　　　S_0——原始横截面面积（mm）。

⑤如试件在标距端点上或标距处断裂，则试验结果无效，应重做试验。

实训二　弯曲试验

弯曲试验是以圆形、方形、矩形或多边形横截面试样在弯曲装置上经受弯曲塑性变形，不改变加力方向，直至达到规定的弯曲角度，看弯曲处外表面是否有裂纹、起皮、断裂等现象，从而评价钢材的弯曲性能。弯曲试验依据《金属材料　弯曲试验方法》(GB/T 232—2010)。

(1)主要仪器设备。

①压力机或万能材料试验机：配有两个支辊和一个弯曲压头的支辊式弯曲装置、一个V形模具和一个弯曲压头的V形模具式弯曲装置、虎钳式弯曲装置；

②具有不同直径的弯芯(图7-21)。

图 7-21　弯芯

(2)试样准备。

①试验使用圆形、方形、矩形或多边形横截面的试样。样坯的切取位置和方向应按照相关产品标准的要求。试样应去除由于剪切或火焰切割或类似的操作而影响了材料性能的部分。如果试验结果不受影响，允许不去除试样影响的部分。

②试样表面不得有划痕和损伤。方形、矩形和多边形横截面试样的棱边应倒圆，倒圆半径应符合下列规定：

a. 当试样厚度小于10 mm，倒圆半径不应超过1 mm；

b. 当试样厚度大于或等于10 mm且小于50 mm，倒圆半径不应超过1.5 mm；

c. 当试样厚度不小于50 mm，倒圆半径不应超过3 mm。

棱边倒圆时不应形成影响试验结果的横向毛刺、伤痕或刻痕。如果试验结果不受影响，允许试样的棱边不倒圆。

③试样的宽度应按照相关产品标准的要求，如未具体规定，应按照以下要求：

a. 当产品宽度不大于20 mm时，试样宽度为原产品宽度；

b. 当产品宽度大于20 mm时，如果厚度小于3 mm时，试样宽度为(20±5)mm；如果厚度不小于3 mm时，试样宽度在20~50 mm。

④试样的厚度或直径应按照相关产品标准的要求，如未具体规定，应按照以下要求：

a. 对于板材、带材和型材，试样厚度应为原产品厚度。如果产品厚度大于25 mm，试样厚度可以机加工减薄至少不小于25 mm，并保留一侧原表面。弯曲试验时，试样保留的原表面应位于受拉变形一侧。

b. 直径(圆形横截面)或内切圆直径(多边横截面)不大于30 mm的产品，其试样横截面应为原产品的横截面。对于直径或多边形横截面内切圆直径超过30 mm但不大于50 mm的产品，可以将其加工成横截面内切圆直径不小于25 mm的试样。直径或多边形横截面内切圆直径大于50 mm的原产品，应将其机加工成横截面内切圆直径不小于25 mm的试样，如图7-22所示。试验时，试样未经机加工的原表面应置于受拉变形的一侧。

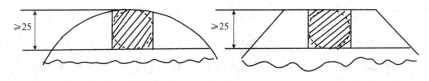

图 7-22　取样形状及位置

⑤试样的长度应根据试样的厚度(或直径)和所使用的试验设备确定。

（3）试验步骤。

①试验一般在 10 ℃～35 ℃的室温范围内进行，对温度要求严格的试验，试验温度应为（23±5）℃。

②按照相关产品标准规定，采用下列方法之一完成试验：

a.试样在给定的条件和力作用下弯曲至规定的弯曲角度(图 7-23～图 7-25)；

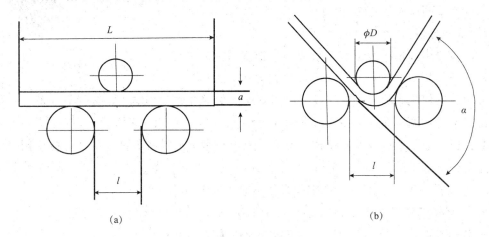

（a）　　　　　　　　　　　　　　　　（b）

图 7-23　支辊式弯曲装置

(a)试验前；(b)试验后

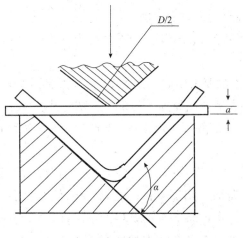

图 7-24　V 形模具式弯曲装置

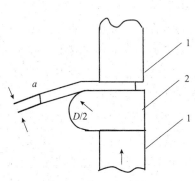

图 7-25　虎钳式弯曲装置

1—虎钳；2—弯曲压头

b. 试样在力的作用下弯曲至两臂相距规定距离且相互平行(图7-26);

c. 试样在力作用下弯曲至两臂直接接触(图7-27)。

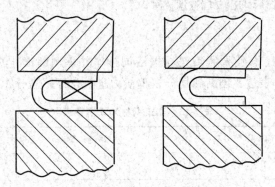

图 7-26　试样弯曲至两臂平衡

③试样弯曲至规定弯曲角度的试验,应将试样放于两支辊(图7-23)或 V 形模具(图7-24)上,试样轴线应与弯曲压头轴线垂直,弯曲压头在两支座之间的中点处对试样连续施加力使其弯曲,直至达到规定的弯曲角度。弯曲角度 α 可以通过测量弯曲压头的位移计算得出。可以采用图7-25所示的方法进行弯曲试验。试样一端固定,绕弯曲压头进行弯曲,可以绕过弯曲压头,直至达到规定的弯曲角度。

弯曲试验时,应当缓慢地施加弯曲力,以使材料能够自由地进行塑性变形。当出现争议时,试验速率应为(1±0.2)mm/s。使用上述方法如不能直接达到规定的弯曲角度,可将试样置于两平行压板之间(图7-28),连续施加力压其两端使进一步弯曲,直至达到规定的弯曲角度。

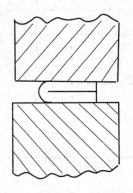

图 7-27　试样弯曲至两臂直接接触

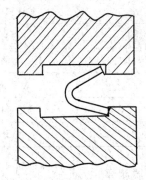

图 7-28　试样置于两平行压板之间

④试样弯曲至两臂相互平行的试验,首先对试样进行初步弯曲,然后将试样置于两平行压板之间(图7-28),连续施加力压其两端使进一步弯曲,直至两臂平行(图7-26),试验时可以加或不加内置垫块。垫块厚度等于规定的弯曲压头直径,除非产品标准中另有规定。

⑤试样弯曲至两臂直接接触的试验,首先对试样进行初步弯曲,然后将试样置于两平行压板之间,连续施加力压其两端使其进一步弯曲,直至两臂直接接触(图7-27)。

(4)结果评定。弯曲后,按有关标准规定检查试样弯曲外表面,进行结果评定。若无裂纹、裂缝或裂断,则评定试样合格。

1. 知识测评

确定本模块关键词，按重要程度进行关键词排序并举例解读。学生根据自己对本模块重要信息捕捉、排序、表达、创新和划分权重能力进行自评，满分 100 分(表 7-13)。

表 7-13　建筑钢材知识测评表

序号	关键词	举例解读	评分
1			
2			
3			
4			
5			
总分			

2. 能力测评

对表 7-14 所列作业内容，操作规范即得分，操作错误或未操作即零分。

表 7-14　建筑钢材能力测评表

序号	技能点	配分	得分
1	描述钢材的分类与生产工艺	10	
2	检测钢材的力学性质	30	
3	检测钢材的工艺性质	20	
4	表示不同建筑钢材的牌号	20	
5	描述钢材的腐蚀及防止措施	20	
总分		100	

3. 素质测评

对表 7-15 所列素养点，做到即得分，未做到即零分。

表 7-15　建筑钢材素质测评表

序号	素养点	配分	得分
1	小组间互相合作，共同完成任务	20	
2	自学能力，查阅相关规范及标准	20	
3	质量意识，保证材料性能符合国标要求	20	
4	职业素养，仪器、工具、试验台检查及整理	20	

序号	素养点	配分	得分
5	诚信意识，不篡改原始数据	20	
总分		100	

4. 学习成果

考核内容及评价标准见表 7-16。

表 7-16　考核内容及评分标准

序号	评分项	得分条件	评分标准	配分	扣分
1	安全意识/态度	□1. 能进行自身安全防护 □2. 能进行仪器设备安全检查 □3. 能进行工具安全检查 □4. 能进行仪器工具清洁存放操作 □5. 能进行合理的时间控制	未完成 1 项扣 2 分，扣分不得超过 10 分	10	
2	专业技术能力	□1. 能正确划分建筑钢材的类型 □2. 能正确描述钢材的生产工艺 □3. 能正确检测钢材的力学性能 □4. 能正确检测钢材的工艺性能 □5. 能正确划分钢材的牌号	未完成 1 项扣 8 分，扣分不得超过 40 分	40	
3	工具设备使用能力	□1. 能正确选用测量工具 □2. 能正确使用万能材料试验机 □3. 能正确使用钢筋弯曲试验机 □4. 能正确使用专用仪器 □5. 能熟练使用办公软件	未完成 1 项扣 4 分，扣分不得超过 20 分	20	
4	资料信息查询能力	□1. 能在规定时间内查询所需资料 □2. 能正确查询建筑钢材试验所依据的标准 □3. 能正确利用网络查询相关文献	未完成 1 项扣 5 分，扣分不得超过 15 分	15	
5	数据判读分析能力	□1. 能正确读取数据 □2. 能正确记录试验过程中数据 □3. 能正确进行数据计算 □4. 能正确进行数据分析 □5. 能根据数据完成取样单	未完成 1 项扣 2 分，扣分不得超过 10 分	10	
6	方案制定与报告撰写能力	□1. 字迹清晰 □2. 语句通顺 □3. 无错别字 □4. 无涂改 □5. 无抄袭	未完成 1 项扣 1 分，扣分不得超过 5 分	5	
合计				100	

炼铁是将铁矿石、焦炭(燃料)、石灰石(熔剂)和少量锰矿石在高温下，发生还原反应生产出生铁的过程。以铁水或生铁为主要原料，经过高温氧化作用除去碳及部分杂质得到钢。

钢材的技术性质主要包括力学性能、工艺性能等。力学性能有抗拉性能、冲击韧性、疲劳强度及硬度。工艺性能包括冷弯性能和可焊接性等。

道路桥梁工程中所使用的建筑钢材可分为钢结构用钢和钢筋混凝土结构用钢两大类，主要由碳素结构钢和低合金高强度结构钢制得。碳素结构钢是碳素钢中的一类，可加工成各种型钢、钢筋和钢丝，适用一般结构和工程。在碳素结构钢的基础上，添加少量的一种或几种合金元素(总含量小于 5%)可以形成结构钢。

钢材在使用中经常与环境中的介质接触产生化学反应，导致钢材腐蚀，称为锈蚀。钢材在大气中的腐蚀是发生了化学腐蚀或电化学腐蚀，但以电化学腐蚀为主。

课后思考与实训

1. 选择题

(1)在钢结构中常用( )轧制成钢板、钢管、型钢来建造桥梁、高层建筑及大跨度钢结构建筑。

A. 碳素钢　　　　　B. 低合金钢　　　　　C. 热处理钢筋　　　　　D 沸腾钢

(2)( )元素含量高，将导致其热脆现象发生。

A. 碳　　　　　B. 磷　　　　　C. 硫　　　　　D. 氧

(3)钢材随着含碳量的增加，( )降低。

A. 强度　　　　　B. 硬度　　　　　C. 塑性　　　　　D. 韧性

(4)在结构设计时，( )作为设计计算的取值依据。

A. 弹性极限　　　　　　　　　　B. 屈服强度

C. 抗拉强度　　　　　　　　　　D. 屈服强度和抗拉强度

(5)断后伸长率是衡量钢材( )。

A. 弹性的指标　　　　B. 硬度的指标　　　　C. 塑性的指标　　　　D. 脆性的指标

2. 简答题

(1)简述钢材的冶炼工艺。

(2)低碳钢的拉伸试验有哪几个步骤？

(3)弹性模量、屈强比的含义是什么？它们反映钢材的什么性能？

(4)钢材的工艺性能包括哪些方面？

(5)碳素结构钢和低合金高强度结构钢的牌号表示方法有什么异同？

3. 案例实训

某钢筋混凝土结构欲选用钢筋，请说明热轧带肋钢筋和冷轧带肋钢筋有几种牌号？分别适宜何种用途？

模块8　工程高分子聚合物材料

模块描述

　　高分子聚合物是由千万个低分子化合物通过聚合反应连接而成，因而又称为高分子化合物或高聚物。本模块介绍高分子聚合物的基本概念和常用的工程高分子材料种类，在此基础上介绍工程高分子聚合物材料在道路工程中的应用情况。

模块要求

　　熟悉高分子聚合物的基本概念和常用的工程高分子材料种类；掌握工程高分子聚合物材料在道路工程中的应用情况。

学习目标

1. 知识目标

(1)掌握高分子聚合物材料的特征、结构特性及其力学性能；

(2)掌握高分子聚合物材料的特征、结构特性与力学性能之间的关系。

2. 能力目标

(1)能够选用适宜的高分子聚合物材料应用于道路与桥梁工程；

(2)学会应用高分子材料改善水泥混凝土和沥青混合料性能的基本方法。

3. 素质目标

(1)具有对工程高分子聚合物材料研究精益求精的工匠精神；

(2)具有诚实守信、保守商业秘密的职业意识；

(3)具有绿色环保意识，选择适宜的高分子材料用于道路与桥梁工程。

模块导学

　　高等级公路的快速发展，对路面和桥梁建造用材料提出了更高的要求。工程高分子聚合物材料在道路工程中的应用，不仅提供了代替传统材料的新材料，而且可以作为改性剂来改善和提高现有材料的技术性能。

　　高分子聚合物是由千万个低分子化合物通过聚合反应连接而成的，因而又称为高分子化合物或高聚物。聚合物有天然聚合物和合成聚合物两类，如图8-1所示。从自然界直接得到的聚合物称为天然高分子聚合物，如淀粉、蛋白质、纤维素和天然橡胶等。而由人工用单体

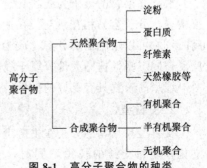

图8-1　高分子聚合物的种类

制造的高分子化合物称为合成聚合物或合成高分子聚合物，包括有机聚合物、半有机聚合物和无机聚合物，如聚氯乙烯、聚苯乙烯、丁苯橡胶和有机玻璃等。

单元 1　聚合物的基本概念

8.1.1　聚合物材料的组成与命名

1. 单体、链节、聚合物、聚合度

高分子聚合物虽然分子量大(相对分子质量)、原子数较多，但都是由许多低分子化合物聚合而成的，如聚乙烯是由低分子化合物乙烯($CH_2=$ CH_2)聚合而成，若将$-CH_2-CH_2-$看作聚乙烯大分子中的一个重复结构单元，则聚乙烯可写成$[CH_2-CH_2-CH_2]_n$。

视频：聚合物的
基本概念

单体是指可以聚合成高分子聚合物的低分子化合物，如上例中的乙烯($CH_2=CH_2$)。聚合物是由这些单体通过化学键之间的相互作用力聚集而成的。

链节是指组成高分子聚合物最小的重复结构单元，如上例中$-CH_2-CH_2-$。聚合度是指聚合物中所含链节的数目，用 n 表示；当聚合度很大(10^3以上)的聚合物称为高聚物。

2. 聚合物的命名

(1)根据单体的名称命名。以形成聚合物的单体为基础，在单体名称之前加"聚"字而命名，如聚乙烯、聚丙烯等。如单体有两种或两种以上时，常把单体的名称(或其缩写)写在前面，在其后按用途加"树脂"或"橡胶"名称。如丁苯橡胶(由丁二烯和苯乙烯聚合而成)等。

(2)习惯上命名或商品名称。如聚乙二酰乙二胺，习惯上称为聚酰胺 66，商品名称为尼龙 66。

为简化起见，也以聚合物英文名称缩写符号表示。如聚乙烯(Polyet hylene)的英文缩写为 PE，聚甲基丙烯酸甲酯的英文缩写为 PMMA 等。

8.1.2　高分子聚合物的分子结构

高分子聚合物(高聚物)是由不同结构层次的分子有规律的排列、堆砌而成，按分子几何结构形态来分，可分为线型、支链型和体型三种。

1. 线型

线型高聚物的分子为线状长链分子，大多数呈卷曲状，由于高分子链之间的范德华力很微弱，分子容易相互滑动，在适当的溶剂中能溶解，溶解后的溶液黏度很大。当温度升高时，它可以熔融而不分解，成为黏度较大、能流动的液体。利用此特性，在加工时可以反复塑制。塑性树脂大部分属于线型高聚物。

线型高聚物具有良好的弹性、塑性、柔顺性，还有一定的强度，但硬度小。

2. 支链型

支链型高聚物的分子在主链上带有比主链短的支链。它可以溶解和熔融，但当支链的支化程度和支链的长短不同时，会影响高聚物的性能。如低密度聚乙烯属于支链型结构，它与线型高密度聚乙烯相比，密度小，抗拉强度低，而溶解性增大，这是其分子间的作用较弱而造成的。

3. 体型

体型高聚物的分子是由线型或支链型高聚物分子以化学键交联形成，呈空间网状结构。它不能溶解于任何溶剂，最多只能溶胀。加热后不软化，也不能流动，加工时只能一次塑制。热固性树脂属于体型高聚物。

体型高聚物是一个巨型分子，塑性和弹性低，但硬度与脆性较大，耐热性较好。

三大合成材料中的合成纤维，是线型高聚物，而塑料可以是线型高聚物，也可以是体形高聚物。

8.1.3 高分子聚合物的分类

高聚物的分类方法很多，经常采用的方法有如下几种：

(1)按合成材料分为塑料、合成橡胶和合成纤维，另外，还有胶粘剂、涂料等。

(2)按分子结构分为线型、支链型和体型三种。

(3)按反应类别分加聚反应和缩聚反应，其反应产物为加聚物和缩聚物。

8.1.4 工程应用

工程高分子聚合物材料，除直接作为道路与桥梁结构物构件或配件的材料外，更多是作为改善水泥混凝土或沥青混合料性能的组分，为此必须掌握高分子聚合物材料的组成、性能和配制，才能正确选择和应用这类材料。

单元 2　常用的工程聚合物材料

工程聚合物材料是以聚合物为主要原料加工而成的塑料、合成橡胶、合成纤维和胶粘剂等，也被称为高分子建材。

视频：常用的工程
聚合物材料

8.2.1 塑料

1. 塑料的组成

塑料(Plastic)是以合成树脂为主要原料，加入填充剂、增塑剂、润滑剂、颜料等添加剂，在一定温度和压力下制成的一种有机高分子材料。

(1)合成树脂。在塑料中，合成树脂的含量为30%～60%，甚至接近全部。塑料的主要性质取决于所采用的合成树脂。合成树脂在塑料中起胶结作用，把其他组分牢固地结合起来，使之具有加工成型性能。

合成树脂是合成高分子聚合物的一簇，简称树脂，高聚物的结构复杂而且分子量很大，一般都在数千以上，甚至高达上百万。例如，由乙烯聚合而成的高分子聚乙场分子量为 1 000～3 500，甚至高达 5×10^5。

合成树脂按其受热时所发生的不同又可分为热塑性树脂和热固性树脂。以不同的树脂为基材，可以分别制得热塑性塑料或热固性塑料。塑料的主要性质取决于所采用的合成树脂。用于热塑性塑料的树脂主要有聚氯乙烯、聚苯乙烯等。用于热固性塑料的树脂主要有酚醛树脂、环氧树脂等。

（2）添加剂。塑料中除含有合成树脂外，为了改善加工条件和使用性能，还需添加一定数量的增塑剂、稳定剂、填充剂及其他助剂。这些填充剂分散于塑料基体中，并不影响聚合物的分子结构。

①增塑剂。能使高分子材料增加塑性的化合物称为增塑剂，一般为高沸点、不易挥发的液体或低熔点的固体有机化合物，如邻苯二甲酸酯类、聚酯类、环氧类等。

②稳定剂。在高聚物模塑加工过程中起到减缓反应速度，防止光、热、氧化引起的老化作用，减缓聚合物在加工和使用过程中的降解作用，延长使用寿命，常用的有抗氧剂、热稳定剂和紫外线吸收剂等。

③填充剂。填充剂主要是化学性质不活泼的粉状、块状或纤维状的固体物质，常用的有机玻璃纤维、云母、石棉等，占塑料质量的 20%～50%，可提高强度、增加耐热性、增加稳定性并可降低塑料成本。

④其他助剂。如改善聚合物加工性能和表面性能的润滑剂，使聚合物由热可塑的线型结构转变为网型或体型结构的固化剂及阻燃剂等。

2. 塑料的性能和用途

塑料是多功能材料，可以通过调整配合比参数及工艺条件制得不同性能的材料，具有较高的比强度和优良的加工性能，因此，在土建工程中也得到广泛的应用。表 8-1 所示为常用的多用塑料的特性与用途。

表 8-1　常用的多用塑料的特性与用途

合成树脂名称	代号	合成方法	特性与用途
聚乙烯	PE	乙烯单体加聚而成，按合成方法的不同，有高压、中压和低压之分	强度高、延伸率大、耐寒性好、电绝缘，但耐热性差。用于制造薄膜、结构材料，配制涂料、油漆等
聚丙烯	PP	丙烯为单体加聚而成	密度低，强度、耐热性比 PE 好，延伸率、耐寒性尚好。主要用于生产薄膜、纤维、管道
聚氯乙烯	PVC	氯乙烯单体加聚而成	较高的力学性能，化学稳定性好，但变形能力低，耐寒性差。用于制造建筑配件、管道及防水材料等
聚苯乙烯	PS	苯乙烯加聚而成	质轻、耐水、耐腐蚀、不耐冲击、性脆。用于制作板材和泡沫塑料
乙烯—乙酸乙烯酯共聚物	EVA	乙烯和醋酸乙烯共聚而成	具有优良的韧性、弹性和柔软性，并具有一定的刚度、耐磨性和抗冲击性。用于胶粘剂、涂料等
聚甲基丙烯酸甲酯	PMMA	甲基丙烯酸甲酯加聚而成	透明度高、低温时具有较高的冲击强度、坚硬、有弹性。主要用于生产有机玻璃
酚醛树脂	PF	苯酚与甲醛缩聚而成，两者比例及催化剂种类不同时，可得到热塑性及热固性品种	耐热、耐化学腐蚀、电绝缘、较脆，对纤维的胶合能力强。不能单独作为塑料使用

合成树脂名称	代号	合成方法	特性与用途
环氧树脂	EP	两个或两个以上环氧基团交联而成	黏结性和力学性能优良，耐碱性良好，电绝缘性能好，固化收缩率低。可生产玻璃钢、胶粘剂和涂料
聚酰胺	PA	由乙内酰胺加聚而成	质轻、良好的机械性能和耐磨性、耐油，但不耐酸和强碱。大量用于制造机械零件
有机硅树脂	SI	二氯二甲基硅烷水解缩聚——线型；二氯二甲基硅烷与三氯甲基硅烷水解——体型	耐高温、耐寒、耐腐蚀、电绝缘性好、耐水性好。用于制作高级绝缘材料、防水材料等
ABS塑料	ABS	丙烯腈、丁二烯和苯乙烯共聚	高强度、耐热、耐油、弹性好、抗冲击、电绝缘，但不耐高温、不透明。用于制作装饰板材、家具等
聚碳酸酯	PC	双酚A(2，2'-双丙烷)缩聚而成	透明度极高，耐冲击、耐热、耐油等，耐磨性差。用于制造电容器、录音带等

8.2.2 合成橡胶

1. 合成橡胶的组成

合成橡胶(Synthetic Rubber)是以生胶为原料，加入适合的配合剂，经硫化以后得到的高分子弹性体。

(1)合成橡胶的基本原料。合成橡胶是由石油、天然气、煤、石灰石及粮食等原料经加工而取得的。常用原料如甲烷、丙烷、乙烯、丁烯、戊烯、苯和甲苯及乙炔等。这些原料经与水作用或脱水反应就可成为丁二烯，而丁二烯是很多合成橡胶的单体原料。

生胶是橡胶制品的重要组成部分，但由于它自身的分子结构是线型或带有支链的长链状分子，分子中有不稳定的双键存在，受温度影响体态性能变化较大，因此必须在生胶中掺加其他组分进行硫化处理。根据其在橡胶中的作用，可分为硫化剂、硫化促进剂、活化剂、增塑剂、防老剂、填充剂、着色剂等，统称为配合剂。

(2)配合剂。

①硫化剂。硫化剂相当于热塑性塑料中的固化剂，它使生胶的线形分子间形成交联而成为立体的网状结构，从而使胶料变成具有一定强度、韧性的高弹性硫化胶。除硫化胶外，还有胺类、树脂类、金属氧化物等。近年来还发展了用原子辐射的方法直接进行交联作用。

②硫化促进剂。硫化促进剂的作用是缩短硫化时间，降低硫化温度，提高制品的经济性，并能改善性能，多为有机化合物。

③活化剂。活化剂也称助促进剂，能起加速并充分发挥有机促进剂的活化促进作用，以减少促进剂用量，缩短硫化时间。常用的活化剂有氧化锌、氧化镁、硬脂酸等。

④填充剂。填充剂的作用是增加橡胶制品的强度，降低成本及改善工艺性能。主要性状有粉状和织物状。常用活性填充料有炭黑、二氧化硅、白陶土、氧化锌、氧化镁等。非

活性填料有滑石粉、硫酸钡等。

⑤防老剂。防老剂用于防止橡胶因热氧化作用、机械力作用、光参与氧化作用及水解作用而引起质变。常用防老剂有酚类、胺类、蜡类。为了有效抑制橡胶老化，可同时使用几种防老剂，共同发挥作用。

各种配合剂的功用不同，有的在一种胶中同时起几种作用，如石蜡既是润滑剂又是防老剂，硬脂酸是活性剂又是分散剂，同时，它们也有很好的增塑作用，石蜡与硬脂酸还能起内润滑与外润滑作用，帮助橡胶脱模，是很好的脱模剂。

2. 合成橡胶的性能与用途

合成橡胶的特征是在较小的外力作用下，能产生大的变形，外力去除后能迅速恢复原状，具有良好的伸缩性、储能能力和耐磨、隔声绝缘等性能，是应用广泛的材料。生胶原料有天然橡胶和合成橡胶两大类，而天然橡胶远远不能满足生产发展的需要，石化工业的迅速发展可生产大量的合成橡胶原料，因此，人工合成橡胶是主要原料来源，所制成的橡胶制品的性能因单体和制造工艺的不同而异，某些性能（如耐油、耐热、耐磨等）甚至较天然橡胶为优。表 8-2 列出了常用橡胶材料的性能与用途。

表 8-2　常用橡胶材料的性能与用途

品种	代号	来源	特性		用途
天然橡胶	NR	天然	弹性高、抗撕裂性能优良、加工性能好，易与其他材料相混合、耐磨性良好	耐油、耐溶剂性差，易老化，不适用 100 ℃以上	轮胎、通用制品
丁苯橡胶	SBR	丁二烯苯乙烯共聚	与天然橡胶性能相近，耐磨性突出，耐热性、耐老化性较好	生胶强度低，加工性能较天然橡胶差	轮胎胶板、胶布、通用制品
丁腈橡胶	NBR	丁二烯与丙烯腈聚合	耐油、耐热性好，气密性与耐水性良好	耐寒性、耐臭氧性较差，加工性不好	输油管、耐油密封垫圈及一般耐油制品
氯丁橡胶	CR	由氯丁二烯以乳液聚合制成	物理、力学性能良好，耐油耐溶剂性和耐气候性良好	电绝缘性差，加工时易粘辊，相对成本较高	电绝缘性差，加工时胶管、胶带、胶粘剂、一般制品
顺丁橡胶	BR	丁二烯定向共聚	弹性性能最优，耐寒、耐磨性好	抗拉强度低，黏结性差	橡胶弹簧，减震橡胶垫
丁基橡胶	HR	异丁烯与少量异戊二烯共聚	气密性、耐老化性和耐热性最好，耐酸耐碱性良好	弹性大，加工性能差，耐光老化性差	内胎、外胎、化工衬里及防振制品
乙丙橡胶	EPDM	乙烯丙烯二元共聚物	耐热性突出，耐气候性、耐臭氧性很好，耐极性溶剂和无机介质	硫化慢、黏着性差	耐热、散热胶管、胶带、汽车配件及其他工业制品
硅橡胶	SR	硅氧烷聚合	耐高温及低温性突出，化学惰性大，电绝缘性优良	机械强度较低、价格较高	耐高低温制品，印膜材料
聚氨酯	UR	二元或多元异氰酸酯与二羟基或多羟基化合物加聚而成	耐磨性高于其他各类橡胶，抗拉强度最高，耐油性优良	耐水、耐酸碱性差，高温性能差	胶轮、实心轮胎、齿轮带及耐磨制品

8.2.3 合成纤维

合成纤维（Synthetic Fiber）是以有机高分子聚合物为原料，经熔融或溶解后纺制成的纤维，如聚酰胺、聚酯纤维等，与纤维素纤维和蛋白质纤维等人造纤维均属于有机化学纤维，而玻璃纤维、陶瓷纤维等属于无机化学纤维。自然界还有石棉等无机天然纤维及动植物纤维等有机天然纤维。

1. 合成纤维的制造

合成纤维是经过有机化合物单体制备与聚合、纺丝及后加工三个环节完成的。合成纤维原料中的主要成分为有机高分子化合物，并添加了提高纤维加工和使用性能的某些助剂，如二氧化钛、油剂、染料和抗氧剂等，制成成纤高聚物。

将成纤高聚物的熔体或浓溶液，用纺丝泵连续、定量而均匀地从喷头的毛细孔中挤出，成为液态细流，再在空气、水或特定的凝固浴中固化成为初生纤维的过程，称为纤维成型或纺丝。纺丝方法主要有熔体纺丝法和溶液纺丝法两大类。溶液纺丝法又分为湿法纺丝和干法纺丝。因此，合成纤维主要有三种纺丝方法。纺丝成型后得到的初生纤维的结构还不完善，物理机械性能较差，必须经一系列后加工，主要是拉伸和热定型工序，其性能才能得到提高和稳定。

2. 常用合成纤维的特性

相对于各种天然纤维和人造纤维，合成纤维则具有强度高、密度小、弹性好、耐磨、耐酸碱和不霉、不蛀等优越性能，因此，合成纤维不仅广泛应用于工农业生产，国防工业和日常衣料用品等各个领域。近年来，在道路等土木工程中也得到越来越多的应用。常用合成纤维的性能见表 8-3。

表 8-3　主要合成纤维的性能

化学名称	商品名称	特性
聚酯纤维	涤纶（的确良）	弹性好，弹性模量大，不易变形，强度高，抗冲击性好，耐磨性、耐光性、化学稳定性及绝缘性均较好
聚酰胺纤维	锦纶（人造毛）	质轻，强度高，抗拉强度好，耐磨性好，弹性模量低
聚丙烯腈纤维	腈纶（奥纶）	质轻，柔软，不霉蛀，弹性好，吸湿小，耐磨性差
聚乙烯醇	维纶、维尼纶	吸湿性好，强度较好，不霉蛀，弹性差
聚丙烯	丙纶	质轻，强度大，相对密度小，耐磨性优良
聚氯乙烯	氯纶	化学稳定性好，耐酸、碱、弹性、耐磨性均好，耐热性差；可用作纤维增强材料，配制纤维混凝土，具有较高的抗冲击性能，也可作为防护构件用

8.2.4 塑料橡胶共聚物

随着聚合物工业的发展，无论就成分还是就形状而言，橡胶与塑料的区别已不是很明显了。例如，将聚乙烯氯化可以得到氯化聚乙烯橡胶（CPE），即氯原子部分置换聚乙烯大分子链上氢原子的产物。随着氯含量增加，氯化聚乙烯柔韧性增加而呈现橡胶的特性。ABS 树脂在光、氧作用下容易老化，为了克服这一缺点，将氯化乙烯与苯乙烯和丙烯腈进行接枝，可制得耐候性的 ACS 树脂。高冲击聚苯乙烯树脂是由顺丁橡胶（早期为丁苯橡胶）与苯乙烯接枝共聚而成，故也称接枝型抗冲击聚苯乙烯（HIPS），该产品韧性较高、抗冲击强度较普通聚苯乙烯提高 7 倍以上。苯乙烯—丁二烯—苯乙烯嵌段共聚物（简称 SBS）是苯乙烯与丁二烯嵌段共聚物，它兼具塑料和橡胶的特性，具有弹性好、抗拉强度高、低温变形能力好等优点。SBS 是较佳的沥青改性剂，可综合提高沥青的高温稳定性和低温抗裂性。

单元3　高分子聚合物在道路工程中的应用

由于有机化学工业的迅速发展，有机高分子材料的品种不断增加，性能不断改善，应用的领域更加广泛，在土木建筑、道路工程中得到大量的应用。在道路工程中应用最多的是用以改善水泥混凝土性能或制作聚合物混凝土的聚合物改性沥青，还有作为胶结和嵌缝密封材料，以及用于加强土基和路面基层的聚合物土工格栅材料等。

视频：高分子聚合物
在道路工程中的应用

8.3.1　聚合物混凝土

聚合物混凝土（Polymer Concrete）是由有机、无机材料复合而成的混凝土。按组成材料和制作工艺分为聚合物浸渍混凝土、聚合物水泥混凝土及聚合物胶结混凝土三种。

1. 聚合物浸渍混凝土

聚合物浸渍混凝土（Polymer Impregnated Concrete）是把硬化后的混凝土加热、干燥后浸入有机单体（甲基丙烯酸甲酯、丙烯腈），用加热或辐射等方法使混凝土孔隙内的单体聚合而成的一种混凝土。

（1）基本工艺。

①干燥：为使聚合物能渗填混凝土基材的孔隙，必须使基材充分干燥，温度为 100 ℃～105 ℃。

②浸渍：是使配制好的浸渍液填入混凝土孔隙中的工序。最常用的浸渍聚合物材料有甲基丙烯酸甲酯（MMA）、苯乙烯（S），另外，还需加入引发剂、催化剂及交联剂等浸渍液。

③聚合：是使浸渍在基体孔隙中的单体聚合固化的过程。目前采用较多的是掺加引发剂的热聚合法。

（2）技术性能。聚合物浸渍混凝土由于聚合物浸渍充盈了混凝土的毛细管孔和微裂缝所组成孔隙系统，改变了混凝土的孔结构，因而使其物理—力学性状得到明显改善。一般情况下，聚合物浸渍混凝土的抗压强度为普通混凝土的 3～4 倍，抗拉强度提高 3 倍，抗弯强度约提高 2～3 倍，弹性模量约提高 1 倍，抗冲击强度约提高 70%。另外，徐变大大减少，抗冻性、耐硫酸盐、耐酸和耐碱等性能得到很大改善。主要缺点是耐热性差，高温时聚合物易分解。

2. 聚合物水泥混凝土（简称 PCC）

聚合物水泥混凝土是以聚合物（或单体）和水泥共同起胶结作用的一种混凝土。它是在拌和混凝土混合料时将聚合物（或单体）掺入，因此，生产工艺简单，便于现场使用。

(1)材料组成。聚合物水泥混凝土的材料组成，基本上与普通水泥混凝土相同，只增加了聚合物组分。常用的聚合物有下列三类：

①橡胶乳液类：天然胶乳(NR)、丁苯胶乳(SBR)和氯丁胶乳(CR)等。

②热塑性树脂类：聚丙烯酸酯(PAE)、聚醋酸乙烯酯(PVAC)等。

③热固性树脂类：环氧树脂(PE)类。

(2)技术性能。

①抗弯拉强度高。掺加聚合物后，作为路面混凝土强度指标的抗弯拉强度，提高更为明显。

②冲击韧性好。掺加聚合物后，其脆性降低，柔韧性增加，因而抗冲击能力提高，这对作为承受动荷载的路面和桥梁用混凝土是非常有利的。

③耐磨性好。聚合物对矿质集料具有优良的黏附性，因而可以采用硬质耐磨的岩石作为集料，这样可提高路面混凝土的耐磨性和抗滑性。

④耐久性好。聚合物在混凝土中能起到阻水和填隙的作用，因而可提高混凝土的抗水性、耐冻性和耐久性。

3. 聚合物胶结混凝土(简称 PC)

聚合物胶结混凝土也称树脂混凝土，是完全以聚合物为胶结材的混凝土，常用的聚合物为各种树脂或单体。

(1)组成材料。

①胶结材：用于拌制聚合物混凝土的树脂或单体，常用的有环氧树脂(PE)、苯乙烯(S)等。

②集料：应选择高强度和耐磨的岩石，轧制的集料要有良好的级配，集料最大粒径不大于 20 mm。

③填料：其粒径宜为 $1\sim30~\mu m$，矿物成分有碱性的碳酸钙($CaCO_3$)系和酸性氧化硅(SiO_2)系，需根据聚合物特性确定。

(2)技术性能。聚合物混凝土是以聚合物为结合料的混凝土，由于聚合特征，则其具有以下特点：

①表观密度轻。由于聚合物的密度较水泥的密度小，所以，聚合物混凝土的表观密度也较小，通常为 $2\,000\sim2\,200~kg/m^3$，如采用轻集料配制混凝土，更能减小结构断面和增大跨度，达到轻质高强的要求。

②力学强度高。聚合物混凝土的抗压、抗拉或抗弯拉强度比普通水泥混凝土值要高，特别是抗拉和抗弯拉强度尤为突出。这对减薄路面厚度或减小桥梁结构断面都有显著效果。

③与集料的黏附性强。由于聚合物与集料的黏附性强，可采用硬质岩石做成混凝土路面抗滑层，提高路面抗滑性。另外，还可做成空隙式路面防滑层，以防止高速公路路面的漂滑和减小噪声。

④结构密实。由于聚合物不仅可填密集料间的空隙，而且可浸填集料的孔隙，使混凝土的结构密度增大，提高了混凝土的抗渗性、抗冻性和耐久性。

聚合物混凝土具有许多优良的技术性能，除应用于有特殊要求的道路与桥梁工程结构外，也经常使用于路面和桥梁的修补工程。

8.3.2 高聚物改性沥青混合料

高聚物改性沥青混合料是将沥青经高聚物改性后，再与集料等材料配合而形成的混合料。

道路石油沥青自身一般存在一些缺点，如其在高温抗变形能力、低温抗开裂性、与集料的黏附性和抗老化性上存在明显的不足，若在沥青中掺入聚合物，利用聚合物特有性能对沥青改性，可以有效地提高沥青路用性能。通常，可在沥青中加入一定量的高聚物改性剂，使沥青自身固有的低温易脆裂、高温易流淌的劣性得到改善。改性后的沥青不但具有良好的高低温特性，而且还具有良好的弹塑性、憎水性和黏结性等。

1. 高分子聚合物改性沥青的性能

目前，应用于改善沥青性能的高分子聚合物主要有树脂类、橡胶类和树脂—橡胶共聚物三类。各类常用聚合物的名称见表 8-4。

表 8-4　改性沥青常用高聚合物

树脂类高聚物	橡胶类高聚物	树脂—橡胶共聚物
聚乙烯(PE)	丁苯橡胶(SBR)	
聚丙烯(PP)	氯丁橡胶(CR)	苯乙烯—丁二烯嵌段共聚物(SBS)
聚乙烯—乙酸乙烯酯共聚物(EVA)	丁腈橡胶(NBR) 苯乙烯—异戊二烯橡胶(SLR)	苯乙烯—异戊二烯段共聚物(SIS)
	乙丙橡胶(EPDR)	

(1)热塑性树脂类改性沥青。用作沥青改性的树脂，主要是热塑性树脂，最常用的是聚乙烯(PE)和聚丙烯(PP)。它们所组成的改性沥青性能，主要是提高沥青的黏度，改善高温抗流动性，同时，还可增大沥青的韧性，所以，它们对改善沥青高温性能效果明显，但是低温性能改善不太明显。

(2)橡胶类改性沥青。橡胶沥青的性能不仅取决于橡胶的品种和掺量，而且取决于沥青的性质。

当前合成橡胶类改性沥青中，通常认为改性效果较好的是丁苯橡胶(SBR)。丁苯橡胶改性沥青的性能主要表现在以下几个方面：

①在常规指标上，针入度值减小，软化点升高，常温(25 ℃)延度稍有增加，特别是低温(5 ℃)延度有较明显的增加。

②不同温度下的黏度均有增加，随着温度的降低，黏度差逐渐增大。

③热流动性降低，热稳定性明显提高。

④韧度明显提高，黏附性也有所提高。

(3)热塑性弹性体改性沥青。热塑性弹性体由于兼有树脂和橡胶的特性，所以，它对沥青性能的改性优于树脂和橡胶改性沥青。现以苯乙烯—丁二烯嵌段共聚物(SBS)为例，说明其改性沥青性能的优越性。以 90 号沥青为基料，掺入 5%的 SBS 改性沥青的技术性能列于表 8-5 中。

表 8-5　SBS 改性沥青的技术性质

沥青名称	高温指标		低温指标		耐久性指标
	绝对黏度 60 ℃/(Pa·s)	软化点 $T_{R\&B}$/℃	低温延度 5 ℃/cm	脆点/℃	TFOT 前后黏度比 $A=\dfrac{\eta(60°)^b}{\eta(60°)^a}$
原始沥青 [针入度86(0.1 mm)]	115	48	3.8	−10	2.18
改性沥青* [针入度90(0.1 mm)]	224	51	36.0	−23.0	1.08

注：*改性沥青由原始沥青与5%SBS及助剂组成；

　　b——TFOT 试验后沥青；

　　a——TFOT 试验前沥青

由表 8-5 可知，改性沥青较原始沥青在路用性能上主要有下列改善：

①提高了低温变形能力。改性沥青 5 ℃时的延度增加，脆点降低。

②提高了高温使用的黏度。改性沥青 60 ℃的黏度增加，软化点提高。

③提高了温度感应性。改性沥青在低温时的黏度较原始沥青降低(具有较好的变形能力)，而高温(60 ℃)的黏度提高(具有较好的抗变形能力)。在更高温度(90 ℃以上)时，黏度与原始沥青相近(具有较好的易施工性)。

2. 改性沥青混合料的性能

采用不同高聚物的改性沥青，将其配制成沥青混合料，各种聚合物的沥青对沥青混合料的性能改善程度不同。

聚合物改性沥青可改善混合料性能，树脂类改性沥青对提高混合料的稳定性有明显的效果；橡胶类改性沥青对提高混合料的低温抗裂性都有一定的效果；树脂—橡胶高聚物能在一定程度上兼顾高温稳定性和低温抗裂性两个方面的性能。改性沥青制备的混合料应用于高等级路面，对防止高温车辙和低温裂缝有一定的效果。

8.3.3　土工合成材料

土工合成材料是土木工程中应用的以合成材料为原料制成的各种产品的总称。土工合成材料分为土工织物、土工膜、土工网垫、土工格室、土工织物膨润土垫、聚苯乙烯泡沫塑料(ERS)等。土工复合材料是由上述各种材料复合而成的，如复合土工膜、复合土工织物、复合土工布、复合防排水材料(排水带、排水管)等。

1. 土工格栅

土工格栅是一种主要的土工合成材料，与其他土工合成材料相比，它具有独特的性能与功效，如图 8-2(a)所示。土工格栅常用作加筋土结构的筋材或复合材料的筋材等。土工格栅分为玻璃纤维类和聚酯纤维类两种类型。土工格栅是一种质量轻、具有一定柔性的平面网材，易于现场裁剪和连接，也可重叠搭接，施工较为简便。

在道路工程中，土工格栅可应用于路基工程，可起到对土体的加劲作用。当土工格栅置于土体之中，可分布土体应力、增加土体模量、限制土体侧向位移等作用。土工格栅也可用于水泥混凝土路面沥青加铺工程中，以控制沥青层反射裂缝的产生。另外，土工格栅可用于挡土墙回填土的加筋、加强开挖边坡稳定等。

2. 聚苯乙烯泡沫塑料(EPS)

聚苯乙烯泡沫塑料是近年来发展起来的超轻型土工合成材料，如图 8-2(b)所示。它是在聚苯乙烯中添加发泡剂，用所规定的密度预先进行发泡，再把发泡的颗粒放在筒仓中干燥后填充到模具内加热形成的。EPS 具有质量轻、稳定好、变形模量较大的优点。EPS 一般重度为 $0.2 \sim 0.3 \ kN/m^3$，为一般填土重度的 $1\% \sim 2\%$。EPS 主要用于软土地区公路路基建设。使用超轻型材料 EPS 填筑路堤时，能大大地减轻施加于路堤下软基的附加应力，抑制软基的破坏和沉降，提高路堤的稳定性。

(a)　　　　　　　　　　　　　　(b)

图 8-2　土工合成材料

(a)土工格栅；(b)聚苯乙烯泡沫塑料

8.3.4　交通标志标线

交通标志标线是重要的道路交通安全设施，起到交通管制和诱导交通等作用。交通标志主要由标志底板、支柱、基础和标志面组成；交通标线是以规定的线条、箭头、文字等划于道路表面。

1. 交通标志

标志面是交通标志的主要部分，可用逆发射材料、油漆、透明涂料、油墨等材料制作，如图 8-3 所示。目前应用较广泛的是反光膜。反光膜是由透明薄膜、黏结材料、发射层及高射率微珠等材料组成的。反光膜对汽车灯具有折射、聚焦和定向反射功能，可保证夜间行车的驾驶员注意到标志面。

2. 交通标线

路面标线涂料主要由合成树脂、颜料、溶剂、填充料等组成。标线的颜色主要有白色和黄色，如图 8-3 所示，为此白色颜料主要采用钛白粉、氧化锌等，黄色颜料主要采用黄铅、氧化铁等。为提高标线夜间识别性，在涂料中需要加入玻璃珠。玻璃珠是无色透明的小球，对光线起到折射、聚焦和反射的作用，可将汽车灯光反射回驾驶员眼睛，大大提高了标线夜间可见性。

路面标线涂科按照施工温度可分为常温型、加热型、熔融型三种。常温型和加热型属于溶剂型涂料；熔融型涂料常温下呈粉末状，需要加热 180 ℃以上才能涂覆于路表。除涂料外，还有各种类型的粘贴材料，如凸起路标、附成型表带等。

3. 自发光标志标线

普通交通标志、道路标线为反光材料，在夜间无光照等可视性较弱的环境下不能反光而失去被辨认性，如图 8-3 所示。自发光标志标线主要由合成树脂、蓄光型自发光材料、溶剂、填充材料等组成。其中，蓄光型自发光材料可吸蓄太阳光、灯光、紫外光、杂散光等可见光 5～10 min 后，就可在黑暗中持续发光 12 h 以上，并可根据实际需要，使其发出红色、绿色、蓝色、黄色、紫色等多种彩色光。

自发光标志标线可为夜间行人及无照明交通工具在公路、隧道、桥梁上通行提供安全指示；在夜间为临水、临崖等危险路段提供警示等，既节能环保，又不产生任何费用。另外，荷兰 Oss N329 公路其中一段 500 m 道路油漆中加入了荧光涂料，从而实现发光效果。因此，油漆利用白天的光照"充电"，晚上就能持续发出 8 h 的光亮。

图 8-3 交通标志标线

8.3.5 其他应用

1. 胶粘剂

胶粘剂是一类具有优良粘合性能的材料。使用胶粘剂可以将同质或不同质的材料黏结在一起，在土木工程中得到广泛应用。

胶粘剂具有足够的流动性，使用范围广泛，可不受材料种类、形状的限制，而且能保证黏结基面充分浸润，易于调节胶粘剂的稠度和硬化速度，具有很好的密封作用，黏结牢固等特性。

胶粘剂的品种很多，按其基料可分为无机胶和有机胶。在有机胶中，一部分为天然的动植物胶已逐渐淘汰；另一部分为合成胶，包括树脂型、橡胶型和混合型三类。由于有机高分子材料的迅速发展，合成胶的发展很快，品种多，性能优良。其中以树脂型胶粘剂的胶粘强度高、硬度、耐温、耐介质的性能都比较好，但较脆，起黏性，韧性较差；橡胶型胶粘剂柔韧性和起黏性好，抗震和抗弯性能好，但强度和耐热性较差；混合型胶粘剂是树脂与橡胶，或多种树脂、橡胶混合使用，可取长补短，发挥各自的优越性。

在土建工程中应用最多的是环氧树脂胶粘剂，它是以环氧树脂、固化剂、增韧剂、填料等组成，有时还包括稀释剂、促进剂、偶联剂等。环氧树脂的特点是粘结力强、收缩率小、稳定性高，而且与其他高分子化合物的混溶性好，可制成不同用途的改性品种，如环氧丁腈胶、环氧尼龙胶、环氧聚砜胶等。环氧树脂胶粘剂的缺点是耐热性不高，耐候性尤其是耐紫外线性能较差，部分添加剂有毒，而且在配制后应尽快使用，以免固化。它可用于金属与金属、金属与非金属材料之间的黏结，也可用作防水、防腐涂料。

聚醋酸乙烯酯胶粘剂也是常用的热塑性树脂胶粘剂，是以聚醋酸为基料的胶粘剂。可以制备成乳液胶粘剂、溶液胶粘剂或热熔胶等，以乳液胶粘剂使用最多。

聚醋酸乙烯乳液胶的成膜是通过水分的蒸发或吸收和乳液互相融结这两个过程实现的。具有树脂分子量高、胶结强度好、黏度低、使用方便、无毒、不燃等优点。其适用胶结多孔性易吸水的材料，如木材、纤维制品等，也可用来黏结混凝土制品、水泥制品等，用途十分广泛。

一般的酚醛树脂固化后脆性大，抗冲击性差，很少应用。若加入橡胶或热塑性树脂，则可提高韧性，可成为韧性好、耐热温度高、强度大、性能优良的结构胶粘剂，广泛用于金属、非金属及热固性塑料的黏结，其中以酚醛—缩醛胶和酚醛—丁腈胶用得较多，这两类胶固化时需加热加压固化，而且胶的配方中含有溶剂，应注意通风防火。

橡胶胶粘剂是以氯丁、丁腈、丁苯、丁基等合成橡胶或天然橡胶为基料配成的一类胶粘剂。这类胶粘剂具有较强的黏附性，良好的弹性。但其拉伸强度和剪切强度较低，主要适用柔软的或膨胀系数相差很大的材料的黏结，主要品种有氯丁橡胶胶粘剂、丁腈橡胶胶粘剂等。

2. 裂缝修补与嵌缝材料

裂缝修补与嵌缝材料实际是一种胶粘剂，用于修补水泥混凝土路面的裂缝或嵌缝结构或构件的接缝。此类材料必须具备较好的粘结力、较高的拉伸率，并具有较好的低温塑性及耐久性。目前常用的有环氧树脂及改性环氧树脂类，聚氨酯及改性聚氨酯类、烯类修补材料，以及聚氯乙烯胶泥、橡胶沥青等嵌缝材料。

3. 膨胀支座和弹性支座

桥梁支座是连接桥梁上部结构和下部结构的重要结构部件，它能将桥梁上部结构的反力和变形（位移和转角）可靠地传递给桥梁下部结构。按照支座材料分类，桥梁支座可分为钢支座、聚四氟乙烯支座、橡胶支座、混凝土支座等。

桥梁和管线工程中的膨胀支座一般采用聚四氟乙烯（PTFE）树脂，可以保证梁的水平移动的要求。弹性支座可采用氯丁橡胶（CR）和聚异戊二烯橡胶（IR）等制作以减少噪声与振动。

▶ 模块测评和成果检测

1. 知识测评

确定本模块关键词，按重要程度进行关键词排序并举例解读。学生根据自己对本模块重要信息捕捉、排序、表达、创新和划分权重能力进行自评，满分 100 分（表 8-6）。

表 8-6　工程高分子聚合物材料知识测评表

序号	关键词	举例解读	评分
1			
2			
3			
4			
5			
总分			

2. 能力测评

对表 8-7 所列作业内容，操作规范即得分，操作错误或未操作即零分。

表 8-7 工程高分子聚合物材料组成设计测评表

序号	技能点	配分	得分
1	描述工程高分子聚合物材料的组成及种类	20	
2	描述常用的工程聚合物材料	30	
3	描述工程高分子聚合物材料的应用	30	
4	根据不同环境合理选择工程高分子聚合物材料	20	
	总分	100	

3. 素质测评

对表 8-8 所列素养点，做到即得分，未做到即零分。

表 8-8 工程高分子聚合物材料素质测评表

序号	素养点	配分	得分
1	职业意识，对企业送检材料保守秘密	20	
2	自学能力，能够查阅相关标准、规范	20	
3	工匠意识，对学习内容精雕细琢	20	
4	环保意识，能够针对不同工程环境合理选择高分子材料	20	
5	爱岗敬业，按要求完成小组任务	20	
	总分	100	

4. 学习成果

考核内容及评价标准见表 8-9。

表 8-9 考核内容及评分标准

序号	评分项	得分条件	评分标准	配分	扣分
1	安全意识/态度	□1. 能进行自身安全防护 □2. 能进行仪器设备安全检查 □3. 能进行工具安全检查 □4. 能进行仪器工具清洁存放操作 □5. 能进行合理的时间控制	未完成 1 项扣 3 分，扣分不得超过 15 分	15	
2	专业技术能力	□1. 能正确描述高分子聚合物种类 □2. 能正确区分常用工程聚合物材料 □3. 能正确描述工程聚合物材料的应用 □4. 能正确选用工程聚合物材料	未完成 1 项扣 12.5 分，扣分不得超过 50 分	50	
3	工具设备使用能力	□1. 能正确选用称量工具 □2. 能正确使用称量工具 □3. 能正确使用专用工具 □4. 能熟练使用办公软件	未完成 1 项扣 2.5 分，扣分不得超过 10 分	10	

序号	评分项	得分条件	评分标准	配分	扣分
4	资料信息查询能力	□1. 能在规定时间内查询所需资料 □2. 能正确查询工程聚合物材料依据标准 □3. 能正确记录所需资料编号 □4. 能正确记录试验过程存在问题	未完成 1 项扣 2.5 分，扣分不得超过 10 分	10	
5	数据判读分析能力	□1. 能正确读取数据 □2. 能正确记录试验过程中数据 □3. 能正确进行数据计算 □4. 能正确进行数据分析 □5. 能根据数据完成取样单	未完成 1 项扣 2 分，扣分不得超过 10 分	10	
6	方案制定与报告撰写能力	□1. 字迹清晰 □2. 语句通顺 □3. 无错别字 □4. 无涂改 □5. 无抄袭	未完成 1 项扣 1 分，扣分不得超过 5 分	5	
		合计		100	

--- 模块小结 ---

高分子聚合物是由一种或几种低分子化合物（单体）聚合而成的。其中的塑料、合成橡胶和合成纤维被称为三大合成材料。由于其原料来源广泛、品种不断增多，性能越来越优异。

工程高分子聚合物材料在道路与桥梁工程中应用，除直接作为道路与桥梁结构物构件或配件的材料外，更多的是作为改善水泥混凝土或沥青混合料性能的组分，为此必须掌握高分子聚合物材料的组成、性能和配制，才能正确选择和应用这类材料。

--- 课后思考与实训 ---

1. 简答题

(1)什么是高分子聚合物材料？并简述其特征。

(2)聚合物浸渍混凝土、聚合物水泥混凝土和聚合物胶结混凝土在组成和工艺上有什么不同？简述它们在道路与桥梁工程中的用途。

(3)常用于改性沥青的聚合物有哪几类？并分析它们在改善沥青性能方面各有什么优点和不足之处？

(4)写出以下代号所表示的聚合物品种 PE、PVC、PS、EP、SBS、EVA、SBR。

(5)塑料的主要组成材料有哪些？各自所起的作用是什么？

(6)思考发光道路标志标线的原理，总结国内外相关研究进展。

(7)废旧塑料被称为"白色污染"，思考如何实现废旧塑料在道路工程中的资源化利用。

2. 实训案例

某工程需要选用高分子材料用于屋面工程，请问选用哪种材料？试分析原因。

参考文献

[1] 中华人民共和国交通部.JTG E42—2005 公路工程集料试验规程[S].北京：人民交通出版社，2005.

[2] 中华人民共和国交通运输部.JTG B01—2014 公路工程技术标准[S].北京：人民交通出版社，2014.

[3] 中华人民共和国交通部.JTG E41—2005 公路工程岩石试验规程[S].北京：人民交通出版社，2005.

[4] 中华人民共和国国家市场监督管理总局，中国国家标准化管理委员会.GB/T 14684—2022 建筑用砂[S].北京：中国标准出版社，2022.

[5] 中华人民共和国国家市场监督管理总局，中国国家标准化管理委员会.GB/T 14685—2022 建筑用卵石、碎石[S].北京：中国标准出版社，2022.

[6] 中华人民共和国国家质量监督检验检疫总局，中国国家标准化管理委员会.GB 175—2007 通用硅酸盐水泥[S].北京：中国标准出版社，2008.

[7] 中华人民共和国交通运输部.JTG E51—2009 公路工程无机结合料稳定材料试验规程[S].北京：人民交通出版社，2009.

[8] 中华人民共和国国家质量监督检验检疫总局，中国国家标准化管理委员会.GB/T 1346—2011 水泥标准稠度用水量、凝结时间、安定性检验方法[S].北京：中国标准出版社，2011.

[9] 中华人民共和国国家市场监督管理总局，中国国家标准化管理委员会.GB/T 17671—2021 水泥胶砂强度检验方法(ISO 法)[S].北京：中国标准出版社，2022.

[10] 中华人民共和国住房和城乡建设部.JGJ 55—2011 普通混凝土配合比设计规程[S].北京：中国建筑工业出版社，2011.

[11] 中华人民共和国交通运输部.JTG 3420—2020 公路工程水泥及水泥混凝土试验规程[S].北京：人民交通出版社，2020.

[12] 中华人民共和国住房和城乡建设部，中华人民共和国国家市场监督管理总局.GB/T 50081—2019 混凝土物理力学性能试验方法标准[S].北京：中国建筑工业出版社，2019.

[13] 中华人民共和国住房和城乡建设部.GB/T 50107—2010 混凝土强度检验评定标准[S].北京：中国建筑工业出版社，2010.

[14] 中华人民共和国交通运输部.JTG D40—2011 公路水泥混凝土路面设计规范[S].北京：人民交通出版社，2011.

[15] 中华人民共和国交通运输部.JTG/T F30—2014 公路水泥混凝土路面施工技术细则[S].北京：人民交通出版社，2014.

[16] 中华人民共和国住房和城乡建设部.JGJ/T 98—2010 砌筑砂浆配合比设计规程[S].北京：中国建筑工业出版社，2010.

[17] 中华人民共和国住房和城乡建设部.JGJ/T 70—2009 建筑砂浆基本性能试验方法标准[S].北京：中国建筑工业出版社，2009.

[18] 中华人民共和国交通运输部.JTG E20—2011 公路工程沥青及沥青混合料试验规程[S].北京：人民交通出版社，2011.

[19] 中华人民共和国国家技术监督局，中华人民共和国建设部．GB 50092—1996 沥青路面施工及验收规范[S]．北京：中国标准出版社，1996．

[20] 中华人民共和国交通部．JTG F40—2004 公路沥青路面施工技术规范[S]．北京：人民交通出版社，2004．

[21] 中华人民共和国交通运输部．JTG/T F20—2015 公路路面基层施工技术细则[S]．北京：人民交通出版社，2015．

[22] 中华人民共和国国家市场监督管理总局，中国国家标准化管理委员会．GB/T 228.1—2021 金属材料—拉伸试验—第1部分：室温试验方法[S]．北京：中国标准出版社，2021．

[23] 中华人民共和国国家质量监督检验检疫总局，中国国家标准化管理委员会．GB/T 232—2010 金属材料—弯曲试验方法[S]．北京：中国标准出版社，2010．

[24] 中华人民共和国国家质量监督检验检疫总局，中国国家标准化管理委员会．GB 1499.1—2017 钢筋混凝土用钢—第1部分：热轧光圆钢筋[S]．北京：中国标准出版社，2017．

[25] 中华人民共和国国家质量监督检验检疫总局，中国国家标准化管理委员会．GB 1499.2—2018 钢筋混凝土用钢—第2部分：热轧带肋钢筋[S]．北京：中国标准出版社，2018．

[26] 中华人民共和国国家质量监督检验检疫总局，中国国家标准化管理委员会．GB/T 13788—2017 冷轧带肋钢筋[S]．北京：中国标准出版社，2017．

[27] 姜志青．道路建筑材料[M]．5版．北京：人民交通出版社，2015．

[28] 李立寒，孙大权，朱兴一，等．道路工程材料[M]．6版．北京：人民交通出版社，2018．

[29] 严家伋．道路建筑材料[M]．3版．北京：人民交通出版社，2004．

[30] 邰连河，张家平．新型道路建筑材料[M]．北京：化学工业出版社，2003．

[31] 朱张校，姚可夫．工程材料[M]．4版．北京：清华大学出版社，2009．

[32] 王春阳．建筑材料．[M]．2版．北京：高等教育出版社，2006．

[33] 林祖宏．建筑材料[M]．2版．北京：北京大学出版社，2014．

[34] 沙爱民．半刚性路面材料结构与性能[M]．北京：人民交通出版社，1998．

[35] 杨云芳．公路建筑材料[M]．北京：人民交通出版社，1998．

[36] 申爱琴．水泥与水泥混凝土[M]．北京：人民交通出版社，2004．

[37] 吴初航，陈海燕，谢炯，等．水泥混凝土路面施工及新技术[M]．北京：人民交通出版社，2000．

[38] 殷岳川．公路沥青路面施工[M]．北京：人民交通出版社，2004．

[39] 吴科如，张雄．土木工程材料[M]．上海：同济大学出版社，2003．

[40] 西安建筑科技大学，华南理工大学，重庆大学，等．建筑材料[M]．4版．北京：中国建筑工业出版社，2013．

[41] 习应祥，肖桂彰．建筑材料[M]．长沙：湖南大学出版社，1997．

[42] 张登良．沥青路面工程手册[M]．北京：人民交通出版社，2004．

[43] 刘秉京．混凝土技术[M]．北京：人民交通出版社，1998．

[44] 沙庆林．高等级公路半刚性基层沥青路面[M]．北京：人民交通出版社，1998．

[45] 姜志青．道路建筑材料试验实训指导[M]．2版．北京：人民交通出版社，2006．

[46] 林祖宏．建筑材料[M]．2版．北京：北京大学出版社，2014．

[47] 潘祖仁．高分子化学[M]．5版．北京：化学工业出版社，2013．

[48] 娄春华，刘喜军，张哲．聚合物结构与性能[M]．哈尔滨：哈尔滨工程大学出版社，2016．